增材制造与航空应用

张嘉振　主　编
路　新　副主编

北　京
冶金工业出版社
2021

内 容 提 要

全书共分 10 章，主要内容包括：金属增材制造工艺与材料；非金属增材制造工艺与材料；增材制造结构优化设计；增材制造工艺过程仿真；增材制造结构设计仿真；增材制造力学性能测试方法；增材制造零件的质量检测；民机增材制造技术应用标准；增材制造的民用航空适航符合性；增材制造在航空航天领域的应用与发展趋势。

本书可供材料行业，特别是增材制造专业的工程技术人员阅读，也可供大专院校材料专业的师生参考。

图书在版编目（CIP）数据

增材制造与航空应用/张嘉振主编 . —北京：冶金工业出版社，2021. 2
ISBN 978-7-5024-8694-5

Ⅰ.①增… Ⅱ.①张… Ⅲ.①快速成型技术—应用—航空材料—研究 Ⅳ.①V25

中国版本图书馆 CIP 数据核字（2021）第 017919 号

出　版　人　苏长永
地　　　址　北京市东城区嵩祝院北巷 39 号　邮编　100009　电话　(010)64027926
网　　　址　www.cnmip.com.cn　电子信箱　yjcbs@cnmip.com.cn
责任编辑　郭冬艳　美术编辑　郑小利　版式设计　禹　蕊
责任校对　石　静　责任印制　禹　蕊
ISBN 978-7-5024-8694-5
冶金工业出版社出版发行；各地新华书店经销；三河市双峰印刷装订有限公司印刷
2021 年 2 月第 1 版，2021 年 2 月第 1 次印刷
169mm×239mm；17 印张；332 千字；262 页
89.00 元
冶金工业出版社　投稿电话　(010)64027932　投稿信箱　tougao@cnmip.com.cn
冶金工业出版社营销中心　电话　(010)64044283　传真　(010)64027893
冶金工业出版社天猫旗舰店　yjgycbs.tmall.com
（本书如有印装质量问题，本社营销中心负责退换）

前　言

　　增材制造的概念是在 20 世纪 80 年代后期提出的,我国是在 90 年代初期开始增材制造的相关研究。经过几十年的发展,增材制造技术已成为一项重要的制造技术,且应用在诸多领域。随着航空航天轻质化、高性能整体结构日趋广泛的应用,对高效、低成本的增材制造研制提出了迫切的要求。增材制造技术可以根据三维设计数据在一台设备上快速而精确地制造出任意复杂形状的零件,从而实现"自下而上"的"自由制造",解决了传统工艺难以制造的复杂结构零件,并大大减少了加工工序,缩短了加工周期。同时增材制造技术可极大地提升设计自由度,开展面向增材制造的结构功能一体化设计,对于发挥其技术优势起到关键作用。

　　但应当看到,尽管增材制造技术近年发展迅速,但目前尚未出现大规模的应用。为了适应航空工业的发展,增材制造技术仍面临不少挑战。首先是缺少从应用需求出发、摆脱传统设计的面向增材制造的原创设计,尚未形成面向增材制造的优化设计方法;其次是增材制造产品的大型化、高性能、高可靠性等全方面的提高;最后,航空工业特别是民用航空领域对于产品质量要求极高,增材制造技术作为一种新近涌现出的先进制造技术,其产品的航空适用性有待验证,相关质量控制体系及标准亟待完善。目前,国内相关方面的参考书籍还很少,已有的增材制造资料多偏重技术开发及研究进展,缺少针对航空工业特别是民航领域增材制造的系统性著作,这无形中影响了该技术的发展。

　　本书以作者长期从事航空器设计及材料开发中积累的有关增材制造的研发和应用经验为基础,编写了侧重航空应用的增材制造技术参考书。书中首先深入浅出地介绍了关于金属(第 1 章)及非金属(第 2 章)增材制造原料、技术,并对每种技术的研究现状、发展及应用做了详细论述。随后对增材制造技术的尺寸、形状和拓扑优化等结构设计进行了阐述(第3章)。对于产品制造过程中的模拟仿真,本书分别从工艺过程(第4章)和结构设计(第5章)两方面展开,并对国际上流行的主要软件及平台进行逐一解析。针对航空工业特别是民用航空的特殊性,该书分别介绍了用于该领域的增材制造产品的力学性能检测(第6章)、质量检测(第7章)和相关应用标准(第8章)。最后,书中论述了增材制造产品在民用航空适航符合性(第9章)及应用与发展趋势(第10章),并包括了一些实际应用的系统案例。

本书由北京科技大学与航空领域的多名知名专家学者共同撰写。北京科技大学作为国内金属材料研究的重点科研单位,依托新金属国家重点实验室、新材料技术研究院、国家材料安全服役中心等国家重点研发平台,是国内最早引入金属增材制造的单位之一。在十多年的研发和应用实践中,充分认识到了增材制造技术未来的前景,并积累了相当的研究经验。近年来,北京科技大学以航空工业特别是商用飞机领域的零部件制造技术为研究目标,以基础和应用研究相结合的产学研创新模式推动以增材制造为代表的先进制造技术发展。

本书由张嘉振教授和路新教授负责内容的框架确定及统稿,并由马立敏负责整理,第1章主要由刘建光、张策、谌冬冬和王卫东编写;第2章主要由葛增如、潘宇和孙健卓编写;第3、5章主要由王裕、刘卫、冀广明、刘博文编写;第4章主要由高艺编写;第6章主要由张金玲编写;第7章主要由高运来编写;第8章主要由孙香云、康梓铭编写;第9章主要由彭俊阳、陈鑫编写;第10章主要由刘倩编写。张烨、石越、齐山贺、郑焱午、胡震东、温顺达对本书亦有重要贡献。

由于作者水平所限,书中不妥和疏漏之处,希望广大读者和相关从业人员批评指正。

编 者
2020 年 7 月

目　录

1　金属增材制造工艺与材料

1.1　金属增材制造技术

1.1.1　增材制造技术简介

1.1.1.1　增材制造技术概念

增材制造（Additive Manufacturing, AM）俗称 3D 打印，是融合了计算机辅助设计、材料加工与成形技术，以数字模型文件为基础，通过软件与数控系统，将专用的金属材料、非金属材料以及医用生物材料，按照挤压、烧结、熔融、光固化、喷射等方式逐层堆积，制造出实体物品的制造技术。相对于传统对原材料去除–切削、组装的加工模式，增材制造是一种通过材料"自下而上"累加的制造方法。这使得过去受到传统制造方式的约束而无法实现的复杂结构件制造变为可能。近二十年来，AM 技术取得了快速的发展，"快速原型制造（Rapid Prototyping）""3D 打印（3D Printing）""实体自由制造（Solid Free-form Fabrication）"等各异的叫法分别从不同侧面表达了这一技术的特点。

增材制造技术属于采用离散–堆积原理，由零件三维数据驱动直接制造零件的科学技术体系。基于不同的分类原则和理解方式，增材制造技术还有快速成形、快速制造等多种称谓，其内涵仍在不断深化，外延也不断扩展。这里所说的"增材制造"，与"快速成形""快速制造"意义相同，如图 1-1 所示。

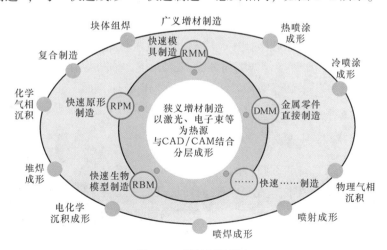

图 1-1　增材制造概念

　　增材制造技术是通过离散获得堆积的路径、限制和方式，经过材料堆积叠加形成三维实体的一种前沿材料成形技术。其过程为：对具有 CAD 构造的产品三维模型进行分层切片，得到各层界面的轮廓，按照这些轮廓，激光束选择性地切割一层层的材料（或树脂固化、粉末烧结等），形成各界面并逐步叠加成三维产品。由于增材制造技术把复杂的三维制造转化为一系列二维制造的叠加，因而可以在没有模具和工具的条件下生成任意的复杂零部件，极大地提高了生产效率和制造柔性，如图 1-2 所示。

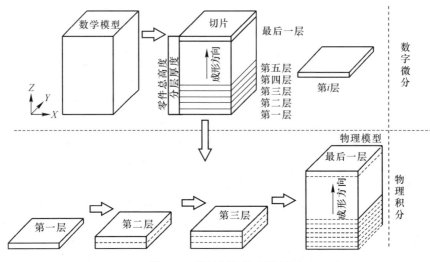

图 1-2　增材制造技术原理

　　国际标准化组织 ISO 联合 ASTM 于 2015 年发布了 ISO/ASTM（增材制造技术术语）标准，标准中明确规定，增材制造是相对于减材制造和等材制造，以三维模型数据为基础，通过材料逐层叠加来制造零件或实物的工艺；而 3D 打印则是利用打印头、喷嘴或其他打印技术，将材料通过沉淀的方法来制造实物的工艺，通常在非技术领域 3D 打印作为增材制造的同义词。通过定义可以了解，一般通过简单的堆叠、沉积来制造实物的工艺被称为 3D 打印，而对于最终产品有各类性能（包括光、电、力、热、声等）要求时，相应的工艺则应称之为增材制造。

1.1.1.2　增材制造技术优势

　　增材制造技术具有如下独特的优势：

　　（1）快：响应速度快，制造工艺简单，任意复杂零件加工只需在一台设备上完成，从概念模型到产品原型加工等整个流程时间，相比传统加工方法，可以缩短 80%以上。

　　（2）柔：加工柔性高，可以制造任意复杂形状或含有内在结构的三维实体，

"不怕做不到，就怕想不到"，设计变得前所未有的自由。

（3）廉：不需要开模具，工艺流程短、材料成本低等，使产品加工成本大幅下降，仅为传统方法的 20%～50%。

（4）绿：材料利用率高、能耗低、污染排放少，是一种名副其实的环境友好型先进绿色制造技术。

1.1.1.3　增材制造技术分类

增材制造技术中由于金属增材制造成形的零件经简单后处理后可被直接使用，因此成为研究最深入且被应用最多的技术。金属增材制造技术按热源分类，主要有激光增材制造、电子束增材制造以及电弧增材制造；按照成形工艺分类，可分为粉末床熔融（Powder Bed Fusion，PBF）工艺和定向能量沉积（Directional Energy Deposition，DED）工艺。以粉末床熔融工艺为特征的增材制造技术主要有激光选区烧结（Selective Laser Sintering，SLS）、激光选区熔化（Selective Laser Melting，SLM）和电子束选区熔化（Electron Beam Selective Melting，EBSM），其中前两者以激光作为热源烧结或熔化粉末材料，电子束选区熔化技术以电子束为热源熔化金属粉末。定向能量沉积的增材制造技术主要有激光金属沉积技术（Laser Metal Deposition，LMD）、电子束沉积成形技术（Electron Beam Freeform Fabrication，EBF）和电弧增材制造技术（Wire and Arc Additive Manufacture，WAAM）。

1989 年，美国德克萨斯大学奥斯汀分校的 C. R. Dechard 提出 SLS 技术，基于此技术创建了 DMT 公司，并于 1992 年推出激光选区烧结成形机，之后 DTM 公司先后推出了经过改进的激光选区烧结成形机。SLS 技术采用高强度的激光照射将金属粉末材料烧结在一起形成零件原型，通过多种后处理手段将金属零件致密化。目前，随着高功率激光器在增材制造技术中的逐步应用，金属零件的成形逐渐被 SLM 技术代替，现 SLS 技术主要被用于非金属材料成形，因此本章不作研究。

1.1.2　激光选区熔化技术

激光选区熔化技术是从激光烧结的基础上发展而来的一种增材制造技术。该技术在 1995 年由德国 Fraunhofer 激光技术研究所的 Meiners 提出，并且在 1999 年与德国的 Fockle 和 Schwarze 开发出第一台基于不锈钢粉末的激光选区熔化成形设备。激光选区熔化技术融合了计算机、控制、激光、新材料等多个学科，经过 20 多年的发展，已经成为了金属增材制造领域最具发展潜力及各个国家竞相发展的制造技术。随着社会的不断发展，人们对应用于各领域的关键部件提出了轻质高强的要求，SLM 技术以其独特的优势被广泛应用，进一步推动了制造业快速发展。

1.1.2.1　激光选区熔化技术原理

激光选区熔化成形技术是利用高能量的激光束，按照预定的扫描路径，扫描预先铺覆好的金属粉末将其完全熔化，再经冷却凝固后成形的一种技术，其原理如图 1-3 所示。以下以德国 EOS 公司 EOS M280 机器为例详细介绍 SLM 成形金属零件的过程：

（1）利用三维建模软件 UG/Solid Works 等进行模型的建立。

（2）将建好的模型以 stl 文件格式导入 Magics 软件，在 Magics 软件中对模型进行修复、支撑添加等操作。

（3）利用 Rp-Tools 软件对处理好的文件进行切片处理，获得模型的二维轮廓数据；并将数据导入 EOS M280 设备中。

（4）成形平台铺设一层与分层厚度相当的金属粉末，将成形舱内充满惰性气体，切片数据通过振镜控制激光束选择性的熔化当前粉末层。

（5）当前层扫描完成之后，成形平台下降一个粉层高度，铺粉装置从供粉舱向回收舱运动，即在成形平台重新铺设一层粉末，激光束按照设定好的路径进行扫描，并且使相邻粉末层之间达到良好的冶金结合。

（6）重复步骤（4）和步骤（5），直至整个金属零件完全成形。

将加工完成的零件从成形舱中取出，使用电火花线切割机将零件与基板分离。加工好的零件通过喷砂处理去除零件表面的浮粉，对表面粗糙度要求较高的零件需进行后期机加工以提高其表面质量。

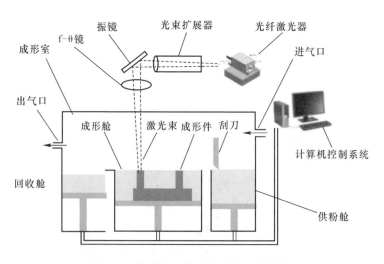

图 1-3　激光选区熔化成形技术原理图

1.1.2.2 激光选区熔化技术特点

与其他制造方法相比，SLM 技术主要具备以下优势：

（1）易成形结构复杂的零件或者薄壁件。

（2）以高能激光束为热源，光斑直径细小，因此成形件表面质量好，尺寸精度高，致密度可达 100%。

（3）加工过程中金属粉末熔化和凝固的速率较高，因此成形件微观组织均匀，晶粒细小，综合力学性能高于铸件，并接近锻件。

SLM 技术也有自身的不足，主要体现在：

（1）相较于其他成形方法，SLM 成形速度较慢。

（2）受成形室尺寸的限制，成形零件的尺寸较小，目前主流 SLM 厂商的设备最大成形尺寸为德国 Concept Laser 公司生产的 2000R 型 SLM 设备，最大加工体积为 800mm×500mm×600mm。

（3）部分支撑结构难以去除。

1.1.2.3 激光选区熔化技术发展及应用

利用 SLM 技术能够制造出传统方法无法加工的复杂结构，如夹芯结构、曲面多孔结构、复杂型腔结构等。在航空、航天领域，可用于制造火箭发动机燃料喷嘴、发动机叶片、发动机整体叶轮、轻质接头等，还可用于电子器件、医学、船舶、兵器、核能、植入等各个领域，具有十分广泛的发展前景。目前，SLM 技术向成形速度更快、成形体积更大、可使用材料更多的方向发展，SLM 技术的研究主要集中在中国、德国、美国、日本等国家。成立于 2006 年的德国 SLM Solutions 公司专注于激光选区熔化技术，旗下的 SLM 设备有 SLM 125、SLM 280、SLM 500 和 SLM 800，其中 SLM 800 设备的最大成形尺寸可达 500mm×280mm×850mm，并配有 4 个 700W 的激光器，同时该设备还集成了永久性过滤技术、熔池监测（MPM）、多激光功率监测（LPM）、机器控制优化软件和真空可选粉末供料单元（PSV）技术，进一步促进了生产流程的自动化和全自动化。德国 EOS 公司在 SLM 设备方面的研究属于先驱和创新者，能够为不同行业的客户根据成形尺寸的需求，提供不同成形尺寸的金属 3D 打印机。EOS M100 作为一台成形尺寸仅为 $\phi100mm×95mm$ 的机器主要应用的领域有齿科、医疗、贵金属首饰以及新材料和参数研发，EOS M400-4 设备的成形尺寸达到 400mm×400mm×400mm，由于可以 4 台激光同时工作，因此能够大幅提高成形速度。

国内对 SLM 设备也已经开展了大量的研究工作，铂力特、鑫精合、华曙高科、华中科技大学和华南理工大学等公司和高校在 SLM 设备生产研发方面做了大量的研究工作，并且成功应用。目前，铂力特公司市场化销售的 SLM 设备共有 6 种，其中 BLT-S400 设备的成形尺寸最大，为 400mm×250mm×400mm，同时配有双激光器大幅提高成形速度。但是，目前国内研发的 SLM 设备核心元器件还是以国外的产品为主，这将是今后中国 SLM 技术发展的一个重要方向。

SLM 技术独特的优势使其在航空航天、汽车、医疗等领域被广泛使用。成立于 2015 年的英国航天公司 Orbex 致力于小型卫星运载火箭的研发，通过与 SLM Solutions 公司合作，采用 SLM 800 设备在一块特殊的镍合金基板上制造 Orbex 的 Prime 发动机，如图 1-4a 所示。该款发动机 100% 使用了可再生燃料，减少了 90% 的碳排放，并且其新颖的零震动分级运输和载荷分离也能实现零轨道碎片，由于采用 SLM 技术实现了最优化设计，相比于同类型的运载火箭，这款火箭的结构重量减轻了 30%，能量转换率提升了 20%。2019 年 8 月 17 日国际上首个基于 3D 打印点阵结构材料的整星结构千乘一号卫星被成功送入预定轨道，并且运行稳定，标志着用于航天器主承力结构的 3D 打印三维点阵结构技术成熟度达到九级，点阵结构如图 1-4b 所示。千乘一号的整星结构通过铝合金增材制造技术一体化成形，整星结构的质量占比降至 15% 以内，整星频率提高至 110Hz，整星结构零部件数量缩小到 5 件，设计及制造周期缩短至一个月。首个增材制造三维点阵整星结构的顺利发射，将对我国航天器结构技术发展产生重要的影响，开启了三维点阵结构技术及增材制造技术应用于航天器主结构的序幕。激光选区熔化技术的发展使得具有微结构的点阵材料得以高精度实现，材料一体化的设计空间得以大幅释放，增材制造技术与结构设计技术的结合，有望促进航天器等高端装备结构的升级换代。

Airbus A350 机型上的电缆布线支架如图 1-4c 所示，该支架用于垂直稳定翼上摄像头的供电和数据传输，传统方式生产的组件由成形的金属片材零部件和许多铆钉组成，总共有超过 30 个单独的零部件。为了减轻该支架的质量以及在最短时间内完成制造，EOS 公司通过基于拓扑优化的参数和粉末床 3D 打印技术来成形该零件，成形时所使用的机器为 EOS M400 设备，材料为 AlSi10Mg 粉末，以 90μm 的层厚成形制造时间仅需 19h，与传统方法相比缩短了 90%，并且零件的质量减轻了 30%，为降低飞机的燃油消耗起到了显著的效果。Launcher 和 AMCM 采用激光选区熔化技术成功制造出大型单件 3D 打印火箭舱，如图 1-4d 所示，该火箭舱的高度为 85cm，直径为 40cm，火箭的推力可达 10t，采用增材制造技术成形的火箭腔室和喷嘴表现出最高的冷却性能，同时减少了部件的数量和生产的复杂性，提高了设备的负担能力和制造速度。

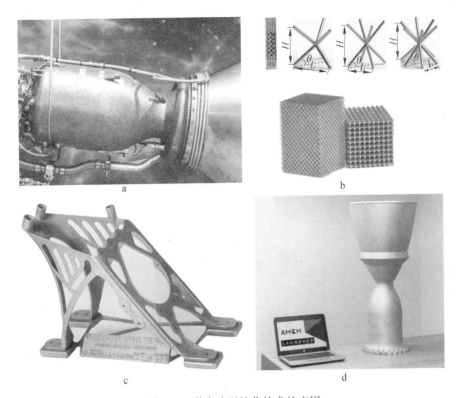

图 1-4 激光选区熔化技术的应用

a—Prime 发动机；b—三维点阵结构；c—Airbus 机型上的垂直尾翼支架；d—大型单件 3D 打印火箭腔

1.1.3 电子束选区熔化技术

1.1.3.1 电子束选区熔化技术原理

电子束选区熔化成形技术（Electron Beam Selective Melting，EBSM）的工作原理与 SLM 技术相似，都是将金属粉末完全熔化凝固成形，主要区别是 SLM 技术的热源是激光，EBSM 技术的热源是高能电子束。EBSM 技术在打印之前先铺设好一层粉末，电子束多次快速地扫描粉末层使其预热，被预热的粉末处于轻微烧结而不被熔化的状态，该步骤为 EBSM 技术独有。采用 SLM 技术成形时预热温度最高为 300℃，而 EBSM 技术采用电子束扫描预热的方法可以使零件在 600~1200℃ 范围内加工成形。

EBSM 技术的具体成形过程为：

（1）计算机对零件的三维数据进行切片，获得零件的每一层轮廓信息。

（2）铺粉装置在成形平台上铺设一层粉末并压实，打印机在铺设好的粉末床上方选择性的发射电子束，电子的动能转化为热能，选区内的金属粉末经过熔化凝固成形。

（3）工作台降低一个层厚的高度，新一层粉末被铺设，电子束在计算机的控制下按照新一层截面轮廓信息进行有选择的熔化。

（4）经过层层堆积，直至整个零件完全成形，最后，去除多余的粉末得到所需的三维零件。图1-5为电子束选区熔化成形原理图。

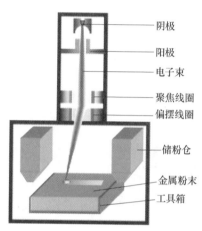

图 1-5　电子束选区熔化成形原理图

1.1.3.2　电子束选区熔化技术特点

与激光增材制造技术相比，电子束选区熔化技术具有以下优点：

（1）成形效率高。电子束可以很容易实现大功率输出，可以在较高功率下达到很高的沉积速率（15kg/h）。

（2）真空环境有利于零件的保护。电子束熔丝沉积成形在 10^{-3}Pa 真空环境中进行，能有效避免空气中有害杂质（氧、氮、氢等）在高温状态下混入金属零件，非常适合钛、铝等活性金属的加工。

（3）内部质量好。电子束是"体"热源，熔池相对较深，能够消除层间未熔合现象；同时，利用电子束扫描对熔池进行旋转搅拌，可以明显减少气孔等缺陷。

（4）加工材料范围广。由于电子束能量密度很高，可使任何材料瞬时熔化、汽化且机械力的作用极小，不易产生变形以及应力积累。

电子束选区熔化技术同样存在一定的劣势，主要表现在：

（1）预热后的金属粉末处于轻微烧结状态，成形结束后多余的粉末需要采用喷砂等工艺才能去除，复杂造型内部的粉末可能会难以去除。

（2）由于需要额外的系统设备以制造真空工作环境，因此设备庞大。

（3）成形零件的表面粗糙度高于SLM。

1.1.3.3 电子束选区熔化技术发展及应用

成立于1997年的瑞典Arcam公司是全球最早开展EBSM成形装备研究和商业化开发的机构。Arcam公司成立的基础是基于Larson等人在1994年申请的采用粉床选区熔化技术直接制备金属零件的国际专利WO94/26446，成形时粉末的熔化是通过电极和导电粉末之间电弧放电产生的热量实现的。1995年美国麻省理工学院Dave等人提出利用电子束做能量源将金属熔化进行三维制造的设想。随后于2001年Arcam公司在粉末床上将电子束作为能量源，申请了国际专利WO01/81031，并在2002年制备出EBSM技术的原型机Beta机器，2003年推出了全球第一台真正意义上的商业化EBSM装备EBM-S12，随后又陆续推出了A1、A2、A2X、A2XX、Q10、Q20等不同型号的EBSM成形装备。目前，Arcam公司商业化EBSM成形装备最大成形尺寸为200mm×200mm×350mm或350mm×380mm，铺粉厚度从100μm减小至现在的50～70μm，电子枪功率3kW，电子束聚焦尺寸200μm，最大扫描速度为8000m/s，熔化扫描速度为10～100m/s，零件成形精度为±0.3mm。

除瑞典Arcam公司外，德国奥格斯堡IWB应用中心和我国清华大学、西北有色金属研究院、上海交通大学也开展了EBSM成形装备的研制。特别是在Arcam公司推出EBM-S12的同时，2004年清华大学林峰教授申请了我国最早的EBSM成形装备专利200410009948.X，并在传统电子束焊机的基础上开发出了国内第一台实验室用SEBM成形装备，成形空间为150mm×100mm。2007年，西北有色金属研究院联合清华大学成功开发了针对钛合金的EBSM-250成形装备，最大成形尺寸为230mm×230mm×250mm，层厚100～300μm，功率3kW，光斑尺寸为200μm，熔化扫描速度10～100m/s，零件成形精度为±1mm。随后针对EBSM送铺粉装置进行了改进，实现了高精度超薄层铺粉，并针对电子束的动态聚焦和扫描偏转开展了大量的工作，开发了拥有自主知识产权的试验用装备SEBM-S1，铺粉厚度在50～200μm可调，功率3kW，斑点尺寸200μm，跳扫速度8000m/s，熔化扫描速度10～100m/s，成形精度为±1mm，适合于各种粉末，并可以使用较少量的粉末（钛合金粉末5kg）。

电子束选区熔化技术利用高功率的电子束在真空环境中快速成形无残余应力的零件，因此可应用于飞机发动机叶片的制造，GE航空公司Avio Aero使用Arcam电子束选区熔化金属打印机为GE9X商用飞机发动机生产TiAl合金叶片，如图1-6a所示，采用该技术成形的TiAl叶片质量只有传统镍合金涡轮叶片的一半，装备于波音新型777X宽体喷气机的GE9X发动机将受益于TiAl叶片质量的减轻，与前代产品 GE90 相比，它可以降低 10%的燃油消耗。加利福尼亚航空航天零件制造商 Parker Aerospace 采用电子束选区熔化技术为燃气轮机打印雾化喷嘴和双燃料歧管组件，如图 1-6b 所示，采用电子束技术生产零件消除了传统制造技术的限制，能够提供性能更高的系统，同时大大降低了成本。

a　　　　　　　　　　　　　　　　　　　　b

图 1-6　采用电子束选区熔化技术成形的零件

a—TiAl 叶片；b—双燃料歧管组件

1.1.4　激光金属沉积技术

1.1.4.1　激光金属沉积技术原理及特点

激光金属沉积技术是在快速原型技术和激光熔覆技术基础上发展起来的一项先进制造技术，成形原理如图 1-7 所示。该技术是基于离散/堆积原理，通过对零件的三维 CAD 模型进行分层处理，获得各层截面的二维轮廓信息并生成加工路径，在惰性气体保护环境中，以高能量密度的激光作为热源，按照预定的加工路径，将同步送入的粉末逐层熔化堆积，快速凝固和逐层沉积，从而实现金属零件的直接制造与修复。通常情况下，激光金属直接成形系统平台包括：激光器、CNC 数控工作台、同轴送粉喷嘴、高精度可调送粉。

激光金属沉积技术可以实现力学性能与锻件相当的复杂高性能构件的高效率制造，并且成形尺寸基本不受限制（取决于设备运动幅面），同时 LMD 技术所具有的同步材料送入特征，还可以实现同一构件上多材料的任意复合和梯度结构制造，方便地进行新型合金设计，并可用于损伤构件的高性能成形修复。SLM 技术虽然可以实现力学性能优于铸件的高复杂性构件的直接制造，但是通常成形尺寸较小，只能进行单种材料的直接成形，目前成熟的商用化装备成形尺寸一般小于

300mm,最大的 SLM 设备所能成形的零件尺寸也不超过 1m。另外,SLM 技术的沉积效率要比 LMD 技术低 1~2 个数量级。需要指出的是,以同步材料送入为特征的 LMD 技术还可方便地同传统的加工技术,如锻造、铸造、机械加工或电化学加工等等材或减材加工技术相结合,充分发挥各种增材与等材及减材加工技术的优势,形成金属结构件的整体高性能、高效率、低成本成形和修复新技术。

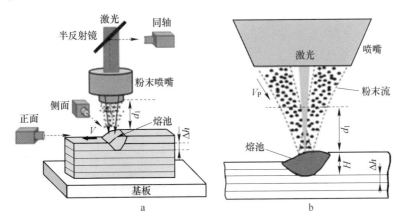

图 1-7 激光金属沉积技术原理图
a—总体原理图;b—局部原理图

但是,激光增材制造也存在一些问题,比如:球化现象、裂纹敏感性、残余应力等,而且设备较昂贵、能量利用率低、低熔点金属材料的受热变形、速度与精度之间的矛盾等问题也尤为突出。尤其对铝合金而言,由于液态铝的光反射率很高,激光照射在液体表面大部分被反射掉,导致其能量损失严重;而且铝合金熔点较低,激光的能量密度很高,对大型薄壁零件或者壳体增材时,翘曲变形较严重。

归结起来,激光金属沉积技术具有以下特点:

(1)无需模具,可实现复杂结构的制造,但悬臂结构需要添加相应的支撑结构。

(2)成形尺寸不受限制,可实现大尺寸零件的制造。

(3)可实现不同材料的混合加工与梯度材料的制造。

(4)可对损伤零件实现快速修复。

(5)成形组织均匀,具有良好的力学性能,可实现定向组织的制造。

1.1.4.2 激光金属沉积技术发展及应用

LMD 技术起源于美国 Sandai 国家实验室的激光近净成形技术(Laser Engineered Net Shaping, LENS),随后在多个国际研究机构快速发展起来,并且被赋予了很多不同的名称，如美国 Los Alamos 国家实验室的直接激光制造（Direct Laser Fabrication，DLF）、斯坦福大学的形状沉积制造（Shape Deposition Manufacturing，SDM）、密西根大学的直接金属沉积（Direct Metal Deposition，DMD）、德国弗劳恩霍夫（Fraunhofer）激光技术研究所的激光金属沉积（Laser Metal Deposition，LMD）、中国西北工业大学的激光立体成形技术（Laser Solid Forming，LSF），以及主要被用作修复受损零件的激光增材修复技术（Laser Additive Repair，LAR），虽然名称各不相同，但是技术原理却几乎是一致的，都是基于同步送粉和激光熔覆技术。

目前，对于 LMD 技术的研究主要是针对成形工艺以及成形组织性能两方面展开，美国的 Sandai 国家实验室和 Los Alomos 国家实验室针对镍基高温合金、不锈钢、钛合金等金属材料进行了大量的激光金属直接成形研究，所制造的金属零件不仅形状复杂，且其力学性能接近甚至超过传统锻造技术制造的零件。瑞士洛桑理工学院的 Kurz 等人深入研究了激光快速成形工艺参数对成形过程稳定性、成形零件精度、材料显微组织以及性能的影响，并将该技术应用于单晶叶片的修复。清华大学的钟敏霖和宁国庆等人在激光快速成形同轴送粉系统的研制及熔覆高度检测及控制方面取得了研究进展；西北工业大学的黄卫东等人通过对单层涂覆厚度、单道涂覆宽度、搭接率等主要参数进行精确控制，获得了内部致密，表面质量良好的成形件；西安交通大学的张安峰、李涤尘等人研究了激光金属直接成形 DZ125L 高温合金零件过程中不同工艺参数（如激光功率、扫描速度、送粉率、Z 轴提升量等）对单道熔覆层高度、宽度、宽高比和成形质量的影响规律，并优化了工艺参数。

2013 年欧洲空间局（ESA）提出了"以实现高技术金属产品的高效生产与零浪费为目标的增材制造项目"（AMAZE）计划，该计划于 2013 年 1 月正式启动，汇集了法国 Airbus 公司、欧洲宇航防务集团（EADS）的 Astrium 公司、英国 Rolls·Royce 公司以及英国的 Cranfield University 和伯明翰大学等 28 家机构来共同从事激光金属增材制造方面的研究，旨在将增材制造带入金属时代，其首要目标是快速生产大型零缺陷增材制造金属零件，几乎实现了零浪费。美国国防航空航天局（NASA）喷气推进实验室开发出一种新的激光金属直接成形技术，可在一个部件上混合打印多种金属或合金，解决了长期以来飞行器，尤其是航天器零部件制造中所面临的一大难题：在同一零件的不同部位具有不同性能。英国的罗·罗（Rolls·Royce）公司计划利用激光金属直接成形技术，来生产 Trent XWB-97（罗·罗研发的涡轮风扇系列发动机）由钛和铝的合金构成的前轴承座，其前轴承座包括 48 片机翼叶，直径为 1.5m，长度为 0.5m。北京航空航天大学的王华明团队利用激光金属直接成形技术制造出了大型飞机钛合金主承力构件加强框，并获得了国家技术发明一等奖。西安交通大学在国家"973"项目的资助下，展开了利用激光金属直接成形技术制造空心涡轮叶片方面的研究，并成功制备出了具有复杂结构的空心涡轮叶片。

美国 Optomec 公司采用 LENS 技术修复 T700 航空发动机压气机第一级整体叶盘，实现了对失效零件的快速低成本的再制造，如图 1-8 所示。美国 AeroMet 公司对磨损断裂失效零件进行激光增材修复，使 F15 战斗机中机翼横梁的维修时间缩短到一周；美国陆军安妮斯顿仓库对燃气涡轮发动机零部件采用激光沉积修复技术，使每年能节省约 3000 多万元的费用。英国罗·罗公司采用激光增材技术对 RB211 涡轮发动机叶片阻尼片进行修复；德国 MTU 公司与汉诺威激光研究中心采用激光增材修复技术对涡轮叶片冠部阻尼面的耐磨层进行了熔覆修复，恢复其原几何尺寸。德国弗劳恩霍夫激光技术研究所采用特制的喷嘴，实现了在无保护气氛条件下的激光增材修复钛合金整体叶盘前缘。

a   b

图 1-8　美国 Optomec 公司采用 LENS 技术修复 T700 航空发动机压气机第一级整体叶盘
a—修复前；b—修复后

国内西北工业大学、沈阳航空航天大学、北京航空航天大学等单位都对激光增材修复进行了研究，主要集中在钛合金和高温合金的修复。西北工业大学针对 TC4、TC11、TC17 等多类钛合金及高温合金进行了激光增材修复工艺研究，部分修复件已经批量装机使用，如图 1-9 所示。

1.1.5 电子束沉积成形技术

电子束沉积成形技术又称为电子束自由成形制造技术（Electron Beam Freeform Fabrication，EBF）。与激光沉积成形技术采用金属粉末作为原材料不同，电子束沉积技术采用金属丝材作为原材料，降低了原材料的制备难度。电子束沉积成形技术原理如图 1-10 所示，在真空环境中，电子束轰击金属表面形成熔池，金属丝材通过送丝装置送入熔池并熔化，同时熔池按照预先规划的路径运动，熔

图 1-9　西北工业大学激光增材修复的整体叶盘钛合金及高温合金零件

a—高压一级涡轮叶片；b—Ti40 机匣；c—IN961 不锈钢机匣；

d—钛合金压气机静子叶片；e—TC6 叶片；f—ZTC4 机匣

池金属逐层凝固堆叠，达到致密的冶金结合，从而制造出金属毛坯件，最后进行表面精加工和热处理。

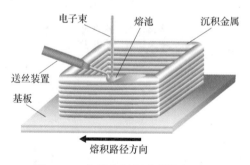

图 1-10　电子束沉积成形技术原理

　　电子束沉积成形技术在真空环境中打印零件，因此成形零件内部质量好，同时由于成形速度快，残余应力小，材料利用率接近 100%，因此主要用于大型复杂结构件的生产制造。成形的原材料为金属丝材，包括钛合金、铝合金、钽、铌、钨、不锈钢、结构钢等，由于采用的是大功率电子枪作为热源，因此特别适用于活泼金属、反光金属和难熔金属的成形。

　　电子束沉积成形技术可广泛应用于航空航天、军工、船舶、汽车、医疗等领域，但是由于电子束热源供应商少，同时对成形环境要求较高，因此，目前真正应用电子束沉积成形技术的行业及领域较少。国外 Airbus 使用熔丝式电子束金属

3D 打印机制造钛合金零件，Lockheed Martin Space System 使用熔丝式电子束金属 3D 打印机打印成形卫星推进剂钛合金容器。图 1-11 示出了采用电子束沉积成形技术制造的金属零件。

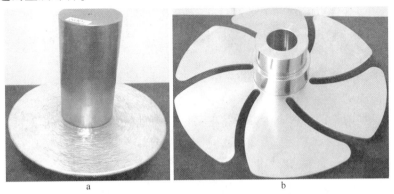

图 1-11 电子束沉积成形技术制造的零件

a—直立圆环毛坯；b—扇叶毛坯加工后

1.1.6 电弧增材制造技术

电弧增材制造技术（Wire and Arc Additive Manufacture，WAAM）以电弧为载能束，采用逐层堆焊的方式制造金属实体零件，成形原理如图 1-12 所示。不同于激光及电子束等高能束，电弧增材制造技术具有丝材利用率高、制造周期短、成本低，且能够显著降低成形零件气孔率，同时提高零件致密度，力学性能好（如钛合金塑性沿堆积方向最高可达 19%）等优点。它主要应用于大尺寸形状较复杂构件的低成本、高效快速成形。

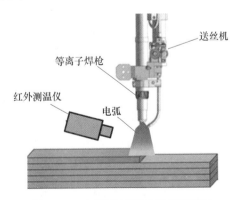

图 1-12 电弧增材制造技术原理图

尽管采用高能束作为热源的金属基增材制造技术得到了快速发展，但是由于其对原材料、热源等要求较高，在成形某些特定结构或特定成分零件时受到一定限制而无法实现，具有诸多不足之处，主要表现在：

（1）对于激光热源，其成形速率慢、铝合金对激光的吸收率低等。

（2）对于电子束热源，真空炉体尺寸对成形零件体积有限制。

（3）金属基粉末原材料制备成本较高、易受污染、利用率低等均增加了原料成本。

基于上述原因，现有的技术在成形大尺寸复杂结构件时表现出一定的局限性，为了应对大型化、整体化结构件的增材制造需求，基于 TIG、MIG、SAW 等堆焊技术发展起来的低成本、高效率电弧增材制造技术受到关注。金属增材制造技术的基本思想源于焊接。因此，现有的很多金属电弧增材制造技术都是在传统焊接技术基础上结合 CAD 技术发展起来的。

电弧增材制造技术的本质是微铸自由熔积成形，电弧具有热流密度低、加热半径大、热源强度高等特征，成形过程中往复移动的瞬时点热源与成形环境间有强烈的相互作用，其热边界条件具有非线性时变特征，故成形过程稳定性控制是获得连续一致成形形貌的难点，尤其对大尺寸构件而言，热积累引起的环境变量变化更显著，达到定态熔池需要更长的过渡时间。针对热积累导致的环境变化，如何实现过程稳定性控制以保证成形尺寸精度是现阶段电弧增材制造的研究热点。

与激光、电子束增材技术相比，电弧增材制造技术具有以下优点：

（1）沉积效率高；

（2）不会由于粉末而引起安全和健康问题；

（3）材料利用率高（100%）；

（4）成形零件致密度高（100%）；

（5）容易实现合金成分的剪裁；

（6）设备投资少（机器人+焊机）、运行成本低。

但是，电弧增材制造也有其不可回避的缺点，主要表现在：零件复杂度低、成形稳定性差、成形材料种类具有局限性、综合力学性能较差、组织差异大和需要较多的后期精加工等。

近几年，我国华中科技大学、西北工业大学、哈尔滨工业大学、西安交通大学、南昌大学、天津大学、北京航空制造工程研究院、首都航天机械公司等高校、研究所及企业也相继开展了 WAAM 成形技术的工艺与控制研究工作，表1-1列出了国内外研究 WAAM 增材制造技术的机构。增材制造以个性化、复杂化需求为导向，WAAM 独特的载能束特征及其强烈的载能束与热边界相互作用，决定了针对不同的材料体系、结构特征、尺寸、热沉条件等，WAAM 成形工艺也不一而同，可能无法如其他材料加工技术那样制定加工图或工艺规范，这意味着以试验为基础的经验方法难以面面俱到，更需要通过探讨 WAAM 成形物理过程，深入认识其成形基础理论，在材料、结构、形状、路径改变时，成形工艺参数设计有"据"可依，以适应自由多变灵活的 WAAM 成形过程。目前，国内外公开发表的探讨 WAAM 成形基础理论问题的文章较少，仅涉及到成形过程温度场的演变及应力分布规律研究，从温度场演变规律出发，分析出熔池热边界一致性的控制方法，可能对于工艺控制更具意义，并进一步从电弧参数和材料送进对成形过程的影响、熔池动力学、成形表面形貌演化动力学等相关科学问题出发，揭示电弧增材成形的物理过程应成为该领域研究工作的核心。

表 1-1　国内外 WAAM 研究机构及成形系统构成

研　究　机　构	成形系统基本构成
克兰菲尔德大学、南卫理公会大学、卡塔尼亚大学、瑞典西部大学、哈尔滨工业大学、西北工业大学、天津大学、南昌大学	TIG+数控机床/工作台
克兰菲尔德大学、鲁汶天主教大学、谢菲尔德大学、哈尔滨工业大学、南昌大学	TIG+机器人
克兰菲尔德大学、肯塔基大学	CMT(MIG)+数控机床
克兰菲尔德大学、诺丁汉大学、卧龙岗大学、米尼奥大学、华中科技大学	CMT(MIG/MAG)+机器人
克兰菲尔德大学、西安交通大学	PAW+数控机床（工作台）

1.1.7　其他增材制造技术

金属增材制造技术按照其成形的方法可以分为液相与固相增材制造技术。液相增材制造技术是通常大众认知的"3D 打印"技术，采用激光、电弧、电子束等热源，将金属粉末或者丝材熔化后再凝固，由零维到三维的分层、逐点堆叠成形零件，其成形方法的本质是熔焊。由于在成形过程中金属熔化产生液态物质，因此属于液相增材制造技术。相应的，固相增材制造技术则在成形过程中没有液态物质产生。它一般是采用固相连接方法，将二维金属平板堆叠连接成为三维的结构件，或者是采用冷喷涂等方法直接成形三维零件。液相增材制造技术主要用于制造外形结构复杂的零件，成形速度快、单个零件制造周期短、尺寸受限制较小，因此适合原型、定制化等零件的制造；固相增材制造技术通常具有更高的结构精度与强度，适用于内型腔结构复杂、工况条件苛刻的零件制造与批量化生产。

1.1.7.1　超声波固结成形技术

超声波固结成形技术是在超声波焊接技术基础上发展的一种超声增材制造技术。该技术采用大功率超声波能量，以金属箔材或带材作为原料，利用金属层与层之间振动摩擦而产生的热量，促进界面间金属原子的相互扩散并形成固态冶金结合，从而实现逐层累加的增材制造成形。图1-13为超声波固结原理示意图，当上层的金属箔材在超声波压头的驱动下相对于下层箔材高频振动时，由于摩擦生热导致箔材之间凸起部分温度升高，在静压力的作用下发生塑性变形，同时处于超声能场的金属原子将发生扩散形成界面结合，从而实现金属逐层增材固结成形制造。将增材快速成形与数控铣削等工艺相结合，形成超声波固结成形与制造一体化的增材制造技术。

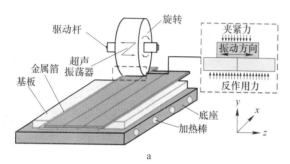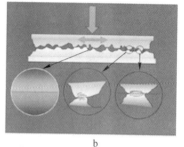

图1-13　金属超声波固结成形技术原理

a—整体原理图；b—局部原理图

　　超声波增材制造技术同样具有成形的高效性与高复杂性，属于自由净成形工艺，可以实现固态连接同系列或不同系列铝合金金属的结合与包层。超声波增材制造工艺不需要高温环境，不会造成合金元素的挥发，不影响连接的性能，因此，超声波增材制造铝合金具有一定优势。图1-14所示为采用超声波增材制造技术制造的典型零部件。目前美国已经发展到第3代超声波增材制造设备，国外在超声波增材制造装备和相关技术方面对我国实行严格的封锁，国内在超声波增材制造领域尚没有相关研究报告。超声波增材制造有着广阔的研究前景，目前尚未彻底建立超声波固相增材成形材料界面局部原子扩散方面的理论模型，界面塑性变形及摩擦升温方面尚没有统一的理论。

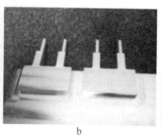

图1-14　采用超声波增材制造技术制造的典型零部件

a—铝合金航空零部件；b—铝合金微通道热交换器；c—金属蜂窝夹芯板

相对于激光、电子束和电弧为热源的先熔化后增材制造的方法，超声波增材制造更接近固相连接工艺。该工艺与其他熔化增材制造技术相比，具有以下优点：

（1）对原材料要求较低，原材料一般采用一定厚度的普通商用金属带材，如铝带、铜带、钛带、钢带等，而不是特殊的增材制造用金属粉末，所以原材料来源广泛，价格低廉。

（2）超声波固结过程是固态连接成形，温度低，一般是金属熔点的25%～50%，因此材料内部的残余应力低，结构稳定性好，成形后无须进行去应力退火。

（3）节省能源，所消耗的能量只占传统成形工艺的5%左右，不产生任何焊渣、污水、有害气体等废物污染，因此是一种节能环保的快速成形与制造方法。

（4）该技术与数控系统相结合，易实现三维复杂形状零件的叠层制造和数控加工一体化，可制作深槽、空洞、网格、内部蜂巢状结构，以及传统加工技术无法制造的金属零件，并且还可根据零件不同部位的工作条件与特殊性能实现梯度功能。

（5）超声波固结不仅可以获得近100%的物理冶金界面结合率，且在界面局部区域可发生晶粒再结晶，局部生长纳米簇，从而使材料结构性能提高。此外，固结过程箔材表面氧化膜可以被超声波击碎，无需事先对材料进行表面预处理。

（6）该技术可用于金属基复合材料和结构、金属泡沫和金属蜂窝夹芯结构面板的快速成形和制造，且由于该技术的制造过程是低温固态物理冶金反应，因而可以把功能元器件植入其中，制备出智能结构和零部件。

（7）除了用于大型板状复杂结构零部件以外，超声波固结成形装备还可用于制造叠层封装材料、叠层复合材料。

1.1.7.2　搅拌摩擦增材制造技术

搅拌摩擦焊是将高速旋转的搅拌头插入工件后沿焊接方向运动，在搅拌头与工件的接触部位产生摩擦热，使金属塑化软化，塑化金属在搅拌头的旋转作用下填充搅拌头后方的空腔，并在搅拌头轴肩与搅拌头的搅拌与挤压作用下实现材料固相连接的焊接方法，主要应用于铝合金的增材制造。其优点是焊缝热影响区小、无须添加焊丝与表面保护、设备简单、易于实现自动化、安全环保等，但其焊缝通常是直线或曲线，限制了可制造零件的结构，通常用于大尺寸板材的拼接。

搅拌摩擦增材制造技术是在搅拌摩擦焊接技术基础上提出的一种增材制造技术。该技术以金属箔材作为原料，通过搅拌头的高速搅拌，利用摩擦产热的原理完成固相连接，原理如图1-15所示。国外，G. M. Karthik 等研究了钛粒子对铝基复合材料摩擦沉积的强化效果，通过向基体中添加质量分数为 6% 的钛粒子，钛粒子与 AA5083 铝基材料形成良好的黏结层，并达到均匀分布，因此起到了细晶强化作用，制备的复合材料强度、硬度均可以与标准的 AA5083 锻压件相当。国内南昌航空大学研究了工艺参数对 5A03-H 铝合金搅拌摩擦增材制造成形的影响。图 1-16 所示为采用搅拌摩擦增材制造技术成形的零件毛坯。

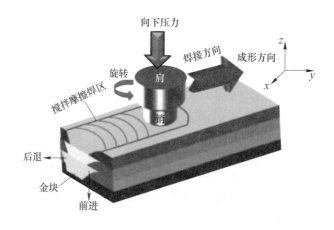

图 1-15　搅拌摩擦增材制造技术原理

图 1-16　搅拌摩擦增材制造零件

1.1.7.3　扩散连续增材制造技术

扩散焊固相增材制造（扩散焊分层实体制造）的概念由西北工业大学李京龙教授团队在扩散焊接技术基础上提出的一种增材制造技术，该技术的工艺流程如图 1-17 所示，其是分层实体制造（Laminated Object Manufacturing，LOM）的设计思想与焊接成形工艺的结合。

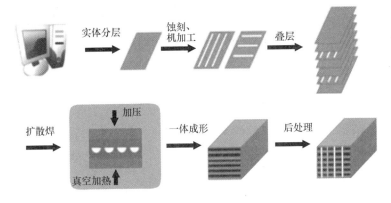

图 1-17 扩散焊固相增材制造工艺流程

分层实体设计思想是将三维实体微分切片，用机加工、化学蚀刻等精密加工方法制作出二维层板造型结构，然后将层板按照三维结构顺序堆叠装配，通过扩散焊工艺实现整体成形。分层方法取决于零件结构二维化，是层板制造最简便的方法，多层层板一次成形，与层板数量无关。可成形零件的尺寸主要取决于设备能力、层板制造与焊接工艺。此方法具有扩散焊强度高、变形小的特点，可以制造高精度、高强度零件，在许多领域的应用中具有不可替代性，以不锈钢、模具钢等铁基合金，以及钛合金、铝合金应用最为广泛。

扩散焊是在真空环境中将待焊工件施加一定的压力使其紧密接触，然后加热到一定温度并保温一定时间，使界面处原子充分扩散形成冶金结合的连接方法。经过扩散焊后，焊缝处没有残余应力，组织与母材一致，焊缝是面与面的连接，强度也能够达到母材的强度，且焊接过程中变形小，能够保证焊接结构精度，适用于大部分金属材料及玻璃、陶瓷等非金属材料，扩散焊是目前工业应用中最成熟的固相增材制造方法。

扩散焊固相增材制造装备主要是真空扩散焊设备，主要由 4 部分组成：加热系统、加压系统、保护（真空）系统与控制系统，如图 1-18 所示。设备的加热方式通常采用辐射加热，要求焊件受热均匀，可按照不同工艺精确控制加热温度。加压系统可采用液压系统、气压系统、机械系统、热膨胀系统等，最常用的是液压系统。

我国自主研发的中、小型温区设备的性价比已经高于进口设备，能够满足学术研究与小型零件生产的需求，但大型设备制造与国外还存在一定差距。随着"中国制造 2025"的提出，设备制造业面临着智能化需求的挑战，未来设备制造的主要发展方向为：

（1）大尺寸设备制造。大尺寸温区设备是满足大型零件制造的必要条件，在核能、能源化工、航海等领域有着重要应用与需求。设备均温区越大，对温度、压力控制要求越高，制造难度越大。

（2）气体加压（热等静压）设备。气体加压的优势在于各方向上压力分布均匀，设备结构相对简单、成本较低，但是工艺控制较难，并且在生产上增加了真空包壳的工序，增加了产品制造的成本。

（3）专家系统。扩散焊专家系统是能够根据材料、目标焊接质量等通过计算推理给出合适制造工艺的系统，是实现自动化、智能化制造的重要软件。未来的设备需要实现自动积累、分析生产数据、智能调整工艺参数、接头质量评价等功能。

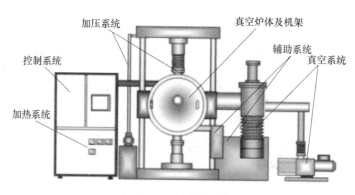

图 1-18   扩散焊设备

1.1.7.4   激光-电弧复合增材制造技术

激光-电弧复合增材制造技术可以弥补两者单独作用的不足，激光的加入能够提高电弧的稳定性，而熔化极气体保护焊又能发挥熔化焊的高效性，弥补激光能量的不足，所以"激光-电弧复合"用于增材制造技术，成为了一种有一定研究前景的新方法。王鹏等人使用 YAG 固体激光机加 MIG 电弧复合热源焊接系统，在 6061 基板上制备了 ER5356 铝合金焊丝的增材试样，研究了增材过程中冷却时间和力学性能的关系，研究发现层间停留时间为 60s 时成形试样抗拉强度最大为 249.79MPa，并且发现激光 MIG 复合增材制造墙体零件的微观组织比单 MIG 焊增材制造更加均匀。孙承帅等人使用激光 MIG 复合制备了 ER5356 增材试样，分析了显微组织特征，研究结果发现试样顶部区域组织呈柱状晶和等轴晶状，中下部区域 Mg 元素含量高于顶部区域，组织呈树枝状。试样中存在氢气孔，主要是由氢元素在液态金属中的无法逸出和激光小孔的瞬间失稳造成的。目前激光-电弧复合作为热源国内外研究并不广泛，两者结合一定程度上提高熔池流动稳定性，成形零件表面质量较好，零件整体的组织性能更加均匀。

1.1.7.5　增材–减材复合成形技术

为解决快速电弧增材成形过程中成形件精度与表面质量不高等问题，斯坦福大学 F. B. Prinz 等人提出了基于形状沉积的制造方法，该方法采用五轴数控铣床对成形件外轮廓和表面精整，提高了成形件的表面质量和尺寸精度。其工艺过程为：以电极熔化金属丝作为熔积成形原料，在数控系统控制下完成零件的一个层面；然后用数控铣削加工其端面和侧面，使其该层的高度和形状满足要求；重复上述过程，直至零件成形。法国通信研究所 Pascal Mognol 等人分析了高速铣削（HSM）、电火花加工（EDM）和直接金属激光烧结（DMLS）各自的特点以及采用它们复合制造时所适合的零件特征，提出了基于零件特征来选取前述复合工艺的方法。以注塑模具为例，发现采用这种基于零件特征的复合成形方法制模时间减少 1h35min，成本降低 15%。

日本金沢大学 Satoshi Abe 等人开发了金属粉末激光烧结成形与铣削复合制造系统，并将其应用于注塑模具的大规模生产中。该复合系统在激光烧结成形层的高度达到立铣刀的有效切削刃长度时，转换工位进行高速铣削加工。基于这一特点，对于传统加工方法难以制造的深筋条，当选用短的立铣刀时仍可以加工。此外，他们采用该复合加工方法试制了模具，模具的表面粗糙度可以达到 $20\mu m$，与传统的方法相比，模具的生产效率提高一倍。此外为了减少模具型腔表面的翘曲变形，在模具成形过程中堆积成形了复杂的冷却管道系统。华中科技大学张海鸥教授团队开发了等离子熔积铣削复合直接制造技术，该工艺系统包含两部分：等离子熔积直接成形和数控铣削加工。并采用该工艺方法和复合直接制造机床设备试制出高温合金零件，经金相组织分析发现表面无裂纹、满密度，该技术的使用使得新型高温零件的形状与内外质量在并行制造中实现。

1.1.7.6　电弧熔积–轧制复合成形技术

在自由熔积成形过程中，金属零件要经历反复的快速加热和冷却过程，易导致成形零件的变形和开裂，降低制造精度，甚至使成形零件报废。通过对自由熔积的工艺条件，如成形路径、能量、成形速度和冷却方法，以及对成形件的变形及开裂的影响研究得知，在合适的熔积条件下，自由熔积的成形能力可以得到改善。但是，在成形复杂形状的薄壁零件时，零件的变形与开裂等问题仍没有得到很好的解决。

锻造、轧制之类的等量成形过程具有高的材料利用率，且成形件具有优异的性能及内部组织结构。连铸轧制技术在钢铁行业是一项革命性的先进制造技术。它改变了传统铸造和轧制过程的分离并实现他们的集成。基于上述考虑，华中科技大学张海鸥等人提出并且研究了熔融沉积–连续轧制复合直接制造金属零件的方法，该工艺是提高制造精度、效率、成形件组织性能的有效方法。该方法成形原理如图1-19所示，成形时半熔融区布置微型轧辊，对其做压缩加工，以防止材料流淌、坍塌，减少成形件表面的阶梯效应，实现了自由熔积与连续轧制在一个制造单元的集成，并且实现两者的同步，从而有效缩短了工艺流程，减少了后续加工余量，并可获得组织和力学性能优异的零件；同时熔积过程中层高变为可控，从而大大提高了成形零件精度，为解决增量快速制造技术中理论成形高度与实际成形高度存在误差这一问题提供了新的思路；此外，成形零件表面均匀光整，侧壁阶梯效应减小，为成形零件满足工业应用标准以及零件的设计-材料制备-制造-检测一体化的数字化直接制造开辟了新途径。张海鸥等人应用以上技术，采用普碳钢丝材直接成形了大型飞机蒙皮零件，其高1.2m，长1.6m，上表面平整，侧壁光滑，试验数据显示该方法制造的金属零件其拉伸强度提高了33%，伸长率提高了2倍以上。然而，该工艺虽然可以一次性成形性能组织良好的复杂零件，但因尚未达到机械加工的制造精度而不能直接获得最终的金属零件。所以要得到一次性成形最终可以工业应用的金属零件，还需要探索复合铣削的工艺，实现熔积-轧制-铣削一体化的低成本，短流程控形控质的航空用高组织性能、高形状复杂的金属零件制造。

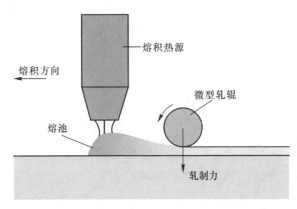

图1-19　电弧熔积-轧制复合成形示意图

继上述研究后，英国Cranfiled University的Coules等人最近发表了与此类似的拼焊与轧制相复合的工艺及装置的研究报道，设计了专用的熔积-轧制装置，研究了轧制力、轧辊型等参数对板材拼焊时焊道残余应力的影响，该研究得到了波音、NASA等10余家著名公司联合项目的资助。

1.2　金属粉末

金属3D打印的核心材料是球形金属粉末，它是3D打印产业链中最重要的环节，与3D打印技术的发展息息相关。目前行业内对3D打印用金属粉末给出了清晰的定义，即尺寸小于1mm的金属颗粒群，包括单一金属粉末、合金粉末以及具有金属性质的某些难熔化合物粉末。

作为金属3D打印工艺的原材料，金属粉末的性能很大程度上决定了最终的成形效果，因此高质量的粉末对金属3D打印技术的发展具有重要意义。2014年6月颁布的ASTM F3049-14标准规定了3D打印金属粉性能的范围和表征方法，包括化学成分、颗粒形状、粒度及其分布、流动性、循环使用性等。如今广泛认可的对于金属粉末性能的基本要求有纯净度高、氧含量低、球形度好、粉末粒径细小、粒径分布窄、具备良好的可塑性和流动性及利于循环利用等特点。

用于3D打印的金属粉末化学成分主要包括金属元素和杂质成分。杂质成分主要指金属化合物或非金属成分。例如还原铁中的Si、Mn、C、S、P、O等；从原料和粉末生产过程中掺进的机械夹杂，如SiO_2、Al_2O_3、硅酸盐、难溶金属碳化物等；粉末表面吸附的氧、水汽和其他气体。

常见的粉末形状有球形、近球形、片状、树枝状和针状等。其中，不规则粉末具有更大的比表面积，能够吸收更多的激光能量，有利于增强烧结动力；另外，孔隙也有利于液相的铺展。但等轴状比如球形度高的粉末流动性较好，送粉流畅且铺粉均匀，有利于提高成形件的密度及组织的均匀性，从而保证成形质量。因此3D打印使用的粉末一般以球形或近球形为佳。

金属粉末的粒度即粉末颗粒的大小。研究表明，粉末颗粒是通过直接吸收激光或电子束扫描时的能量而熔化烧结，粉末颗粒小则比表面积大，直接吸收的能量多，更容易升温熔化。一般来说，粉末颗粒越细小，分布越均匀，越有利于烧结过程的顺利进行，成形质量越好。另一方面，颗粒细小的粉末之间空隙较小，松装密度高，成形后零件致密度高，因此有利于提高产品的强度和表面质量。但是颗粒过小时，粉末容易相互黏附团聚，妨碍颗粒相互运动，流动性较差，容易造成铺粉不均。所以细粉、粗粉应该以一定配比混合，选择恰当的粒度与粒度分布以达到预期的成形效果。

在特定的产品中，金属粉末的粒度分布须依据质量要求设定，如产品对表面质量要求较高时，应选用粒度均匀的粉末颗粒，即粒度分布要窄；而要求得到高致密度工件时，应采取双峰分布的粉末，这是由于粒度分布宽使得细小的粉末填充到较大粉末的空隙中，提高了松装密度从而提高致密度。

除此之外，粉末的工艺性能如松装密度、振实密度、流动性和循环利用性能也是重要的指标。松装密度是粉末自然堆积时的密度，振实密度是经过振动后的密度。球形度好、粒度分布宽的粉末松装密度高，孔隙率低，成形后的零件致密度高，成形质量好。

粉末的流动性是粉末的关键性能之一，粉末的流动性直接影响SLM过程中铺粉的均匀性和LENS过程中送粉的稳定性。粉末流动性太差，在混合时容易黏附、抱团，无法将其混合均匀，容易造成粉层厚度不均，扫描区域内各部位的金属熔化量不均，使成形制件内部组织结构不均，影响成形质量；而高流动性的粉末易于熔化，沉积均匀，回收粉量小，粉末利用率高，有利于提高 3D 打印成形件的尺寸精度和表面均匀致密化。

3D 打印过程结束后，留在粉床中未熔化的粉末通过筛分回收仍然可以继续使用。但是在长时间的高温环境下，粉床中的粉末性能会有一定的变化，比如粉末中含氧量的增加，真空环境下粉末合金元素的挥发，预热工艺造成的粉末轻微烧结。不同材料的循环使用性能也有所不同，钛等与空气中的化学元素亲和力高的材料，重复使用的性能比钢铁和镍基材料差。图 1-20 为初始金属粉末与打印后回收金属粉末的微观形貌图，可以看出相较于初始粉末，烧结后的粉末中的微细粉大量减少且表面损伤较多，球形度下降，表面粗糙度增大。

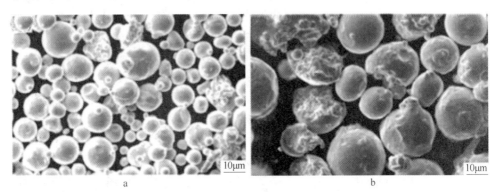

图 1-20　初始金属粉末（a）与回收金属粉末（b）微观形貌图

目前，3D 打印用金属粉末主要集中在铁、钛、钴、铜、镍等金属及其合金方面。早期的实验研究主要集中于 Ni、Cu、Pb、Sn、Zn 等单一组元金属粉末，但这些粉末在成形过程中出现明显的球化和集聚现象，易造成烧结变形和密度疏松。近年来开展的研究较多采用多组元金属粉末或者预合金粉末。按基体元素不同，3D 打印金属粉末可分为铁基材料、镍基合金、钛与钛合金、钴铬合金、铝合金、铜合金以及贵金属。

铁基材料是 3D 打印中应用最广泛的金属材料，具有优异的力学性能，耐高温和抗腐蚀性能，加之性价比高，适合打印尺寸较大的产品，多用于各种工程机械、零件及模具的成形。其中 304 和 316 奥氏体不锈钢粉末已成为金属 3D 打印市场上典型的加工材料。

镍基材料具有良好的高温力学性能、抗氧化和抗腐蚀性能，在航空航天、船舶以及石油化工等领域应用较广。镍基合金制成的高压涡轮机匣通过一层一层的镍基金属粉末沉积进行局部维修，激光金属沉积热量输入的最小化可以成功避免部件变形。

钛基材料的突出特点是比强度高且抗腐蚀性能良好，因此在航空航天、船舶、化工、机械制造等方面均有广阔的应用前景。另外，钛基材料是目前为止生物相容性最好的材料，因此 Ti-6Al-7Nb 和 Ti-6Al-4V 合金粉末在生物骨骼、牙齿种植方面发挥着不可或缺的作用。

铜基材料具有良好的导电及导热性、耐磨及减磨性，主要用于航空航天、电子、机械零部件加工。用铜合金 3D 打印得到的运载火箭发动机燃烧室组件，测试结果性能优异，对于以较低成本制造出更高效的发动机有重大意义。

钴铬合金主要以钴和铬为主要成分，主要分为 CoCrW 和 CoCrMo 合金两大类，具有良好的高温力学性能和抗腐蚀性能。3D 打印技术制造的钴铬合金零部件，不仅强度高，而且尺寸精确，在牙科修复体如牙冠固定桥、可摘除义齿等的个性化定制方面具有巨大的应用价值。

黄金和白银等贵金属具有良好的塑性和延展性，光泽度十分美观，可以通过 3D 打印加工个性化饰品，实现高精度高难度艺术品的设计和制作。

1.2.1 金属粉末制备技术

随着增材制造、金属注射成形、热喷涂、冷喷涂、电子表面贴装等技术的发展。微细金属粉末作为一类重要的工业原料，在通讯、电子、汽车、军工、航空航天等领域的应用日益增加。由于以上这些技术生产的特殊性，原料粉末的粒度、形状和纯度对产品质量有至关重要的影响。粉末制备方法不同，会导致粉末的颗粒形状与结构、粒度、纯净度、表面活性乃至相关的工艺性能产生差异，这些都会影响最终的产品性能。所以要想获得质量优良的产品，就应从提高制粉技术着手，进一步推动粉末制备技术朝着窄粒度、低氧含量、高球形度、高效率、低成本的方向发展。目前工业生产粉末的方法达数十种，但就生产过程的实质分析，主要分为机械法和物理-化学法两大类，其中机械法包括球磨法、研磨法、气流磨粉碎法、雾化法等，物理-化学法包括还原法、电解法、气相沉积法和化学置换法等。

在以上方法中，由于气雾化制粉技术具有生产效率高、球形度好、氧含量低、成本低的优点，目前雾化法制取的粉末已占当今世界金属 3D 打印粉末的 80% 以上，是 3D 打印用金属粉末的主要生产方式，下文将会对雾化制粉技术进行单独叙述。

1.2.1.1 机械法

机械法是借助于机械外力将金属破碎成所需粒径粉末的一种加工方法，该方法制备过程中材料的化学成分基本不变。目前普遍使用的方法是球磨法、研磨法与气流磨粉碎法，其优点是工艺简单、产量大，可以制备一些常规方法难以得到的高熔点金属和合金的超细粉末。

A　球磨法

球磨法主要分为滚动球磨法和振动球磨法。该方法利用了金属颗粒在不同的应变速率下产生应变而破碎细化的机理。此方法主要适用于 Sb、Cr、Mn、Fe-Cr 合金等粉末的制取，其优点是可连续操作，生产效率高，适用于干磨、湿磨，可以进行多种金属及合金的粉末制备。一般球磨过程分为粗破碎和磨粉两个阶段，粗破碎是指将合金锭破碎至 $246 \sim 175 \mu m$（$60 \sim 80$ 目）金属颗粒的过程，磨粉是将粗破碎后的粉末继续破碎至所需要粒径的过程。一般在球磨法制粉过程中需要添加有机溶剂作为保护介质，球磨完成后需要将保护介质与粉末进行分离。该方法的缺点是对物料的选择性不强，在粉末制备过程中分级比较困难，制得粉末的粒径分布较宽。图 1-21 为滚动球磨法原理图。

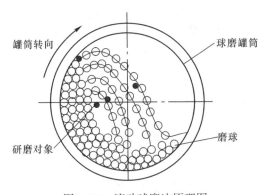

图 1-21　滚动球磨法原理图

B　气流磨粉碎法

气流磨粉碎法属于研磨法的一种，是目前制备磁性材料粉末应用最广的方法。具体的工艺过程为：压缩气体经过特殊设计的喷嘴后，被加速为超音速气流，喷射到研磨机的中心研磨区，从而带动研磨区内的物料互相碰撞，使粉末粉碎变细；气流膨胀后随物料上升进入分级区，由涡轮式分级器分选出达到粒度的物料，其余粗粉返回研磨区继续研磨，直至达到要求的粒度被分出为止。整个生产过程可以连续自动运行，从而省去了物料的脱水、烘干等工艺，并通过分级轮转速的调节来控制粉末粒径大小（平均粒度在 $3 \sim 8 \mu m$）。气流磨粉碎法适于大批量工业化生产，其产品纯度高、活性大、分散性好，粒度细且分布较窄，颗粒表面光滑，被广泛地应用于非金属、化工原料、颜料、磨料、保健药品等行业的超细粉碎中，工艺成熟。缺点是设备制造成本高，在金属粉末的生产过中，必须使用连续不断的惰性气体或氮气作为压缩气源，耗气量较大；只适合脆性金属及合金的破碎制粉。

1.2.1.2 物理-化学法

物理-化学法是指在粉末制备过程中，通过改变原料的化学成分或集聚状态而获得超细粉末的生产方法。按照化学原理的不同可将其分为还原法、电解法、气相沉淀法、羟基法和化学置换法。

（1）还原法。还原法是指在一定条件下，采用还原剂将金属氧化物或金属盐类等进行还原而制取金属或合金粉末的方法，是生产中应用广泛的制粉方法。常用的还原剂分为气体还原剂、固体还原剂和金属还原剂。气体还原剂主要有氢、分解氨、转化天然气、各种煤气等；固体碳还原剂主要是指木炭、焦炭、无烟煤等；金属还原剂包括钠、镁、钙等活泼金属。以氢气为反应介质的氢化脱氢法是最具代表性的制备方法，其利用原料金属易氢化的特性，在一定的温度下使金属与氢气发生氢化反应生成金属氢化物，然后借助机械方法将所得金属氢化物破碎成期望粒度的粉末，再将破碎后的金属氢化物粉末中的氢在真空条件下脱除，从而得到金属粉末。气体还原法可以制取 Fe、Ti、Ni、Co、Cu、Sn、W、Mo 等金属粉末，如金属钛（粉）在一定温度下便开始与氢气发生剧烈的反应，当含氢量大于 2.3% 时，氢化物疏松，易于粉碎成细小颗粒的氢化钛粉，氢化钛粉在大约 700℃ 左右的温度，将其分解以及将钛粉中固溶的大部分氢除去，即可得到钛粉，其形貌如图 1-22 所示。此外还能使用共同还原法制备一些合金粉，如 Fe-Mo 合金粉、W-Re 合金粉等；采用固体碳还原法不仅可以制取 Fe 粉，还能制取 W、Mo、Cu、Co、Ni 等粉末；使用钠、钙、镁等还原剂的可以制取钽、铌、钛、锆、铀等稀有金属粉末。其优点是操作简单，工艺参数易于控制，生产效率高，成本较低，适合工业化生产；缺点是只适用于易与氢气反应、吸氢后变脆易破碎的金属材料。

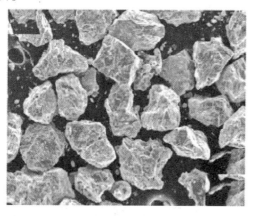

图 1-22 氢化还原法制取的钛粉

（2）电解法。电解法制粉包括水溶液电解、有机电解质电解、熔盐电解和液体金属阴极电解，其中用的比较多的是水溶液电解和熔盐电解。电解法在生产金属粉末的过程中因阴、阳两极反应相互独立进行，所以在阴极有纯金属细粉末生成，同时在阳极有提纯的过程发生，因此使用电解法制得粉末纯度可达 99.7%以上。电解法制得的粉末都是不规则多孔状和树枝状，因而压制性（包括压缩性和成形性）较好；电解法可以通过控制电流强度来控制粉末粒度，因而可以用来生产超细粉末，如电解水溶液可以生产 Cu、Ni、Fe、Ag、Sn、Fe-Ni 等金属（合金）粉末，电解熔盐可以生产 Zr、Ta、Ti、Nb 等金属粉末。电解法的缺点就是耗电量大，制粉成本比还原粉和雾化粉要高。

（3）气相沉淀法。气相沉淀法是通过金属化合物经高温化学反应后的沉淀过程制备粉末。这种方法在制备粉末的过程中不需要熔化，不需要接触坩埚，因而避免了污染物的主要来源。为了保证粉末的高纯度，该方法依靠气体蒸馏和挥发进入气相，然后在气态中经反应后，生成固体金属粉末沉淀。气相沉淀法在粉末冶金中的应用有金属蒸气冷凝、羰基物热离解、气相还原和化学气相沉淀等。

（4）羰基法。将某些金属（铁、镍等）与一氧化碳合成为金属羰基化合物，再热分解为金属粉末和一氧化碳。这样制得的粉末很细，纯度很高，但成本高。工业上主要用来生产镍和铁的细粉和超细粉，以及 Fe-Ni、Fe-Co、Ni-Co 等合金粉末。

（5）化学置换法。化学置换法是根据金属活泼性的原理，利用活泼性强的金属将活泼性较低的金属从金属盐溶液中置换出来，将置换所得到的金属或者金属粉粒用其他方法进一步细化处理。此方法主要用于 Au、Ag、Cu 等不活泼金属粉末的制备。

1.2.1.3　雾化法

雾化法本质也归类为机械法，但雾化法制取的粉末应用极其广泛，已占当今世界金属 3D 打印粉末的 80%以上，因此本书将该技术单独进行介绍。雾化法原理是以快速运动的流体（雾化介质）冲击或以其他方式将金属或合金液流破碎为细小液滴，随之冷凝为固体粉末的粉末制取方法，其原理结构图如图 1-23 所示，根据雾化介质不同，雾化法主要分为水雾化和气雾化。

A　水雾化法

水雾化是以水为雾化介质制备金属粉末，其生产成本低，雾化效率高，常用来生产钢铁粉末、含油轴承用预合金粉末、镍基磁性材料粉末等。相对于气雾化，水的比热容比较大，在雾化过程中破碎的金属熔滴快速凝固变成不规则状，导致粉体形状难以控制，且难以满足金属 3D 打印对粉末球形度的要求。此外由

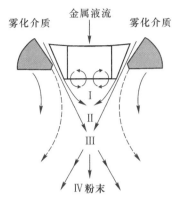

图 1-23 雾化法原理图

于活性金属及其合金在高温下与雾化介质水接触后会发生反应，增加粉末氧含量，这些问题限制了水雾化法制备球形度高、氧含量低的金属粉末。但相比于气雾化法，高压气流的能量远小于高压水流的能量，所以气雾化对金属熔体的破碎效率低于水雾化，这使得气雾化粉末的雾化效率较低，从而增加了雾化粉末的制备成本。

B 气体雾化法

气体雾化法是生产金属及合金粉末的主要方法之一。气体雾化的基本原理是用高速气流将液态金属流破碎成小液滴并凝固成粉末的过程。气体雾化金属液流破碎的过程如图 1-24 所示。雾化气体及其过程参数有气体性质、进气压力、气流速度等，而金属液流及其过程参数有金属液流性质、过热度、液流直径等。雾化粉末具有球形度高、粉末粒度可控、氧含量低、生产成本低以及适应多种金属粉末的生产等优点，已成为高性能及特种合金粉末制备技术的主要发展方向。

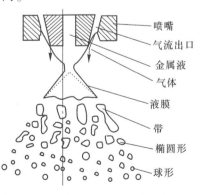

图 1-24 气雾化法金属液流破碎过程

图 1-25 为气雾化流程示意图，图中可以看出，雾化设备、雾化气体和金属液流是气雾化过程的三个基本方面。在雾化设备中输入高速的雾化气体，并与输入的金属液流相互作用形成流场，在该流场中，金属液流遭受高速气体的撞击破碎成液滴，在气流场中快速冷凝，最终获得具有一定特征的粉末。雾化设备参数有喷嘴结构、导流管结构、导流管位置等。

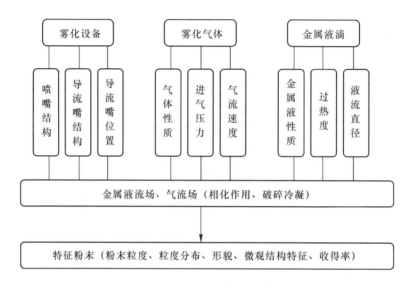

图 1-25　气雾化流程示意图

气雾化的关键技术在于喷嘴，它可以控制气体对金属液流的作用效果，将气体的动能尽可能转化为金属粉末的表面能。流经喷嘴的气体速度越快、能量越高，气体作用于金属液流的效果越好，越容易生产出较细的球形金属粉末。喷嘴控制着雾化介质的流动和流型，对雾化效率的高低和雾化过程的稳定性起着至关重要的作用。气雾化法就是通过调节优化各参数及各参数的配合来达到调整粉末粒径、粒径分布及微观组织结构的目的。

C　离心雾化法

离心雾化法的典型代表是等离子旋转电极雾化工艺（PREP），它是美国 Nuclear 金属公司于 20 世纪 70 年代发明的，其原理是以高温等离子束流熔融高速旋转的金属棒料前端，依靠棒料高速旋转的离心力分散甩出熔融液滴，熔融液滴再依靠表面张力缩聚成球状，并在冷凝过程中固化，如图 1-26 所示。

该工艺特点为：由于液态金属在凝固前不与其他金属或陶瓷接触，且制备过程间隙杂质的吸收量小，所以粉末纯度很高；避免了流体雾化引起的气孔和空心粉，并且液滴在离心力的作用下径向远离金属表面使得液滴和微粒碰撞形成卫星球少。因此通过等离子旋转雾化法制备的粉末球形度好，粉末流动性优异，粒度

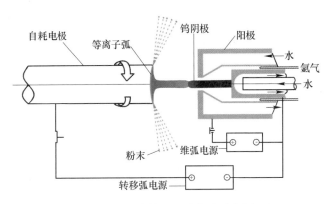

图 1-26 旋转电极雾化法示意图

分布窄，适合金属增材制造技术。但该技术制备的粉末粒径通常较粗（50~350μm），细粉回收率较低，100~250μm 的粉末比例占到 70% 左右。

因此从技术层面看，等离子旋转雾化技术的瓶颈仍在于如何高效、低成本制备适用于金属 3D 打印的细粒径粉体。采用等离子旋转雾化制粉技术提高细粉收得率最直接的方法是增大电极棒直径与极限转速。但大幅度提升电极棒直径与极限转速导致一系列技术难题，包括高速动密封和振动、母合金棒料的纯净化熔炼控制、棒料表面与尺寸精加工、雾化过程中料头余料以及其他工艺参数的有效匹配等。这些问题将长期制约旋转雾化技术发展，换言之，解决这些技术难题将使旋转雾化技术制备的粉末成为金属 3D 打印的理想原料。

D 等离子体球化法

等离子体球化法是将不规则金属粉末利用携带气体通过加料枪喷入等离子炬中，颗粒迅速吸热后整体（或表面）熔融，并在表面张力作用下缩聚成球形液滴，然后在极高的温度梯度下迅速冷却固化，从而获得球形粉末的方法，如图1-27所示。通常球化法的热源选择等离子体，它具有温度高（3000~10000K）、体积大、冷却速率快（$10^4~10^5$K/s）等特征，非常适合于难熔金属及合金粉末的球化。等离子体可以通过直流等离子弧火炬和射频感应耦合放电等方式产生，其中射频等离子体因电极腐蚀造成污染的可能性低（无内电极），且停留或反应时间更长（等离子体速度相对较低），因而是球化和致密化金属粉末的首选方法。采用射频等离子体处理金属粉末可显著提高粉末球形度，改善流动性，消除内部孔隙，提高体积密度，降低杂质含量，获得了越来越广泛的关注。

等离子体球化技术已应用于多种不同的粉末，包括难熔金属，例如钨、钛、钽等。以钛合金为例，将低成本的海绵钛细粉，氢化脱氢粉末或电解钛粉等通过等离子转移电弧焊枪送入，经历快速熔融、表面张力球化和快速冷却，所制备的粉末通常具有和其他雾化技术相同的球形度。目前，国外的等离子体粉体处理技

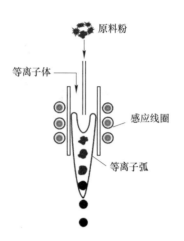

图 1-27　等离子球化制粉示意图

术已具备较好的生产能力。加拿大的泰克纳（TEKNA）公司开发的射频等离子体粉体处理系统，在世界范围内处于领先地位。该公司应用射频等离子体技术已实现 W、Mo、Ta 和 Ti 等金属和合金粉末以及 WC、TiN、TiO_2 和 Al_2O_3 等陶瓷粉末的球化处理。等离子体球化技术是一种有效的球形粉体制备技术，但粉末的品质依托初始粉体，而高品质的初始粉体价格一般较为昂贵。同时，等离子体球化技术一般适用于单质粉体的球化，制备合金粉体时需要已完成预合金的初始粉体，而此种初始粉体一般较难获得。

1.2.2　金属粉末表征与标准

增材制造工艺对粉末原料性能有较高要求，这对于制造工艺的成功至关重要。粉末的性能指标包括：化学成分、粒度分布、颗粒形貌、流动性、密度和激光吸收率等。

1.2.2.1　粒度分布

粉末的粒径直接影响增材制造零件的层厚度和最小特征尺寸。较小的粉末颗粒可以实现更薄的层厚，更小的最小特征尺寸和更好的表面光洁度。它通常采用以下几种方法中的一种或几种共同确定粉末尺寸分布：

（1）显微法：采用光学显微镜、扫描电子显微镜或透射电子显微镜。这些技术使人们可以直接看到并测量粉末颗粒的各种尺寸。

（2）筛分法：使用一系列具有不同筛孔的筛子将粉末分成不同的尺寸。ASTM B214-07《金属粉末筛分分析的标准测试方法》中涵盖了使用尺寸为 45～1000μm 的筛子对金属粉末或混合粉末进行干筛分析。筛子从顶部到底部按照网孔减小的顺序堆叠，并且将收集盘放置在整个筛子系列的下方。整个装置都连接到的振动筛运行 15min。

（3）激光法：通过将颗粒分散在液体介质中并使之循环通过光束或通过将干燥的颗粒吸入载气中来实现散射。散射的光被光电探测器阵列捕获，然后将其转换为电信号进行处理。通过 Mie 散射或 Fraunhofer 衍射理论将收集到的信号转换为尺寸分布数据，适用于 0.4~2000μm 范围内的测量。ASTM B822-10《通过光散射测定金属粉末和相关化合物粒度分布的标准测试方法》中涵盖了通过光散射确定的粒度分布，以体积百分比报告，包括金属和化合物的颗粒材料。它适用于分析水性和非水性分散液。另外，可以使用气态分散液对吸湿或与液体载体反应的材料进行分析。

（4）重力沉降法：该方法适用于密度分布和组成均一，粒径分布在 0.1~100m 之间的颗粒。报告的粒径测量值是实际粒径和形状因子以及所测量的特定物理或化学性质的函数。ASTM B761-06《通过 X 射线监测重力沉降对金属粉末和相关化合物的粒度分布的标准测试方法》中，水平准直的 X 射线束穿过包含不同尺寸粉末颗粒的液体悬浮液后，对其衰减进行测量。在层流状态下，颗粒的沉降速度可以通过斯托克斯方程直接与等效斯托克斯直径相关。因此，如果可以在低雷诺数流量下获得颗粒的沉降速度，则可以确定粒径。

1.2.2.2 化学成分

增材制造产品的性能主要取决于材料成分，因此粉末品质对材料性能起决定性作用。此外，多数增材制造技术会循环使用粉末，导致它们的品质逐渐降低。因此定期评估粉末的化学成分至关重要。化学成分分析方法可分为：杂质分析、主体分析和表面分析。

（1）杂质分析。能量色散 X 射线光谱法（EDX）是一种杂质微分析方法，它使用 X 射线束激发被分析样品中的电子。被激发电子从原子中移出或跃迁至更高能级，使原能级上产生一个空穴。当电子从外层落到内层空穴时，会发出能量等于两个能级之差的 X 射线，然后由能量色散光谱仪捕获。由于发出的 X 射线的能量是唯一的，因此可以识别不同的元素。使用峰的强度计算重量或原子百分比中每种元素的相对含量。类似地也使用电子束代替 X 射线束来进行该元素组成测量。

惰性气体熔融是一种测量金属样品中氧、氮和氢含量的技术。首先将定量样品置于石墨坩埚在惰性气流中加热至 3000°C 以上。随后熔融态氮、氢元素以气体形式逸出，氧元素与石墨坩埚反应形成 CO 或 CO_2 后释放。最后，检测器确定惰性气流中 CO、CO_2、N_2 和 H_2 的量，以评估样品中这些元素的原始浓度。

（2）主体分析。本体分析方法包括 X 射线衍射（XRD）、X 射线荧光

（XRF）、原子吸收光谱法（AAS）等。

X 射线荧光与能量色散 X 射线光谱法相同，在该光谱中，一次 X 射线束入射到样品表面以发出二次 X 射线的能量是元素的特征，而强度则表示元素的浓度。原子吸收光谱法基于原子中的电子吸收并发射特定波长的光的原理，该特定波长的光是元素的特征。当连续的辐射光谱穿过雾化的样品时，某些波长的光将被吸收和损失。这导致吸收光谱中出现暗线图案，然后可以将其用于元素识别。通过比较使用和不使用雾化样品时检测到的辐射通量的差异，可以使用比尔-朗伯定律确定样品中的元素浓度。

（3）表面分析。表面分析方法包括俄歇电子能谱法（AES），X 射线光电子能谱法（XPS）和二次离子质谱法（SIMS）。

俄歇电子能谱法要借由俄歇效应进行分析而命名之。当受激发的原子外层电子跳至低能级时所放出的能量被其他外层电子吸收而使后者脱离原子，这称为俄歇效应，而脱离的电子称为俄歇电子。其特点在于俄歇电子来自浅层表面，仅带出材料表面信息，并且其能谱的能量位置固定，容易分析。

X 射线光电子能谱法使用单色 X 射线入射束将电子从样品表面的原子中射出。随后，测量光电子的动能并用于计算其结合能。通过能量守恒，入射 X 射线的能量必须等于光电子的动能和结合能的总和。只要知道结合能，就可以将其与相应元素的特定能级匹配。其中结合能决定元素，而强度决定组成。

1.2.2.3　粉末形貌

粉末颗粒的形貌影响其流动性和粉末颗粒的堆积。粉末熔融技术（例如激光选区熔化）中流动性差会影响粉末均匀分布。而低堆积密度在激光选区烧结工艺中可能导致较低的零件密度。

可以使用对颗粒形状的定性描述或代表颗粒某种特征的定量数来评估颗粒的形态。这是表征颗粒形状的最简单方法。ASTM B243-11《粉末冶金标准术语》中定义了一系列术语，如针状（acicular）、片状（flake）、板状（plates）和球状（spherical）等。定量表征方法使用数字来描述颗粒的某些特定特征，并且可以将其分为四类：尺寸、球形度、圆形度（衡量颗粒周长光滑度的指标）和周长。应该注意的是，单数分类的缺点是，对于某些特征，具有不同形态和形状的粒子最终可能具有相似的数。因此，不可能根据给定的单一数值重建粒子的形状。

1.2.2.4　流动性

粉末的流动性会影响增材制造系统中粉末顺利地铺展和均匀进料。影响粉末流动性的主要参数是粒度分布，金属或合金的密度，颗粒的形状以及它们的表面形态和湿度。极细的粉末（小于 10μm）通常具有较差的流动性或根本不流动，但是同时包含粗细颗粒的粉末系统具有良好的流动性。

一般有两种计量粉末流动性的方法：

（1）ASTM B213-11《使用霍尔流量计漏斗的金属粉末流速的标准测试方法》中涵盖了金属粉末流量的测量，但仅适用于那些可以自主流经指定设备的金属粉末，该设备的孔口为 2.54mm。

（2）ASTM B964-09《使用卡尼漏斗的金属粉末流速的标准测试方法》中涵盖了使用口径为 5.08mm 的卡尼漏斗测定不易流过霍尔漏斗的金属粉末和粉末混合物的流动性。

1.2.2.5 密度

粉末有三种不同类型的密度：松装密度、振实密度和真密度。

松装密度是粉体特性的重要指标，对粉体生产者和粉体使用者确定质量和批次间一致性非常有用。松装密度可以使用霍尔流量计根据 ASTM B212-09《使用霍尔流量计漏斗的自由流动金属粉末的表观密度的标准测试方法》进行测量，该测试方法描述了确定自由流动的金属粉末和混合粉末的表观密度的程序。但是，它仅适用于能自主通过指定的霍尔流量计漏斗流动的粉末。装入漏斗的粉末流入已知体积的收集杯中，直到形成堆为止。之后，使用非磁性刮铲去除多余的粉末，以使剩余的粉末与杯子的顶部齐平。然后测量杯子中粉末的质量，并通过采用测量的粉末质量与收集杯的体积计算松装密度。

粉末振实密度可以根据 ASTM B527-06《测定金属粉末和化合物振实密度的标准测试方法》进行测量。即在指定条件下通过敲击以沉降粉末后测量密度。首先将已知质量的粉末倒入带有体积标记的量筒中。然后，使用敲击设备以每分钟 100 次和每分钟 300 次之间的速率对量筒敲击。一旦粉末的体积稳定，可以通过取已知质量与所测量的稳定体积之比来获得振实密度。

粉末的真密度可根据 ASTM B923-10《氦或氮比重瓶法测定金属粉末真密度的标准测试方法》进行测量。首先将已知质量的粉末放入已知体积的样品室中，然后将其抽真空至真空状态。接下来，将装有已知压力和体积的氦气或氮气的容器释放到样品室中，以使惰性气体渗透到粉末颗粒之间的间隙中。使用理想气体定律以及整个系统的已知初始状态和最终状态，可以获得粉末颗粒的总体积（不包括颗粒之间的间隙）。已知质量与获得的粉末体积之比给出了粉末真密度。如果粉末颗粒内没有明显的孔隙，则骨架密度应与材料的堆积密度相似。

1.2.2.6 激光吸收率

对于特定波长的激光，粉末颗粒吸收率是一个重要参数。它直接影响激光增材制造技术中获得致密构件所需的激光强度。具有低吸收率的粉末只能在较高的激光强度下熔化，反之亦然。此外，对于激光增材制造技术的一些数值模拟，粉末的激光吸收率也是关键参数。它可通过计算机计算和实验方法获得。

粉末内发生的多次反射导致了对激光能量的吸收。可以使用菲涅耳方程确定激光束入射到粒子上时吸收的能量比例。进而结合反射定律和菲涅耳方程，可以确定粉末床的总体吸收率。由于粉末床内的多次反射和吸收，粉末床的吸收率通常高于平坦表面的吸收率。

该参数也可通过实验获得：使用均匀的激光源照射放置在一块难熔金属基底上的粉末层。粉末样品和难熔金属基材的温升由连接到基材底部的热电偶捕获。使用温度数据可以确定样品中吸收的能量。在粉末和基底内积累的能量等于从激光源吸收的能量减去通过对流和辐射产生的热损失。利用该守恒关系以及打开关闭激光期间的温度数据，可以获得粉末样品的吸收率。

2 非金属增材制造工艺与材料

2.1 非金属增材制造工艺介绍

2.1.1 激光选区烧结

激光选区烧结（Selective Laser Sintering，SLS）是一种依靠激光选择性熔化粉末材料从而堆积成形的 3D 打印方法。该方法可打印金属、尼龙等粉末材料，相对于其他 3D 打印技术，SLS 具有可成形复杂外形制件、成形速度快、精度高、打印成品机械强度高等特点，被广泛应用于机械电子、航空航天、生物医疗、汽车等领域，可替代功能样件。

2.1.1.1 激光选区烧结发展历史

SLS 分层制造技术是由美国德克萨斯大学奥斯汀分校的 C. R. Dechard 于 1989 年研制成功。基于此专利组建了 DTM 公司，并于 1992 年推出选择性激光烧结成形机，之后 DTM 公司先后推出了经过改进的选择性激光烧结成形机，成功将 SLS 技术推向市场。

世界上另一个在选择性激光烧结技术方面占据重要地位的是德国 EOS 公司，其先后推出了三款 SLS 工艺成形机 EOSINT，分为适用于金属、聚合物和砂型的三种机型。

国内从 1994 年开始研究选择性激光烧结技术，引进了多台国外选择性激光烧结成形机，1995 年我国的北京隆源自动成形系统有限公司和华中科技大学也相继开发出了商品化的设备，这两家单位的选择性激光烧结成形设备均已产业化。国内研究选择性激光烧结技术的还有南京航空航天大学、西北工业大学和中北大学等单位，其中中北大学研制成功变长线扫描选择性激光烧结设备。此外，目前国内还有多家企业和高等院校先后展开了选择性激光烧结技术的研究工作。

2.1.1.2 激光选区烧结原理

激光选区烧结工艺可以利用各类粉末状材料成形，其成形原理如图 2-1 所示，将材料粉末铺洒在已成形原型或零件的上表面，并用平整辊压平；用高强度的 CO_2 激光器在刚铺的新层上扫描出成形件该层的截面；材料粉末在高强度的激光照射下被烧结在一起，得到成形件的新截面层，并与下面已成形的部分连接；

当一层截面烧结完成后，铺上新的一层材料粉末，压实后再有选择地烧结下层截面；如此逐层反复直至整个物体成形，然后取出用风机吹去浮贴在表面的粉末即可得到烧结原型或零件。

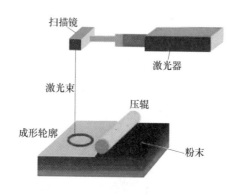

图 2-1　SLS 工艺原理图

激光选区烧结 SLS 技术制作的模型精度较高、表面质量较好。SLS 技术支持多种高性能材料，包括尼龙、不锈钢，钛合金等金属材料，其打印的模型可用于性能测试用途。SLS 方法支持任意一种主流的 CAD 系统，只需输出 STL（3D 打印标准格式）或其他 STP、IGES 等即可。

2.1.1.3　激光选区烧结的特点

A　激光选区烧结的优势

（1）可使用的材料种类广泛，包含尼龙、聚苯乙烯等聚合物，铁、钛、合金等金属、陶瓷、覆膜砂等。

（2）成形效率高、周期短。因为 SLS 技术并不彻底熔化粉末，而仅是将其烧结，因此制作速度快，成形时间也仅仅几个小时到十几个小时。

（3）材料利用率高，由于在烧结过程中，SLS 可直接成形，不需要支撑材料，也不会出现废料，未烧结的材料可重复使用，因此材料利用率特别的高，几乎达到 100%。

（4）无需支撑材料。因为未烧结的粉末可以对模型的空腔和悬臂部分起支撑作用，不用像 FDM 和 SLA 工艺那样规划支撑结构，可以直接生产形状复杂的原型及部件。

（5）应用面广，由于几乎可以使用所有加热后黏度降低的粉末材料，所以可以选用不同的成形材料制作不同用处的烧结件，可用于制作原型规划模型、模具母模、精铸熔模、铸造型壳和型芯等。

B　激光选区烧结（SLS）的劣势

（1）原材料价格及收购保护成本都较高。

（2）机械性能缺乏，SLS 成形金属零件的原理是低熔点粉末黏结高熔点粉末，导致制件的孔隙度高，机械性能差，特别是伸长率很低，很少可以直接使用于金属功能零件的制作。

（3）需求比较杂乱的辅佐工艺，因为 SLS 所用的原材料种类很多，有时需要比较杂乱的辅佐工艺，烧结过程中会因粉末材料的熔化而产生异味，而 SLS 所用的材料温差不大，烧结区域与未烧结区域界限不明显，分离未烧结粉末需要特殊的辅助工艺。如需要对质料进行长期的预处理（加热）、制造完成后需要进行制品表面的粉末清理等。

2.1.1.4　激光选区烧结的主要材料与应用

A　金属粉末的烧结

用于 SLS 烧结的金属粉末主要有三种：单一金属粉末、金属混合粉、金属粉加有机物粉末。相应地，SLS 技术在成形金属零件时主要有三种方式：单一金属粉末的烧结、金属混合粉末的烧结、金属粉末与有机黏合剂粉末的混合体。如图 2-2 所示为采用 SLS 技术成形的金属物件。

图 2-2　利用 SLS 技术打印的金属物件

B　陶瓷粉末的烧结

与金属合成材料相比，陶瓷粉末材料有更高的硬度和更高的工作温度，也可用于复制高温模具。由于陶瓷粉末的熔点很高，所以在采用 SLS 工艺烧结陶瓷粉末时，需要在陶瓷粉末中加入低熔点的黏合剂。激光烧结时首先将黏合剂熔化，然后通过熔化的黏合剂将陶瓷粉末黏结起来成形，最后通过后处理来提高陶瓷零件的性能，如图 2-3 所示为激光烧结陶瓷制品。

图 2-3　激光烧结陶瓷制件

目前所用的纯陶瓷粉末原料主要有 Al_2O_3 和 SiC，而黏结剂有无机黏结剂、有机黏结剂和金属黏结剂三种。由于工艺过程中铺粉层的原始密度低，因而制件密度也低，故多用于铸造型壳的制造。

C　高分子材料的烧结

在高分子材料中，经常使用的材料包括聚碳酸酯（PC）、聚苯乙烯粉（PS）、ABS、尼龙（PA）、尼龙与玻璃纤维的混合物、蜡等。高分子材料具有较低的成形温度，烧结所需的激光功率小，熔融黏度较高，没有金属粉末烧结时较难克服的"球化"效应，因此，高分子粉末是目前应用最多也是应用最成功的 SLS 材料。

因尼龙材料具有强度高、耐磨性好、易于加工等优点使其在 SLS 3D 打印领域得到了广泛应用。同时，可以在尼龙材料中加入玻璃微珠、碳纤维等材料，从而提高尼龙的力学性能、耐磨性能、尺寸稳定性能和抗热变形性能，图 2-4 和图 2-5 所示为 SLS 打印零件制品。

图 2-4　PA 3D 打印工业样件

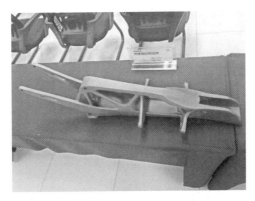

图 2-5　SLS 打印飞机吊挂缩比样件

SLS 工艺与铸造工艺的关系极为密切，如烧结的陶瓷型可作为铸造的型壳、型芯，蜡型可做蜡模，热塑性材料烧结的模型可做消失模。由于 SLS 工作原理的特点，该工艺可以采取任何加热时黏度降低的粉末材料，包括尼龙、PC、金属等，但对粉末的粒径有较为严格的要求，当粉末粒径为 0.01mm 以下时，成形后的原型精度为±1%。

经过几十年的发展，SLS 材料取得了长足的进步。虽然目前真正商品化材料的 SLS 材料研究颇多，但大多局限在对已有的材料的成形工艺、制件性能的研究，且所制胚件的精度、强度和耐久性等还远远不能满足功能件的要求，也没有生产专门的快速成形材料制造商。这种情况不仅影响 SLS 技术的产业化推广。总体来讲在 SLS 技术方面还有好多工作要做，包括成形机理的研究、成形零件形状尺寸误差、新型材料的开发推广。

商业化的 SLS 材料大多是聚合物或覆膜聚合物的粉末、陶瓷粉末，成形零件的力学性能较差，精度较低，虽然可以通过一些后处理的方法（如二次烧结、熔渗或浸渗），提高了成形零件的性能，但增加了工序，使快速成形的特点得不到充分的发挥。因此，直接成形技术、陶瓷、复合材料零件，是适应单件或小批量需求的理想成形技术。特别是随着微型机械的发展，激光与金属、陶瓷超微粒子及纳米材料相互作用的机理也是研究的热点之一。

2.1.2　熔融沉积快速成形

2.1.2.1　熔融沉积快速成形技术简介

熔融沉积快速成形（Fused Deposition Modeling，FDM）是继光固化快速成形和叠层实体快速成形工艺后的另一种比较广泛的快速成形工艺。

这项 3D 打印技术由美国学者 Scott Crump 于 1988 年研制成功。FDM 通俗来讲就是利用高温将材料熔化成液态，通过打印头挤出后固化，最后在立体空间上排列形成立体实物。

2.1.2.2　熔融沉积快速成形技术原理

FDM 机械系统主要包括喷头、送丝机构、运动机构、加热工作室、工作台 5 个部分如图 2-6 所示，其原理图和实物图分别如图 2-7 和图 2-8 所示。熔融沉积工艺使用的材料分为两部分：一类是成形材料，另一类是支撑材料。

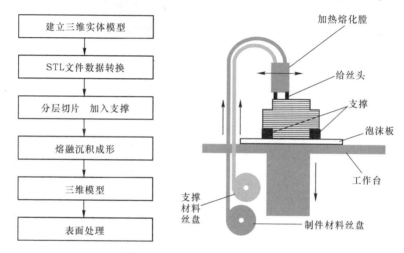

图 2-6　FDM 工艺原理图（一）

a—工艺流程；b—设备布置示意图

将丝状原料通过送丝部件送入热熔喷头，然后在喷头内熔化，熔化的热塑材料丝通过喷头挤出，在电脑控制下喷头沿着零件截面轮廓和填充轨迹运动，将半流动状态的材料送到指定位置并最终凝固，同时与周围材料黏结，选择性地逐层熔化与覆盖，就这样逐层由底到顶的堆积成一个实体模型或零件，最终形成成品。

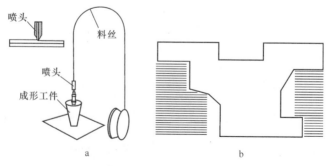

图 2-7　FDM 工艺原理图（二）

a—工艺原理图；b—原型和支撑

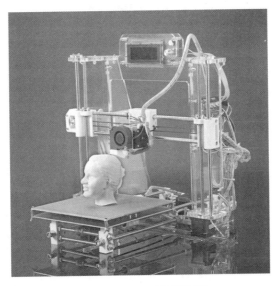

图 2-8 FDM 工艺实物图

在 FDM 成形中，每一个层片都是在上一层上堆积而成的，上一层对当前层起到定位和支撑的作用。随着高度的增加，层片轮廓的面积和形状都会发生变化，当形状发生较大的变化时，上层轮廓就不能给当前层提供充分的定位和支撑作用，这就需要设计一些辅助结构——"支撑"，以保证成形过程的顺利实现。支撑可以用同一种材料建造，现在一般都采用双喷头独立加热，一个用来喷模型材料制造零件，另一个用来喷支撑材料做支撑，两种材料的特性不同，制作完毕后去除支撑相当容易。送丝机构为喷头输送原料，送丝要求平稳可靠。送丝机构和喷头采用推-拉相结合的方式，以保证送丝稳定可靠，避免断丝或积瘤。

2.1.2.3 熔融沉积快速成形技术特点

A 熔融沉积快速成形技术优点

(1) 成本低。熔融沉积造型技术用液化器代替了激光器，设备费用低。成形材料较为广泛。ABS、PLA、PC、PA、PP、PEEK 等热塑性材料均可作为 FDM 路径的成形材料，易于取得，且成本较低。原材料的利用效率高使得成形成本大大降低。

(2) 环境污染小。成形过程只涉及到熔融和凝固，且在较为封闭的室内进行，不涉及高温、高压，没有毒气或化学物质的排放，因此环境友好程度高。

(3) 设备体积小，适合多种办公环境。采用 FDM 路径打印的 3D 打印设备体积通常很小，耗材也是成卷的线材，便于搬运。系统无毒性且不产生异味、粉尘、噪声等污染，不用花钱建立与维护专用场地，适合于办公室设计环境使用。

（4）原材料在成形过程中无化学变化，制件的翘曲变形小。

B　熔融沉积快速成形技术缺点

（1）成形时间较长。由于喷头运动是机械运动，成形过程中速度受到一定的限制，成形速度相对较慢，不适合构建大型零件。

（2）精度低。与其他 3D 打印路径相比，采用 FDM 路径的成品精度相对较低，原型表面有明显的条纹。

（3）需要设计和制作支撑结构。在成形过程中需要加入支撑材料，在打印完成后要进行剥离，对复杂构件来讲，剥离有一定的困难。

（4）与截面垂直的方向强度小。由于打印过程中是逐层打印，层与层之间会存在黏结不良的现象，导致与截面垂直方向的强度较低。

（5）喷头容易发生堵塞，不便维护。

2.1.2.4　熔融沉积快速成形技术的应用

FDM 快速成形机采用降维制造原理，将原本很复杂的三维模型根据一定的层厚分解为多个二维图形，然后采用叠层办法还原制造出三维实体样件。由于整个过程不需要模具，所以大量应用于汽车、机械、航空航天、家电、通讯、电子、建筑、医学、玩具等产品的设计开发过程，如产品外观评估、方案选择、装配检查、功能测试、用户看样订货、塑料件开模前校验设计以及少量产品制造等，也应用于政府、大学及研究所等机构。用传统方法须几个星期、几个月才能制造的复杂产品原型，用 FDM 成形法无需任何刀具和模具，瞬间便可完成。

（1）FDM 技术用于产品开发。FDM 技术可实现三维数据到实体模型的快速转变，使得设计师直观的感知自身设计，并能够使产品结构的合理性、可装配性、美观性等迅速得到验证，以便及时发现设计中的问题并修改完善设计产品，使设计与制造过程紧密结合，成为集创意设计-FDM-样品制作于一体的现代产品设计方法。

（2）FDM 技术用于零件的加工。3D 打印技术与通过零件拼装及切割、焊接技术制造产品的传统制造业有很大不同，摒弃了以去除材料为主要形式的传统加工方法。FDM 采用塑料、树脂或低熔点金属为材料，可便捷地实现几十件到数百件数量零件的小批量制造，并且不需要工装夹具或模具等辅助工具的设计与加工，大大降低了生产成本，如图 2-9 所示为 FDM 工艺打印非金属内饰件。比如，日本丰田公司利用 FDM 技术在汽车设计制造中获得了巨大收益，利用该项技术仅在 Avalon 汽车 4 个门把手上省下的加工费用就超过了 30 万美元。

图 2-9 非金属内饰件（阅读灯罩、门把手、控制面板）

2.1.2.5 熔融沉积快速成形技术在其他行业的应用

FDM 技术凭借其多方面的优势，不仅在工业上广泛使用，而且在生物医学、考古、工艺品制作以及饮食等行业也得到很好的使用。在生物医学领域，根据扫描等方法得到的人体数据，利用 FDM 技术制造出人体局部组织或器官的模型，可以在临床上用于复杂手术方案的确定，即制造解剖学体外模型，也可以制造组织工程细胞载体支架结构（人体器官），即作为生物制造工程中的一项关键技术，图 2-10a 为打印的骨骼；在工艺品制作领域，FDM 技术可以将所设计工艺品的三维数据模型快速转变为实体模型，检验设计产品的安全性和美观性等；在饮食行业，3D Systems 公司宣布与著名巧克力品牌好时合作，开发全新的食物 3D 打印机，通过将巧克力、糖果等零食原材料熔化挤压成形，最终打印成所设计的形状，如图 2-10b 所示。

a

b

图 2-10 3D 打印商品
a—打印的下颚；b—打印食材

虽然 FDM 3D 打印技术仍存在很多不足之处，比如成形精度低、打印速度慢、智能化程度低以及使用的原材料有诸多限制等。它降低了产品的生产成本，缩短了生产周期，大大地提高了生产效率，给企业带来了较大的经济效益，已经被广泛应用于制造行业。

2.1.3　光固化成形工艺

2.1.3.1　光固化成形工艺简介

光敏树脂选择性固化打印技术（Stereo Lithography Apparatus，SLA）简称光固化技术。SLA 立体光固化成形法最早开始于 20 世纪 70 年代末到 80 年代初期，美国 3M 公司的 Alan J. Hebert、日本的小玉秀男、美国 UVP 公司的 Charles W. Hull 和日本的丸谷洋二等提出了利用连续层的选区固化产生三维实体的新思想。1986 年 UVP 公司 Charles Hull 制作的第一台快速成形机 SLA-1 获得专利。同年，Charles Hull 在加利福尼亚州成立了 3D Systems 公司，致力于将光固化技术商业化。1988 年，3D Systems 推出第一台商业设备 SLA-250，光固化快速成形技术在世界范围内得到了迅速而广泛的应用。SLA-250 的面世成为 3D 打印技术发展史上的一个里程碑事件，其设计思想和风格几乎影响了后续所有的 3D 打印设备。

2.1.3.2　光固化成形工艺原理分析

SLA 光固化成形主要利用液槽中充满液态光敏树脂，其在激光器所发射的紫外激光束照射下，会快速固化（SLA 与 SLS 所用的激光不同，SLA 用的是紫外激光，而 SLS 用的是红外激光）。在成形开始时，可升降工作台处于液面以下，刚好一个截面层厚的高度。通过透镜聚焦后的激光束，按照机器指令将截面轮廓沿液面进行扫描。扫描区域的树脂快速固化，从而完成一层截面的加工过程，得到一层塑料薄片。然后，工作台下降一层截面层厚的高度，再固化另一层截面。这样层层叠加构成建构三维实体，其原理如图 2-11 所示。

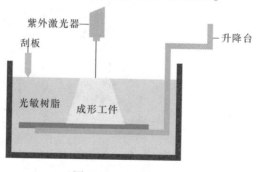

图 2-11　SLA 原理图

2.1.3.3　光固化成形工艺的特点

A　光固化成形工艺（SLA）的优点

（1）发展时间最长，工艺最成熟，应用最广泛。在全世界安装的快速成形机中，光固化成形系统约占60%。

（2）成形速度较快，系统工作稳定。

（3）具有高度柔性。

（4）精度很高，可以做到微米级别，比如0.025μm。

（5）表面质量好，比较光滑；适合做精细零件。

B　光固化成形工艺（SLA）的缺点

（1）需要设计支撑结构。支撑结构需要未完全固化时去除，容易破坏成形件。

（2）设备造价高昂，而且使用和维护成本都不低。SLA设备需要对液体进行精密操作，对工作环境要求苛刻。

（3）光敏树脂有轻微毒性，对环境产生污染，对部分人体皮肤有过敏反应。

（4）树脂材料价格贵，但成形后强度、刚度、耐热性都有限，不利于长时间保存。

（5）由于材料是树脂，温度过高会熔化，工作温度不能超过100℃。且固化后较脆，易断裂，可加工性不好。成形件易吸湿膨胀，抗腐蚀能力不强。

2.1.3.4　光固化成形工艺制造过程

SLA工艺的制作过程分为三步：第一步是设计模型；第二步是进行打印；第三步是打印后的处理。

第一步：设计模型。工作人员通过CAD软件设计出需要打印的模型，然后利用离散程序对模型进行切片处理，然后设置扫描路径，运用得到的数据进行控制激光扫描器和升降台。

第二步：激光光束通过数控装置控制的扫描器，按设计的扫描路径照射到液态光敏树脂表面，使表面特定区域内的一层树脂固化，当一层加工完毕后，就生成零件的一个截面；然后，升降台下降到一定距离，固化层上覆盖另一层液态树脂，再进行第二层扫描，第二固化层牢固地黏结在前一固化层上，这样一层层叠加而成三维工件原型。

第三步：待打印完成后，从树脂液体中取出模型，然后对模型进行最终的固化和对表面进行喷漆等处理，以达到需求的产品。

2.1.3.5　光固化成形工艺发展趋势

（1）立体光固化成形法要向高速化，节能环保与微型化方向发展。

（2）提高加工精度，向生物、医药、微电子等领域发展。

（3）不断完善现有的技术、研究新的成形工艺。

（4）开发新的成形材料，提高制件的强度、精度、性能和寿命。

（5）研制经济、精密、可靠、高效、大型的制造设备大型覆盖件及其模具。

（6）开发功能强大的数据采集、处理和监控软件。

（7）拓展新的应用领域，如产品设计、快速模具制造到医疗、考古等领域。

2.1.4 黏结剂喷射成形工艺

2.1.4.1 黏结剂喷射成形工艺简介与原理

3DP（Three Dimensional Printing and Gluing），也被称为黏合喷射（Binder Jetting）、喷墨粉末打印（Inkjet Powder Printing）。从工作方式来看，三维印刷与传统二维喷墨打印最接近。与 SLS 工艺一样，3DP 也是通过将粉末黏结成整体来制作零部件，不同之处在于，它不是通过激光熔融的方式黏结，而是通过喷头喷出的黏结剂黏结。

首先把工作槽中填上粉末并铺平，接着喷头会按照指定的路径将液态黏合剂喷射在预先指定区域中，固定一层，升降台下移，如此周而复始地送粉、铺粉和喷射黏结剂，最终完成一个三维粉体的黏结，其原理如图 2-12 所示。未被喷射黏结剂的地方为干粉，在成形过程中起支撑作用，且成形结束后，比较容易去除。用黏结剂黏结的零件强度较低，还须后处理。

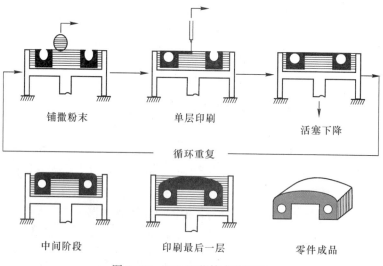

铺撒粉末   单层印刷   活塞下降

循环重复

中间阶段   印刷最后一层   零件成品

图 2-12   3DP 工艺技术原理图

2.1.4.2 黏结剂喷射成形工艺技术的特点

A 黏结剂喷射成形工艺（3DP）技术的优点

（1）无需激光器等高成本元器件。成本较低，且易操作易维护。

（2）加工速度快，可以 25mm/h 的垂直构建速度打印模型。

（3）可打印彩色原型。这是这项技术的最大优点，它打印彩色原型后，无需后期上色，目前市面上的 3D 体验馆中 3D 打印人像基本采用此技术。

（4）没有支撑结构。与 SLS 一样，粉末可以支撑悬空部分，而且打印完成后，粉末可以回收利用，环保且节省开支。

（5）耗材和成形材料的价格相对便宜，打印成本低。

B 3DP 技术的缺点

（1）石膏强度较低，不能做功能性材料。且打印成品易碎。

（2）表面手感略显粗糙，这是以粉末为成形材料的工艺都有的缺点。

2.1.4.3 黏结剂喷射成形工艺材料的选择

理论上讲，任何可以制作成粉末状的材料都可以用 3DP 工艺成形，材料选择范围很广。目前此技术发展的最大阻碍就在于成形所需的材料，主要包括粉末和黏结剂两部分。

A 粉末材料选择

从三维打印技术的工作原理可以看出，其成形粉末需要具备材料成形性好、成形强度高、粉末粒径较小、不易团聚、滚动性好、密度和孔隙率适宜、干燥硬化快等性质，可以使用的原型材料有石膏粉末、淀粉、陶瓷粉末、金属粉末、热塑材料或者是其他一些有合适粒径的粉末等。

成形粉末部分由填料、黏结剂、添加剂等组成。相对其他条件而言，粉末的粒径非常重要。粒径小的颗粒可以提供相互间较强的范德瓦尔兹力。但滚动性较差，且打印过程中易扬尘，导致打印头堵塞；大的颗粒滚动性较好，但是会影响模具的打印精度。粉末的粒径根据所使用打印机类型及操作条件的不同可从 1~100μm。其次，需要选择能快速成形且成形性能较好的材料。可选择石英砂、陶瓷粉末、石膏粉末、聚合物粉末（如聚甲基丙烯酸甲酯、聚甲醛、聚苯乙烯、聚乙烯、石蜡等），金属氧化物粉末（如氧化铝等）和淀粉等作为材料的填料主体。选择与之配合的黏结剂可以达到快速成形的目的。加入部分粉末黏结剂可起到加强粉末成形强度的作用，其中聚乙烯醇、纤维素（如聚合纤维素、碳化硅纤维素、石墨纤维素、硅酸铝纤维素等）、麦芽糊精等可以起到加固作用，但是其纤维素链长应小于打印时成形缸每次下降的高度，胶体二氧化硅的加入可以使液体黏结剂喷射到粉末上时迅速凝胶成形。

除了简单混合，将填料用黏结剂（聚乙烯吡咯烷酮等）包覆并干燥可更均匀地将黏结剂分散于粉末中，便于喷出的黏结剂均匀渗透进粉末内部；成形材料除了填料和黏结剂两个主体部分，还需要加入一些粉末助剂调节其性能，可加入一些固体润滑剂增加粉末流动性，如氧化铝粉末、可溶性淀粉、滑石粉等。有利于铺粉层厚度均匀；加入二氧化硅等密度大且粒径小的颗粒增加粉末密度，减小孔隙率，防止打印过程中黏结剂过分渗透；加入卵磷脂减少打印过程中小颗粒的飞扬以及保持打印形状的稳定性等。另外，为防止粉末由于粒径过小而团聚，需采用相应方法对粉末进行分散。

B　黏结剂选择

用于打印头喷射的黏结剂要求性能稳定，能长期储存，对喷头无腐蚀作用，黏度低，表面张力适宜，以便按预期的流量从喷头中挤出；不易干涸，能延长喷头抗堵塞时间，低毒环保等。

液体黏结剂分为几种类型：本身不起黏结作用的液体，本身会与粉末反应的液体及本身有部分黏结作用的液体。

本身不起黏结作用的黏结剂只起到为粉末相互结合提供介质的作用。其本身在模具制作完毕之后会挥发到几乎不剩下任何物质。对于本身就可以通过自反应硬化的粉末适用，此液体可以为氯仿、乙醇等。

对于本身会参与粉末成形的黏结剂，如粉末与液体黏结剂的酸碱性的不同，可以通过液体黏结剂与粉末的反应达到凝固成形的目的。对于金属粉末，常常是在黏结剂中加入一些金属盐来诱发其反应。

对于本身不与粉末反应的黏结剂，还有一些是通过加入一些起黏结作用的物质实现，通过液体挥发，剩下起黏结作用的关键组分。其中可添加的黏结组分包括缩丁醛树脂、聚氯乙烯、聚碳硅烷、聚乙烯吡咯烷酮以及一些其他高分子树脂等。选择与这些黏结剂相溶的溶液作为主体介质，虽然根据粉末种类不同可以用水、丙酮、醋酸、乙酰乙酸乙酯等作为黏结剂溶剂，但目前均以水基黏结剂较多。

如前所述，要达到液体黏结剂所需条件，除了主体介质和黏结剂外，还需要加入保湿剂、快干剂、润滑剂、促凝剂、增流剂、pH 调节剂及其他添加剂（如染料、消泡剂）等，所选液体均不能与打印头材质发生反应。

加入的保湿剂如聚乙二醇、丙三醇等可以起到很好的保持水分的作用，便于黏结剂长期稳定储存。可加入一些沸点较低的溶液如乙醇、甲醇等来增加黏结剂多余部分的挥发速度，另外，丙三醇的加入还可以起到润滑作用，减少打印头的堵塞。

另外，对于那些对溶液 pH 值有特殊要求的黏结剂部分，可通过加入三乙醇胺、四甲基氢氧化氨、柠檬酸等调节 pH 值为最优值。

出于打印过程美观或者产品需求，需要加入能分散均匀的染料等。要注意的是，添加助剂的用量不宜太多，一般小于质量分数的 10%，助剂太多会影响粉末打印后的效果及打印头的力学性能。

2.1.4.4　黏结剂喷射成形工艺技术发展史

3DP 技术是美国麻省理工学院 Emanual Sachs 等人开发的。3DP 技术改变了传统的零件设计模式，真正实现了由概念设计向模型设计的转变。近几年来，3DP 技术在国外得到了迅猛的发展。美国 Z Corp 公司与日本 Riken Institute 于 2000 年研制出基于喷墨打印技术的、能够作出彩色原型件的三维打印机。该公司生产的 Z400，Z406 及 Z810 打印机是采用 MIT 发明的基于喷射黏结剂黏结粉末工艺的 3DP 设备。

2000 年底以色列的 Object Geometries 公司推出了基于结合 3D Ink—Jet 与光固化工艺的三维打印机 Quadra。美国 3D Systems、荷兰 TNO 以及德国 BMT 公司等都生产出自己研制的 3DP 设备。

目前清华大学、西安交通大学、上海大学等国内高校和科研院所也在积极研发此类设备。3DP 技术在国外的家电、汽车、航空航天、船舶、工业设计、医疗等领域已得到了较为广泛的应用，但在国内尚处于研究阶段。

2.1.4.5　黏结剂喷射成形工艺的应用

（1）概念原型和功能原型件制造。3DP 技术是概念原型从原型设计图到实物的最直接的成形方式。概念原型一般应用于展示产品的设计理念、形态，对产品造型和结构设计进行评价，从而得到更加精良的产品。这一过程，不仅节约了时间，也节约了成本。其打印实物如图 2-13 所示。

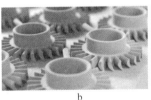

a　　　　　　　b　　　　　　　c　　　　　　　d

图 2-13　3DP 打印实物图

a—塑料基制作；b—陶瓷基；c，d—金属基

（2）生物医学工程。3DP 技术不需要激光烧结或加热，所以可以打印出生命体全部或部分功能具有生物活性的人体器官。首先需利用 3DP 技术将能参与生命体代谢可降解的组织工程材料制成内部多孔疏松的人工骨，并在疏松孔中填活性因子，置入人体，即可代替人体骨骼，经过一段时间，组织工程材料被人体

降解、吸收、钙化后形成新骨。

（3）制药工程。药物主要是通过粉末压片和湿法造粒制片两种方法制造，在人服用后，很难达到需要治疗的区域，降低了药效发挥的作用。所以为了更好的发挥药效，就需了解药物在体内的消化、吸收和代谢规律，以及治疗所需要的药物浓度，合理设计药物的微观结构、组织成分和药物三维控件的分布等。传统制药难以达到这个要求，而新兴的3DP技术因为其材料多样性、成形过程中的可控性等特点，可以很容易的实现多种材料的精确成形和微观结构的精确成形，很满足制药的需要。近年，华中科技大学的余灯广等人利用3DP技术成功地开发了药物梯度控释给药系统。

（4）微型机电制造。是指集微型机构、微型传感器、微型执行器以及信号处理和控制电路、甚至外围接口通讯电路和电源等于一体的微型器件或系统。目前微型机电的加工方法有光刻、光刻电铸、精密机械加工、精密放电加工、激光微加工等。这些制造方法只能适合平面，很难加工出三维复杂结构。如果非要制造，则成本高、工艺复杂。如果把材料支撑可以打印的悬浮液体，就可以用3DP技术制造，如果安装多个喷头，就可以制造出具备多种材料和复杂形状的微型机电。近年，随着3DP技术的成形精度的提高，其将在微机械、电子元器件、电子封装、传感器等微型机电制造领域有着广泛的发展前景。

三维打印快速成形技术作为喷射成形技术之一，具有快捷、适用材料广等许多独特的优点。该项技术是继SLA、LOM、SLS和FDM四种应用最为广泛的快速成形工艺技术后发展前景最为看好的一项快速成形技术。

2.2　非金属增材制造材料

非金属材料也是在3D打印方面不可或缺的材料。不同于传统塑料材料，3D打印技术对塑料材料的性能和适用性提出了更高要求，最基本的要求是通过熔融、液化或者粉末化后具有流动性，3D打印成形后通过凝固、聚合、固化等形成具有良好的强度和特殊功能性。适合于3D打印的塑料材料有工程塑料、生物塑料、热固性塑料、光敏树脂和预聚体树脂、高分子凝胶等。

根据材料成分3D打印所用主要高分子材料原料分为SLS、FDM等工艺所用的工程高分子材料、纤维增强复合材料和SLA工艺所用的光敏树脂。

2.2.1　工程塑料

工程塑料因具有良好的强度、耐候性和热稳定性使其应用范围较广，尤其是用以制备工业制品，因此工程塑料成为目前应用最广泛的3D打印材料，特别是以聚苯硫醚（PPS）、丙烯腈-丁二烯-苯乙烯共聚物（ABS）、聚酰胺（PA）、聚碳酸酯（PC）、聚醚醚酮（PEEK）、聚醚酰亚胺（PEI）等最为常用。

2.2.1.1 聚苯硫醚

A 简介

聚苯硫醚全称为聚苯基硫醚,是分子主链中带有苯硫基的热塑性树脂,英文名为 polyphenylene snlfide(简称 PPS)。

PPS 是结晶型(结晶度 55%~65%)的高刚性白色粉末聚合物,耐热性高(连续使用温度达 240℃)、机械强度、刚性、难燃性、耐化学药品性、电气特性、尺寸稳定性都优良的树脂,耐磨、抗蠕变性优,阻燃性优,有自熄性。达 UL94V-0 级,高温、高湿下仍保持良好的电性能。流动性好,易成形,成形时几乎没有缩孔凹斑。与各种无机填料有良好的亲和性。增强改性后可提高其物理力学性能和耐热性(热变形温度),增强材料有玻璃纤维、碳纤维、聚芳酰胺纤维、金属纤维等,以玻璃纤维为主。无机填充料有滑石、高岭土、碳酸钙、二氧化硅、二硫化钼等。

PPS/PTFE、PPS/PA、PPS/PPO 等合金已商品化,PPS/PTFE 合金改进了 PPS 的脆性、润滑性和耐腐蚀性,PPS/PA 合金为高韧性合金。

玻纤增强 PPS 具有优异的热稳定性、耐磨性、抗蠕变性、在宽范围(温度、湿度、频率)内有极佳的机械性能和电性能,介电量数小、介电损耗低。作为耐高温,防腐涂料,涂层可以在 180℃下长期使用;电子电器工业上作连接器,绝缘隔板,端子,开关;在精密机械方面用作泵、齿轮、活塞环贮槽、叶片阀件,钟表零部件,照相机部件;汽车工业上汽化器:分配器部件,电子电气组等零件,排气进气阀,传感器部件;家电部件有磁带录像机结构部件、晶体二极管、各种零件;另外还用于航空航天工业。

B 发展历史

1973 年,美国 Phillips 石油公司成功研发出了 PPS 的合成技术,并首先实现了工业化生产,推出了商品名"Ryton"的 PPS 树脂产品。1985 年 Phillips 公司专利保护到期后,日本东曹公司、吴羽化学工业公司、德国拜耳公司均建成了商业化的 PPS 生产装置。四川得阳公司于 2002 年率先建成国内首套千吨级 PPS 树脂生产线,填补了我国 PPS 工业化生产的空白,使我国成为世界上继美、日、德之后的第四个实现 PPS 产业化的国家。2007 年,该公司投资新建了年产 24000t PPS 树脂生产线和年产 5000t PPS 纺丝生产线,实现从 PPS 树脂到 PPS 纤维全程国产化。PPS 树脂的全球生产能力已经超过 7 万吨/年,成为特种工程塑料的第一大品种。

C 用途

PPS 密度小、强度高、耐腐蚀,可用其取代金属材料,制成军事装备所需的结构部件。如:发动机散热器、车体门、电动泵等,跨海水陆两用坦克炮塔底座、耐腐蚀旋转齿轮、密封环、活塞环、密封垫片、电喷发动机转子叶轮等，可有效降低战车的重量，提高其机动性、可靠性、破损安全性以及乘坐舒适性；用 PPS 制成的自润滑轴承、滑动垫片等制品非常适合于武器及装甲战车在各种恶劣的自然条件下使用，提高装备的可靠性和战时出勤率。

2.2.1.2　聚醚酰亚胺

A　简介

1972 年美国 GE 公司开始研究开发 PEI，经过 10 年时间试制、试用，于 1982 年建成 5000t 生产装置，并正式以商品 Ultem 在市场销售。全世界年需要量为 10000t 左右。之后，为提高产品的耐热性，GE 公司还开发了 ULtem Ⅱ。由于 ULtem Ⅱ 中含有对苯二胺结构，致使玻璃化温度（t_g）从 215℃ 提高到 227℃，因而适应电子零件超小型电子管表面粘贴技术（SMT）的需要。该公司已开发了耐化学药品品级 CRS5000、电线被覆用品级有机硅共聚合体 D9000。为了进一步提高耐热性、耐化学药品性和流动性，该公司还开发了特种工程塑料合金，如 PEI/PPS 合金 JD8901、PEI/PC 合金 D8001、D8007 和 SPEI/PA 合金等。

上海市合成树脂研究所对聚醚酰亚胺的研究开发工作始于 20 世纪 80 年代初，现有 10t/PEI 装置一套，目前处于供不应求状态。该所正准备建设 100t/a PEI 生产装置，以满足国防军工的需要。该所的聚醚酰亚胺 YS30，结构中含有二苯醚二胺，其产品耐水解性能更佳。

B　生产方法

聚醚酰亚胺是由 4,4′-二氨基二苯醚或间（或对）苯二胺与 2,2′-双[4-(3,4-二羧基苯氧基)苯基]丙烷二酐在二甲基乙酰胺溶剂中经加热缩聚、成粉、亚胺化而制得。

在上述方法中，又可分成多硝基取代法和多环缩聚过程。前者首先进行环化反应，生成酰亚胺环，然后进行芳族亲核硝基取代反应，形成柔性醚"铰链"。聚合物的生成工序是多环缩聚过程。PEI 可用熔融缩聚法制备。这一方法从经济、生态和技术的观点来看，都是具有发展前途的。由于该法不使用溶剂，聚合物中不会含有溶剂，这对加工和使用都有重要意义。

PEI 可以在挤出机连续制造。该法操作步骤是：起始化合物的混合物依次通过挤出机内具有不同温度的区域，由单体混合的低温区移向最终产品熔融的高温区。环化反应生成的水，经适当的孔从挤出机中不断排出，通常在挤出机的最后区域借助真空减压抽出。从挤出机的出料口可得到聚合物粒料或片材。还可在挤出机内直接使 PEI 和各种填料混合，制得以 PEI 为主的物料。

在这些方法中，溶液聚合是工业生产的方法。然而挤出机连续挤出聚合方法已由上海市合成树脂研究所在小型装置上开发成功，可以推向工业生产。

C 理化性能

聚醚酰亚胺具有优良的力学性能、电绝缘性能、耐辐照性能、耐高低温及耐磨性能，并可透过微波。加入玻璃纤维、碳纤维或其他填料可达到增强改性的目的。也可和其他工程塑料组成耐热高分子合金，可在−160~180℃使用。

D 应用领域

聚醚酰亚胺具有优良的综合平衡性能，卓有成效地应用于电子、电机和航空等工业部门，并用作传统产品和文化生活用品的金属代替材料。

在电器、电子工业部门，聚醚酰亚胺材料制造的零部件获得了广泛的应用，包括强度高和尺寸稳定的连接件、普通和微型继电器外壳、电路板、线圈、软性电路、反射镜、高精度光纤元件。特别引人注目的是，用它取代金属制造光纤连接器，可使元件结构最佳化，简化其制造和装配步骤，保持更精确的尺寸，从而保证最终产品的成本降低约40%。

耐冲击性板材 Ultem1613 用于制飞机的各种零部件，如舷窗、机头部部件、座件靠背、内壁板、门覆盖层以及供乘客使用的各种物件。PEI 和碳纤维组成的复合材料已用于最新直升飞机各种部件的结构。

利用其优良的机械特性、耐热特性和耐化学药品特性，PEI 被用于汽车领域，如用以制造高温连接件、高功率车灯和指示灯、控制汽车舱室外部温度的传感器（空调温度传感器）和控制空气和燃料混合物温度的传感器（有效燃烧温度传感器）。此外，PEI 还可用作耐高温润滑油侵蚀的真空泵叶轮、在180℃操作的蒸馏器的磨口玻璃接头（承接口）、非照明的防雾灯的反射镜。

聚醚酰亚胺泡沫塑料，用作运输机械飞机等的绝热和隔音材料。

PEI 耐水解性优良，因此用作医疗外科手术器械的手柄、托盘、夹具、假肢、医用灯反射镜和牙科用具。

在食品工业中，用作产品包装和微波炉的托盘。

PEI 兼具优良的高温力学性能和耐磨性，故可用于制造输水管转向阀的阀件。由于具有很高的强度、柔韧性和耐热性，PEI 是优良的涂层和成膜材料，能形成适用于电子工业的涂层和薄膜，并可用于制造孔径<0.1μm、具有高渗透性的微孔隔膜。还可用作耐高温胶黏剂和高强度纤维等。

国外聚醚酰亚胺主要是美国通用电器公司生产销售。发展趋势在于提高耐热性，为此引入对苯二胺结构和与其他特种工程塑料组成合金，为提高 PEI 机械强度，而采用 PC、PA 等工程塑料组成合金。聚合工艺方面正在开发双螺杆连续挤出聚合反应技术，预计不久将会实现工业化生产。

2.2.1.3 聚芳醚酮

A 聚芳醚酮（PAEK）简介

聚芳醚酮（polyetherketoneketone）简称 PAEK，是一类亚苯基环通过氧桥

（醚键）和羰基（酮）连接而成的一类结晶型聚合物。按分子链中醚键、酮基与苯环连接次序和比例的不同，可形成许多不同的聚合物。主要有聚醚醚酮（PEEK）、聚醚酮酮（PEKK）等品种。聚芳醚酮分子结构中含有刚性的苯环，因此具有优良的高温性能、力学性能、电绝缘性、耐辐射和耐化学品性等特点。聚芳醚酮分子结构中的醚键又使其具有柔性，因此可以用热塑性工程塑料的加工方法进行成形加工。聚芳醚酮系列品种中，分子链中的醚键与酮基的比例（E/K）越低，其熔点和玻璃化温度就越高。

聚芳醚酮可用来制造耐高冲击齿轮、轴承、电熨斗零件、微波炉转盘传动件、汽车齿轮密封件、齿轮支撑座、轴衬、粉末涂料和超纯介质输送管道、航空航天结构材料等。

B　工程应用

由于聚芳醚酮优越的各种性能及易加工性能，几乎可用于每一个工业领域。

航空航天领域：用碳纤维、玻璃纤维增强的聚芳醚酮可用于飞机和飞船的机舱、门把手、操纵杆、发动机零件、直升机旋翼等；电子工业：电线电缆包覆、高温接线柱、电机绝缘材料等；汽车工业：汽车齿轮密封片、支撑座、轴承粉末涂料、轮胎内压传感器壳等；机械设备：轴承座、超离心机、复印机上分离爪、化工用滤材、叶轮等。其中以 PEEK 为基体的先进热塑性复合材料已成为航空航天领域最具实用价值的复合材料之一。碳纤维/聚醚醚酮复合材料已成功应用到F117A 飞机全自动尾翼、C-130 飞机机身腹部壁板、飞机机身蒙皮及 V-22 飞机前起落架等产品的制造。特殊碳纤维增强的 PEEK 吸波复合材料具有极好的吸波性能，能使频率为 0.1MHZ~50GHZ 的脉冲大幅度衰减，型号为 APC 的复合材料已经应用于先进战机的机身和机翼。另外，ICI 公司开发的 APC-2 型 PEEK 复合材料是 CelionG40-700 碳纤维与 PEEK 混纤纱单向增强复合材料，特别适合制造直升机旋翼和导弹壳体，美国隐身直升机 LHX 已经采用此种复合材料。CL Ong 等研制了 PEEK/石墨纤维复合材料，并将其固化成战斗机头部的着陆装置，具有较短的制造周期及优良的耐环境适应性等特点。由于其具有优异的阻燃性，也常用于制备飞机内部零件，降低飞机发生火灾的危害程度。

利用 PEEK 具有阻燃、包覆加工性好（可熔融挤出，而不用溶剂）、耐剥离性好、耐磨耗性好及耐辐照性强等特点，已经用作电缆、电线的绝缘或保护层，广泛应用于原子能、飞机、船舶等领域。PEEK 还可以用于制造原子能发电站所用的接插件和阀门零件，火箭用电池槽以及火箭发动机的零部件等。用吹塑成形法还可做成核废料的容器。

C　PAEK 在 3D 打印工艺中的应用

（1）领先的制造商 EOS 已经将 PEEK 用于 SLS 3D 打印，PAEK 聚合物可用于材料挤出的 3D 打印成形，但是目前主要用于激光选区烧结成形。EOS 提供经过认证的 PEEK 材料（由 Rauch 开发），也是唯一一家提供通过认证的针对自家技术开发先进热塑性粉末的供应商。

（2）PAEK 聚合物一般应用于高成本的行业，比如用来制作一些拥有高强度、轻质以及高级几何形状的 3D 打印的高性能元件，目前主要用于航天航空、医疗，另外能源和国防领域也在持续拓宽应用，如图 2-14 所示为 PEEK 打印零件。

图 2-14　PEEK 3D 打印零件

（3）SmarTech 预计，采用 PEEK/PEKK 材料制作的医疗植入物会增加，美国牛津性能材料公司的 SpineFab 植入物产品就是对激光烧结 PEKK 部件承载能力的一次认证。在植入领域，钛合金占据主流地位已将近十年，但钛粉成本居高不下，让钛植入物丧失了一部分竞争优势；而最近，一些研究表明 PEKK 材料的植入物不仅能带来合适的承载强度，整体质量也较轻。

SmarTech 一份关于聚合物的报告还详细分析了 PEEK 和 PEKK 将逐渐和部分替代 ULTEM 材料的趋势：目前，ULTEM 材料占据了 3D 打印先进热塑性材料的大部分市场份额，但是本身价格相对较高；而另一方面，Stratasys 等一些厂商的挤出设备已趋近成熟并成功实现商业化，有利于增加 PEEK/PEKK 材料的使用范围，扩大其应用范围。

意大利 3D 打印设备制造商 Roboze 在 2015 年宣布推出的 Roboze One +400，据称能够实现 400℃的挤出温度，可打印 PEEK 和 PEI 细丝。这款设备包括一种特殊的冷却系统，能够稳定材料性能，避免高温挤出下容易产生的翘曲问题，并且不会侵犯 Stratasys 的密封腔专利。德国 INDMATEC 也在 2015 年宣布推出了首款真正可用于 3D 打印的 PEEK 线材，配套的设备上市价格约为 4 万美元。

随着用于材料挤出和聚合物粉末床熔融技术的高级热塑性材料不断向市场普及开放，这些材料的增长将进一步依赖于特殊应用的开发。这些应用将可以替代高性能产品及行业中现有的金属结构与部件。因而，高级热塑性材料将很大程度上依赖于大众对 3D 打印这种生产工具的采纳程度。

PAEK 材料市场增长的另一个关键性因素是这些材料能否通过新一代的热基

粉末床聚合系统（例如惠普3D打印机）可靠地进行加工。PEKK一类材料的激光烧结性能已经积累了5年以上的商业级开发过程，其爆发会赶在高级热塑性粉末真正用于替代粉末融合方法之前的一段时间。如果实现了这一点，3D打印材料市场可能会发生非常显著的转变。

2.2.1.4　聚酰胺

A　简介

聚酰胺俗称尼龙（Nylon），英文名称Polyamide（简称PA），密度1.15g/cm³，是分子主链上含有重复酰胺基团—［NHCO］—的热塑性树脂总称，包括脂肪族PA，脂肪-芳香族PA和芳香族PA。其中脂肪族PA品种多，产量大，应用广泛，其命名由合成单体具体的碳原子数而定。由美国著名化学家卡罗瑟斯和他的科研小组发明。

PA的品种繁多，有PA6、PA66、PA11、PA12、PA46、PA610、PA612、PAl010等，以及近几年开发的半芳香族尼龙PA6T和特种尼龙等很多新品种。我们主要介绍PA6和PA66。

B　产品性能

PA6的化学物理特性和PA66很相似，然而，它的熔点较低，而且工艺温度范围很宽。它的抗冲击性和抗溶解性比PA66好，吸湿性也更强。因为塑件的许多品质特性都要受到吸湿性的影响，因此使用PA6设计产品时要充分考虑到这一点。为了提高PA6的机械特性，经常加入各种各样的改性剂。玻璃就是最常见的添加剂，有时为了提高抗冲击性还加入合成橡胶，如EPDM和SBR等。对于没有添加剂的产品，PA6的收缩率在1%~1.5%之间。加入玻璃纤维添加剂可以使收缩率降低到0.3%（但和流程相垂直的方向还要稍高一些）。成形组装的收缩率主要受材料结晶度和吸湿性影响。

PA66在聚酰胺材料中有较高的熔点。它是一种半晶体-晶体材料。PA66在较高温度也能保持较高的强度和刚度。PA66在成形后仍然具有吸湿性，其程度主要取决于材料的组成、壁厚以及环境条件。在产品设计时，一定要考虑吸湿性对几何稳定性的影响。为了提高PA66的机械特性，需经常加入各种各样的改性剂。玻璃就是最常见的添加剂，有时为了提高抗冲击性还加入合成橡胶，如EPDM和SBR等。

PA66的黏性较低，因此流动性很好（但不如PA6）。这个性质可以用来加工很薄的元件。它的黏度对温度变化很敏感。PA66的收缩率在1%~2%之间，加入玻璃纤维添加剂可以将收缩率降低到0.2%~1%。收缩率在流程方向和与流程方向相垂直方向上的差异是较大的。PA66对许多溶剂具有抗溶性，但对酸和其他一些氯化剂的抵抗力较弱。有以下优良特性：

（1）优异的强度和韧性，满足结构部件的力学性能；

（2）出色的耐热性，可以在高达130℃温度下连续使用；

（3）长期的耐疲劳性，热老化后性能保持好；

（4）出色的尺寸稳定性，具有防翘曲的效果；

（5）表面效果好，无浮纤；

（6）耐油性好，耐腐蚀性佳。

C　产品应用

（1）PA在工业及日常产品中的应用。聚酰胺玻纤增强材料可根据产品的特性要求添加玻纤含量在5%～60%的范围，这类材料具有很好的强度、耐热性能、优良的抗冲击性能、良好的尺寸稳定性及低翘曲性等。

（2）PA在汽车领域中的应用。PA在汽车上应用广泛，汽车是塑料重要和快速增长的市场，PA6具有良好的综合性能，密度低，容易成形，设计自由度大，隔热绝缘，而且在模具和组装成本上也有明显的优势。PA6不仅拉伸强度高、冲击性能优而且热变形温度高、耐热、摩擦系数低、耐磨损、自润滑、耐油、耐化学性能优，而且特别是适于用玻纤或其他材料填充增强改性，提升材料性能和档次，满足最终部件和客户需求。

DuraForm ® ProX ® FR1200树脂是3D Systems提供的一种阻燃尼龙材料，满足FAR 25.853（美国航空管理条理-运输类飞机-机舱内部实施条例）标准，比一般的航空塑料轻10%。使用SLS技术，不需受注塑成形设计的约束，能够优化设计以达到最佳目的，并具有优化的强度与重量比。DuraForm ProX FR1200还满足AITM烟密度和毒性测试的标准，并且拥有消费品UL认证。Marshall ADG使用Stratasys FDM工艺3D打印的尼龙12管道适配器将用于在地面上对飞机进行冷却。

2.2.1.5　聚碳酸酯

A　聚碳酸酯简介

PC是一种线型碳酸聚酯，分子中碳酸基团与另一些基团交替排列，这些基团可以是芳香族或脂肪族。双酚A型PC是最重要的工业产品。

PC材料颜色较单一（白色），但其强度比ABS材料高出60%左右、PC-ABS材料是综合性能优异的工程塑料，高弹性系数、高冲击强度、使用温度范围广；高度透明性及自由染色性；成形收缩率低、尺寸安定性良好；耐疲劳性佳；耐候性佳；电气特性优。具备了ABS的韧性和PC的高强度及耐热性。有高流性、无卤阻燃的特点。

B　聚碳酸酯应用

聚碳酸酯（PC）用于电子、电机和航空等工业部门，并用作传统产品和文化生活用品的金属替代材料。

PC工程塑料的三大应用领域是玻璃装配业、汽车工业和电子、电器工业，其次还有工业机械零件、光盘、包装、计算机等办公室设备、医疗及保健、薄膜、休闲和防护器材等。PC可用作门窗玻璃，PC层压板广泛用于银行、使馆、拘留所和公共场所的防护窗，用于飞机舱罩，照明设备、工业安全挡板和防弹玻璃。

PC板可做各种标牌，如汽油泵表盘、汽车仪表板、货栈及露天商业标牌、点式滑动指示器，PC树脂用于汽车照明系统，仪表盘系统和内装饰系统，用作前灯罩，带加强筋汽车前后挡板，反光镜框、门框套、操作杆护套、阻流板、PC还可被用作接线盒、插座、插头及套管、垫片、电视转换装置，电话线路支架下通讯电缆的连接件，电闸盒、电话总机、配电盘元件、继电器外壳。PC可做低载荷零件，用于家用电器马达、真空吸尘器、洗头器、咖啡机、烤面包机、动力工具的手柄，各种齿轮、蜗轮、轴套、导规、冰箱内搁架。PC是光盘储存介质的理想材料。

PC瓶（容器）透明、质量轻、抗冲性好，耐一定的高温和腐蚀溶液洗涤，作为可回收利用瓶（容器）。PC及PC合金可做计算机架，外壳及辅机，打印机零件。改性PC耐高能辐射杀菌，耐蒸煮和烘烤消毒，可用于采血标本器具、血液充氧器、外科手术器械、肾透析器等；PC可做头盔和安全帽、防护面罩、墨镜和运动护眼罩。PC薄膜广泛用于印刷图表、医药包装、膜式换向器。

聚碳酸酯的应用开发是向高复合、高功能、专用化、系列化方向发展，已推出了光盘、汽车、办公设备、箱体、包装、医药、照明、薄膜等多种产品各自专用的品级牌号。

2.2.1.6　聚丙烯腈-丁二烯-苯乙烯

A　聚丙烯腈-丁二烯-苯乙烯简介

ABS塑料是丙烯腈（A）、丁二烯（B）、苯乙烯（S）三种单体的三元共聚物，三种单体相对含量可任意变化，制成各种树脂。ABS兼有三种组元的共同性能，A使其耐化学腐蚀、耐热，并有一定的表面硬度，B使其具有高弹性和韧性，S使其具有热塑性塑料的加工成形特性并改善电性能。它综合了三种组分的性能，因此ABS塑料是一种原料易得、综合性能良好、价格便宜、用途广泛的"坚韧、质硬、刚性"材料。

B　聚丙烯腈-丁二烯-苯乙烯性能特点

ABS具有优良的综合物理和力学性能，较好的低温抗冲击性能。尺寸稳定性。电性能、耐磨性、抗化学药品性、染色性、成品加工和机械加工较好。ABS树脂耐水、无机盐、碱和酸类，不溶于大部分醇类和烃类溶剂，而容易溶于醛、酮、酯和某些氯代烃中。ABS树脂热变形温度低可燃，耐热性较差。熔融温度在217~237℃，热分解温度在250℃以上。

因为 ABS 塑料有热熔加工性能好、耐热性强、抗冲击性强、耐低温性强、耐化学药品性强及电气性能优良、制品尺寸稳定等特点。ABS 塑料是 3D 打印的一款主要耗材之一。

C 聚丙烯腈-丁二烯-苯乙烯的应用

(1) 工程塑料。PC/ABS 再生料是一种重要的工程塑料合金，广泛应用于汽车、电子电气、办公和通讯设备等领域。如今，为了满足在应用领域（特别是电子、电气产品）防火安全的特殊要求，PC/ABS 合金的阻燃技术成为人们研究的热点。但随着科技的进步，对材料环境友好性的要求也越来越高，传统的卤系阻燃带来的危害日益明显。

在工程中，ABS 广泛运用到工程管道中，在市政中对材质要求比较高的项目的池底管道一般可采用 ABS 管道。

(2) 3D 打印领域。ABS 塑料是 3D 打印的主要材料之一，之所以能成为 3D 打印的耗材，是其特性决定，ABS 塑料具有耐热性、抗冲击性、耐低温性、耐化学药品性及电气性能优良、制品尺寸稳定等特点。ABS 塑料是 3D 打印材料中最稳定的一种材质。目前主要是将 ABS 预制成丝、粉末化后使用，应用范围几乎涵盖了所有的日常用品、工程用品和部分机械用品。2014 年国际空间站用 ABS 塑料 3D 打印机为其打印零件；世界上最大的 3D 打印机材料公司 Stratasys 公司研发的最新 ABS 材料 ABS-M30，专为 3D 打印制造设计力学性能比传统 ABS 材料提高了 67%，从而扩大了 ABS 的应用范围。

(3) ABS 树脂的最大应用领域是汽车、电子电器和建材。汽车领域的使用包括汽车仪表板、车身外板、内装饰板、方向盘、隔音板、门锁、保险杠、通风管等很多部件。在电器方面则广泛应用于电冰箱、电视机、洗衣机、空调器、计算机、复印机等电子电器中。建材方面，ABS 管材、ABS 卫生洁具、ABS 装饰板广泛应用于建材工业。此外 ABS 还广泛地应用于包装、家具、体育和娱乐用品、机械和仪表工业中。

ABS 树脂广泛应用于汽车工业，电器仪表工业和机械工业中，常作齿轮、汽车配件、挡泥板、扶手、冰箱内衬、叶片、轴承、把手、管道、接头、仪表壳、仪表板、安全帽等，在家用电器和家用电子设备的应用前景更广阔，如电视机、收录机、冰箱、冷柜、洗衣机、空调机、吸尘器和各种小家电器材，日用品有鞋、包、各种旅游箱、办公设备、玩具及各种容器等，低发泡的 ABS 能代替木材，适合作建材，家具和家庭用品。

由于 ABS 具有综合的良好性能以及良好的成形加工性，所以在广泛的应用领域中都有它的足迹，扼要内容如下：

ABS（Acrylonitrile Butadiene Styrene，即丙烯腈-丁二烯-苯乙烯）具有高强度、良好的柔韧性、机械加工性及抗高温性能，是 3D 打印最常用的热塑性塑料。

ABS 材料颜色种类多，PC 材料颜色较单一，只有白色，但其强度比 ABS 材料高出 60% 左右、PC-ABS 材料是综合性能优异的工程塑料，具备了 ABS 的韧性和 PC 的高强度及耐热性。

热塑性聚醚酰亚胺（PEI）是一种特种工程材料，具有优良的力学性能、电绝缘性能、耐辐照性能、耐高低温及耐磨性能，用于电子、电机和航空等工业部门，并用作传统产品和文化生活用品的金属代用材料。

耐冲击性板材 Ultem1613 用于制作飞机的各种零部件，如舷窗、机头部件、座件靠背、内壁板、门覆盖层以及供乘客使用的各种物件。其中 Ultem 9085 树脂具备高强度重量比特性，且具有防火、无烟、无毒的特性，通过 FST 认证，通常用于航空航天、汽车和其他需要高强度热塑性材料的工业应用。空客使用 ULTEM 9085 树脂为 A350 打印了零件，并将通过各项认证，从而被纳入空客的供应链。中国东方航空也将其用作 3D 打印的客舱内饰件。解决了过去易损零件订货周期长、成本高的问题，同时保障了公司机队的安全飞行，提高了旅客的乘坐体验，如图 2-15 所示。

图 2-15　Stratasys 为空客 A350 打印的零件

虽然一些工程塑料有很好的综合性能，但由于高分子本身强度较低，其在航空上的应用主要集中在飞机机舱内饰件。

2.2.2　复合材料

2.2.2.1　复合材料分类简介

目前纯树脂或颗粒增强树脂打印制件的力学性能不如人意，不过可以预见树脂与纤维优势的结合将对增材制造技术起到重要的促进作用。纤维增强树脂基复合材料 3D 打印技术为复合材料的低成本制造提供了可能性，在航空航天、新能源汽车等领域有着巨大的应用前景，同时复合材料的低成本制造还将进一步扩大纤维增强树脂基复合材料的应用范围。

根据纤维的长短可分为短切纤维增强树脂和连续纤维增强树脂复合材料，根据树脂性质来分，主要分为纤维增强热塑性树脂和纤维增强热固性树脂复合材料。

目前主要有碳纤玻纤增强尼龙或 PEEK 等热塑树脂的线材和颗粒打印材料。

2.1.2.2　复合材料 3D 打印现状

通过对研究现状的分析不难发现，现有热固性树脂基复合材料 3D 打印技术仅在实验室实现了打印，且热固性树脂基韧性差，耐冲击性能差，尚未进行应用推广。

热塑性树脂基复合材料 3D 打印技术中目前短纤维打印工艺较为成熟，实现了商业化推广，但短纤维对于试件力学性能的提升非常有限，因此连续纤维增强热塑性复合材料（CFRTPCs）引入了连续纤维作为增强相，可明显提高打印制件的力学性能，以至于材料的部分性能达到或超过了航空铝的级别，被很多学者给予厚望。熔融沉积成形（FDM）是 CFRTPCs 主要的 3D 打印成形技术。

相比于传统的成形工艺，3D 打印工艺过程简单，加工成本低，材料利用率高，降低了复合材料构件的制造成本，同时可实现复杂结构零件的一体化成形，无需模具与复合材料连接工艺，为轻质复合材料结构的低成本快速制造提供了一个有效技术途径。

2014 年美国硅谷 Arevo 实验室推出制造高强度碳复合材料最终产品的 3D 打印技术，打印出了碳纤维增强尼龙基体的复合材料，尼龙基体是比 PEEK 更低端的聚合物树脂，比起传统方法，3D 打印可更精确地控制碳纤维的取向，优化特定机械性能和热性能，而不是像传统的挤出或注塑方法来定型，且由于 3D 打印的复合材料零件一次只制造一层，每层可以实现任何所需的纤维取向，复合材料的增强相不仅可用碳纤维，还可以用玻璃纤维，该技术主要针对航空航天、国防和医疗应用的零件产品，有望开发出更轻、更强、更持久的组件。

2.2.2.3　工程应用

牛津性能材料公司，即 OPM 公司，利用具有抗热及支撑高机械载荷能力的热塑性聚醚酮酮（PEKK），采用增材工艺制造特殊零件。该零件是激光烧结（SLS）3D 打印成形，将短的碳纤维掺入到 PEKK 中，极大增强热塑性材料强度并使其具有传导性。此外，该公司下一步计划将该技术应用于民用飞机，相比传统手工铺放工艺可节省 50% 成本，且节省劳动力和某些加工步骤，这些零件为次承力结构件。德国 EOS 公司将碳纤维与 PA12 通过物理混合的方式制备成复合材料粉末 CarbonMide，作为 SLS 的原材料成功打印出复合材料零件并将其商业化。

2.2.3　其他材料

2.2.3.1　生物塑料

3D 打印生物塑料主要有聚乳酸（PLA）、聚己内酯、聚丁二酸等具有良好的可生物降解性。生物塑料在 3D 打印方面的应用（见表 2-1）。

表 2-1　生物打印材料

材料名称	分　类	应　用
聚乳酸（PLA）	PLA 是一种半透明，具有光泽质感的环境友好型塑料，源于可再生资源——玉米淀粉和甘蔗。PLA 是一种环境友好型塑料，可生物降解为活性堆肥、PLA 抵抗温度变化能力弱，当温度超过 50℃ 时就发生变形，从而制约了其在 3D 打印领域的发展	可适用于使用环境温度稳定对力学性能要求不高且频繁替换的内饰结构件，从而达到回收和保护环境的目的。新加坡南洋理工大学的 Tan K H 等研究制造了高孔隙度的 PLA 组织工程支架
聚己内酯（PCL）	PCL 是一种生物可降解聚酯，熔点较低，只有 60℃ 左右。与大部分生物材料一样	人们常常把它用作特殊用途如药物传输设备、缝合剂等。同时，PCL 还具有形状记忆性。在医学领域，可用来打印心脏支架等
聚对苯二甲酸乙二醇酯-1,4-环己烷二甲醇酯（PETG）	PETG 是以乙二醇为原料合成的生物基塑料，具有出众的热成形性、坚韧性与耐候性，热成形周期短、温度低、成品率高。材料收缩率非常小，并具有良好的疏水性，无需在密闭空间里储存	可以广泛应用于板片材，高性能收缩膜，瓶用及异型型材等市场，同时二次加工性能优良，可以进行常规的机加工修饰

2.2.3.2　陶瓷材料

陶瓷材料具有高强度、高硬度、耐高温、低密度、化学稳定性好、耐腐蚀的优点，但也因其硬而脆的特点使其加工成形比较困难，特别是复杂陶瓷结构件需通过模具来成形。然而模具加工成本高、开发周期长，在产品更新换代迅速的当下，单一的陶瓷材料已难以满足企业需求。目前较为常用的增材制造陶瓷材料是由陶瓷粉末和某种黏结剂粉末所组成的混合物。然而由于黏结剂分量对零件打印的尺寸精度影响较大，导致目前陶瓷直接快速成形工艺不成熟，国内外利用陶瓷材料进行增材制造仍处于研究阶段，尚未实现商品化。

2.2.3.3　生物材料

细胞生物材料，用于增材制造过程为：先在实验室培养出细胞介质，生成类似于鲜肉的代替物质，以水基溶胶为黏合剂，再配合特殊的糖类分子制成生物墨水，然后在计算机的控制下喷到生物纸上，最终形成各种器官。

2.2.3.4　光敏树脂

目前光敏树脂是 SLA（光固化立体成形技术）的主要打印材料。由聚合物单体与预聚体组成，其中加有光（紫外线）引发剂或称为光敏剂，在一定波长的紫外光照射下立刻引起聚合反应，完成固化，光敏树脂一般为液态，用于制作高强度、耐高温、防水等的材料。

光敏树脂材料的 3D 打印的成品细节很好，表面质量高，可通过喷漆等工艺上色。但是光敏树脂打印的物品如果长时间暴露在光照条件下，会逐渐变脆、变黄。这种材料多用于打印对模型精度和表面质量要求较高的精细模型、复杂的设计模型，比方说手板、手办，首饰或者精密装配件等等。但不适合打印大件的模型，如需打印大件的，需要拆件打印。

我们现在常用的 3D 打印光敏树脂材料大多为环氧树脂。目前，研究光敏材料的机构主要有美国 3D Systems 公司和以色列 Object 公司。常见的光敏树脂有 UV Plus 材料、UV-Pure 树脂和环氧树脂。

UV Plus 树脂材料为白色、塑性、韧性都非常好，基本可达到加工的尼龙材料所要求的性能，而且表面粗糙度和精度较好。制造的部件拥有良好的塑性和韧性，同时保持了光固化立体造型材料做工精致、尺寸精确和外观漂亮的优点。

UV-Pure 材料看上去更像是真实透明的塑料，具有优秀的防水和尺寸稳定性，能提供包括 ABS 和 PBT 在内的多种类似工程塑料的特性，这些特性使它很适合用在汽车、医疗以及电子类产品领域。

但光敏树脂有轻微毒性，对环境产生污染，对部分人体皮肤有过敏反应。工作温度不能超过 100℃。且固化后较脆，易断裂，可加工性不好。成形件易吸湿膨胀，抗腐蚀能力不强。树脂材料价格贵，但成形后强度、刚度、耐热性都有限，不利于长时间保存。

3　增材制造结构优化设计

增材制造技术的出现，突破了传统制造技术的局限，使复杂拓扑优化结构的制造成为可能。与传统的减材制造方式不同，它将材料通过逐层堆叠积累的方式构造物体，这种独特的制造方式可实现高度复杂结构的自由生长成形，极大地拓宽了设计空间，为新结构及材料的制备提供了强大的工具，同时也使得从微观到宏观多个几何尺度结构的制备成为可能，解决了传统结构设计受制造工艺约束的问题，设计者可以根据最高效的传力路径实现结构的拓扑优化，为设计人员实现"理想中"的最优方案提供了可能，极大地解放了设计自由度，几乎可以用于制造任意形状的三维实体，将会为个性化产品的设计及生产带来革新。

3.1　结构优化设计概述

优化设计是在一定的设计和性能限制条件下，按照特定的性能评价指标寻求最佳的设计方案。通常，结构优化的定义是在设计参数的取值范围内，选取一组特定的值，使结构以最优的质量或造价达到所需的功能。

过去，在设计方案修改过程中，由于缺乏理论指导，设计者经常采用试凑的方法，或通过对若干种设计方案进行直接对比，最终选定"最优"的方案，这一过程中，方案的优劣取决于设计者的经验和直观感受，甚至依靠设计者的某种独特才智和灵感，才可能使设计方案得到有效改进。这种仅凭设计者经验或灵感选优的方法，常常带有一定的盲目性和局限性，所选的最优设计，可能仅仅是一种改进，对于一些复杂问题，还无法获得最优设计方案。

工程结构优化理论和方法来源于最优化理论的概念，是基于现代数学、现代力学理论和数值方法，解决工程设计中追求的某个或某些重要指标达到最优，并且同时满足一些预定限制条件的设计理论和方法。工程结构优化设计与传统结构设计均遵循相似的设计原则和设计过程，不同的是传统设计缺乏安全性和经济性等衡量的指标，而结构优化设计是在明确结构的经济性与安全性等指标下，结合数值计算及辅助设计，实现分析计算、优化、设计的过程。结构优化较最优化理论的应用领域而言相对单一，主要集中在工程领域的设计环节，但理论知识和方法较最优化理论又专业很多。换言之，工程结构优化是一种方法，虽然其理论与算法建立在数学基础之上，但不过于追求数学意义的严密性，而是同时考虑工程应用的背景，处理好增益与代价之间的关系。

3.1.1　工程结构优化

在工程领域，传统的结构设计首先根据原则规范、制造经验和简单的分析方法进行结构的初步设计，然后对初步设计采用较精确的分析方法进行强度、刚度等性能的校核。为了使结构有可靠的服役性能，工程人员对校核结果进行直观判断，确定是否满足服役要求，如有不妥，则对可变设计参数进行调整。参数的调整会引起结构应力的重新分布，需要进行再分析再调整，多次重复该过程才能得到满足设计要求的可行设计方案，这种设计方法的优劣取决于设计人员的设计水平，且耗时、费力，缺乏理论支持。

工程结构优化设计概念来源于最优化问题在工程中的应用。在航空领域内，工程师设计大型飞机的结构时，希望把结构设计得尽善尽美，在模拟的外力作用下，追求某个或某些重要指标达到最优，同时满足一些预定的限制条件，这样得到的工程设计方案称为优化设计。众所周知，结构设计中最主要的是结构在外力作用下，既要有足够的强度和刚度，又要满足轻量化要求，以提高该结构的工作效率，降低成本并能节约资源。然而，受限于传统机械加工工艺，实际应用的结构优化设计仍然局限于零件级，如单个桁条、耳片接头、腹板等，这样的限制未能充分发挥整体结构的优势。以某机型前机身舱段结构为例，包含结构承力框架、次承力件和设备安装支架、薄壁加筋、工艺开口等功能特征的构型，为满足布局设计需要制造100余个零件，零件需要满足切削、钣金等机械加工工艺，通过数千个连接件将其组装在一起，不仅工艺复杂，制造周期长，需要冗长的协调和装配过程，而且分离面、结构连接件以及传统加工工艺会导致结构严重超重。同时，零件加工和装配过程引起的结构超差（加工误差）、装配误差累积、连接薄弱环节和应力集中等问题极大地削弱了结构的完整性与承载性能。

增材制造技术改变了产品的制造方式，是制造技术的一次革命性突破。如何实现增材制造与结构整体构型设计的完美融合，如何充分发挥增材制造的工艺优势，突破传统设计模式和加工工艺瓶颈，进一步减轻结构重量和提升结构性能等成为今后增材制造技术的重点研究方向。

3.1.2　优化设计基本概念

最优化问题是一个古老的课题，长期以来，人们对最优化问题一直进行着探索和研究。由于历史条件的限制，直至20世纪40年代，随着生产和科学研究突飞猛进地发展，特别是电子计算的广泛应用，最优化问题的研究不仅成为一种迫切需求，而且有了求解的有力工具，使最优化理论和算法迅速发展并成为一个新的学科。作为一个学科，最优化理论具有一套完整的体系。

最优化理论应用到工程领域，特别是结构工程领域，其应用范围将会逐步渗透到结构的各个方面。优化的具体目标为质量、强度、稳定性、尺寸等结构指标，设计变量的选择也变为长度、宽度、几何形貌、材料性能等参数，求解最优化问题的方法在最优化理论的基础上，结合具体的专业知识，派生出多种优化途径和理论，内容更加丰富，如工程结构中，飞行器翼型、船舶壳体、机身、塔架等结构非常复杂，相应地，结构在外力或外部环境影响下的响应也十分复杂。为了便于采用数值方法进行分析与设计，需要将它们理想化与离散化。理想化是指合理选择组成结构的元件类型，应根据结构的受力特点而定，如把机翼结构与机身、箭体等加筋壳的蒙皮、梁、肋和框的腹板看成受剪板或平面应力板元件组合而成；而梁、肋和框的凸缘和龙骨等则可以看成由杆单元组合而成。离散化是指确定所选结构元件的数目、大小和分布，离散化的程度与结构的受力性质有关，也与设计中要求的计算精度有关。经过理想化和离散化的结构数模称为计算数模，经过简化的计算模型可以用许多定量的参数来确定，不同参数数值的组合代表了不同的设计方案。因此，设计的意义就是正确的确定这些参数，以追求某个或某些主要的性能指标为最优，且满足规定的设计要求。为了使复杂的设计问题便于处理，通常把一个完整的设计过程分为若干设计阶段或层次来进行。

　　若要了解整个结构设计优化的过程，就需要储备一些基本的优化设计理论概念与必要的数学知识。

　　求解实际工程的最优化问题一般分两步进行：

　　第一是将实际工艺用数学模型抽象地描述出来；

　　第二是对数学模型进行必要的简化，并采用适当的最优化方法求解数学模型。

　　实际的工程结构最优化设计方案可以用一组参数（如几何参数、物理参数、工作性能参数）来表示。在这些参数中，有些根据要求在优化过程中始终保持不变，这类参数称为常量，而另一些参数的取值则需要在优化过程中进行调整和优选，一直处于变化的状态，这类参数称为设计变量（或称为决策变量、优化变量）。设计变量必须是独立的参数，例如，如果将矩形的长度和宽度作为设计变量，则其面积就不是独立参数，不能再作为设计变量了。

　　设计变量的全体可以用向量来表示。包含 n 个优化变量的优化问题称为 n 维优化问题。设计变量可以表示成一个 n 维列向量，即

$$\boldsymbol{X} = \begin{bmatrix} X_1 \\ X_2 \\ \vdots \\ X_n \end{bmatrix} = \begin{bmatrix} x_1 x_2 \cdots x_n \end{bmatrix}^{\mathrm{T}}$$

式中，x_i $(i=1,2,3,\cdots,n)$ 表示第 i 个设计变量。当 x_i 的值确定之后，向量 $\boldsymbol{X}$ 表示一个优化方案。从数学观点来讲，设计变量可以分为：连续性变量和离散

性变量。

在一定的区间内，如果均匀分布有大量的离散值，实际上亦可用连续性变量来代替。但有些情况，却只能使用离散性变量或整数变量，如产品的个数，路线的方案，结构的数目等。在结构设计领域，通常的设计变量的类型主要有：

（1）材料设计变量：对于常用的材料，材料的机械性能参数具有离散性质，在实际的设计过程中，由于可以选择的材料种类有限，可以分别采用不同的材料，即将它们作为预先给定的量来进行设计。

（2）拓扑设计变量：只有当元件的尺寸允许等于零时，结构才可以进行拓扑优化设计。这意味着在设计过程中，可以取消某个或者某些元件，故元件的有无是拓扑设计变量。

（3）外形设计变量：桁架、刚架的节点坐标，或复杂结构离散化后在满足结构外形尺寸约束下，离散元件之间的节点坐标都可以视为此类约束，它们通常是连续性变量。

（4）截面尺寸设计变量：如组成结构的杆元件截面面积、板元件的厚度或梁元件截面的细节尺寸等。

一个结构设计的优劣，是以某个指标来衡量的。这个指标就是结构优化设计问题的目标函数，问题不同目标函数也是不同的。目标函数是设计变量来表示的优化目标的数学表达式，是方案好坏的评价标准，故又称为评价函数。目标函数通常表示为：

$$f(x) = f(x_1 x_2 \cdots x_n)$$

求解优化问题的实质，就是通过改变设计变量获得不同的目标函数值，通过比较目标函数值的大小来衡量方案的优劣，从而寻求最优设计。目标函数的最优值可能是最大值，也可能是最小值。在建立优化问题的数学模型时，一般将目标函数的求优表示为求极大或极小。

目标函数的极小值可以表示为：

$$f(x) \to \min \ 或 \ \min f(x)$$

目标函数的极大值可以表示为：

$$f(x) \to \max \ 或 \ \max f(x)$$

求目标函数 $f(x)$ 的极大值等效于求目标函数 $-f(x)$ 的极小值。为规范起见，将求目标函数的极值统一表示为求其极小值。

在结构优化中，如果只有一个目标函数，则其为单目标函数优化问题；如果有两个或者两个以上目标函数，则其为多目标优化问题。目标函数越多，对优化的评价越全面，综合效果也越好，但问题的求解也越复杂。

一个设计向量 x 确定 n 维空间中的一个方案点，每一个方案点都有一个相应的目标函数值 $f(x)$ 与其对应；但是对于目标函数 $f(x)$ 的某一定值 C，却可能有无穷多个方案点与其对应。目标函数值相等的所有方案点组成的集合称为目标函数的等值曲面，对于二维问题，这个点集为等值曲线；对于三维问题，这个点集为等值曲面；对于多维问题，这个点集为超曲面。

约束条件是在优化中对设计变量取值的限制条件，可以是等式约束，也可以是不等式约束。

对统一优化目标来说，约束条件越多，可行域就越小，可供选择的方案也就越少，计算求解的工作量也随之增大。所以，在确定约束条件时，应在满足要求的前提下，尽可能减少约束条件的数量，同时也要注意避免出现重复的约束、相互矛盾的约束和线性相关的约束。

3.2　结构优化设计分类

结构优化问题主要取决于目标函数、约束函数以及设计变量的类型，不同类型的设计变量需要用不同的数学方法来求解。根据设计变量的性质，结构优化设计一般分为拓扑优化、形状优化和尺寸优化三个层次。依据问题的复杂程度，通常认为拓扑优化设计比形状优化和尺寸优化更具难度。

3.2.1　尺寸优化

结构尺寸优化设计是最先开展研究的优化问题，其设计变量一般是杆件的横截面积、梁的截面尺寸、截面惯性矩、板的厚度或是复合材料的铺层厚度或铺层角度，通过调整构件的尺寸，达到优化设计的目的。与拓扑或形状优化相比，尺寸优化相对简单，在优化过程中不需要对有限元网格重新划分，而且设计变量与刚度矩阵一般呈现线性或简单的非线性关系。经过众多研究者多年的不懈努力，尺寸优化技术已经非常成熟。在尺寸优化中，设计变量可以是连续的，也可以是离散的。实际结构设计时，尺寸参数一般在某个离散集合之内选取。通常情况下，应将结构的形状和尺寸同时进行优化设计。

根据结构响应的特点，有时引入中间变量可以显著降低问题的非线性，如杆截面积的倒数或杆件的内力，引入中间变量也能使目标和约束函数的导数计算得到一定程度的简化，精度得以提高。这种技术对大型复杂结构优化设计非常实用。

根据结构受力的类型，结构优化设计可分为静力优化和动力优化。目前，结构静力优化进展很快，研究成果比较多。而结构动力优化，特别是在动载荷作用下，结构的动响应优化设计研究成果比较少，结构动力拓扑优化研究更少。结构动力优化的应用和实际成效远落后于优化理论的发展。固有频率、振型、动态响应的灵敏度分析与计算、高度密集频率的动力学问题的分析和优化设计、大型复杂结构动力优化问题的建模和求解方法、基于动态特性设计的结构拓扑优化等，都极富研究和应用价值。在航空航天的结构设计工程部门，运用结构优化设计技术，能够带来巨大的经济利益和社会效益。

3.2.2 形状优化

结构形状优化设计，可以用来确定连续体结构的内部或外部几何边界形状，或两种材料之间的界面形状，也可以用来确定杆系结构形状控制节点的位置，而杆件的截面尺寸保持不变。形状优化属于可动边界问题，其目的是改善结构内力传递路径，以降低应力或改善应力集中情况，提高结构的强度，增加结构的刚度等。

形状优化不改变结构的拓扑构型设计，即不增加新的孔洞或节点，也不允许有孔洞或节点重合而引起单元删除现象出现，在形状优化过程中，结构性能或响应与设计变量之间一般呈现非线性关系，使得形状优化过程中，设计变量的灵敏度分析与计算存在一定的困难。因此，迄今为止，形状优化设计取得的理论和应用成果相对较少。

另外，还有一类优化问题已受到人们的普遍重视，即结构支撑或附加非结构集中质量位置的优化设计。众所周知，支撑的作用是在 3D 打印过程中防止结构产生过度的位移和形变，结构与其边界支撑一起，构成一个完整的系统，实现结构设计的基本功能。而附加非结构集中质量，可代表结构所承载的设备、配重等。

3.2.3 拓扑优化

拓扑优化又称布局优化，在结构初步设计阶段（如方案设计阶段），特别是复杂结构或部件的初始设计阶段，对于给定的设计目标和约束条件，拓扑优化可定性地描述在设定的区域内最佳的结构构型（材料分布及其连通性），以便用最少的材料满足特定的结构性能。在新结构开发过程中，若先前的设计资料或经验可以借鉴，则拓扑优化结果能起到非常重要的作用，为结构进一步详细设计提供科学依据。因此，拓扑优化设计对理论界来说有很强的挑战性，对工程界也有很大的研究价值。在过去的几十年里，研究人员在拓扑优化方面做了许多工作，在某些领域已取得了很大的成就，优化理论以及优化算法日趋成熟和完善。

对于离散杆系结构，如桁架或框架结构，拓扑优化需要确定结构的构型，即节点的数量和位置，以及节点之间构件在空间的连接状况。使其结构有最少的构件数量及最优的连接形式，从而获得最佳的传力路径。而对于连续体，拓扑优化要在设定区域内，对一定数量（质量或体积）的材料进行合理配置和分布，使其在给定载荷作用下，满足最大刚度或最小重量设计要求，通常认为拓扑优化比形状或尺寸优化效益更高，更能节省材料。从代表所有可能拓扑设计的基本结构的角度看，低效率的构件或材料将从设计域内被删除掉，是可用的材料以最佳的布局方案传递外力，从而使结构在满足约束的情况下获取最优的力学性能。连续体拓扑优化通常会在结构内部产生孔洞现象，因此拓扑优化也称为实体-孔洞问题。拓扑设计变量代表材料的有无，在优化过程中，只能取离散值1或0。因此，理论上讲拓扑优化设计应采用分支定界技术求解。连续体拓扑优化结果，通常呈现出杆状结构的设计特征。

从基本结构的设计角度考虑，拓扑优化可以采用类似于尺寸优化的技术来处理。此时，只要允许构件尺寸取零，然后自动删除即可，即从基本结构中删除一些不必要的构件或材料，剩余必须保留的部分。然而，拓扑优化比尺寸优化要复杂得多，因为在拓扑优化过程中，设计变量的集合和有限元分析模型都在不断改变，先前删除的构件有可能还会回到结构中来，因此，孔洞的数量、位置等都无法预先知晓，必须不断删除和重新生成有限元网格，并在某些局部区域自动进行网格细分。

3.3　结构优化设计原则

增材制造技术可以解决一些传统制造不能解决的问题，使拓扑优化、一体化设计的优势得到进一步的释放，例如复杂结构的制造等。但是，增材制造并不是完全的"自由"制造，其制造约束并非为零，因此在基于增材制造的设计时需要考虑与传统制造技术不一样的特殊因素。对于同一种材料，增材制造的所得微观结构可以与铸造或锻造微观结构明显不同。逐层累积过程产生定向取向的微观结构，可以导致其局部性能差异以及各向异性。与其他熔合工艺一样，增材制造工艺可能会出现诸如孔隙、未熔化颗粒和熔合不足等异常现象，必须加以理解和控制。此外，逐层增材制造过程的物理性能使得各向异性倾向于沿着打印平面形成，并且在打印方向上可能不具有明显的角度，使得检测变得困难。

3.3.1　零件方向

零件相对于打印平台的方向可能会对最终零件或维修件的材料性能产生重大影响。制造过程中的零件定位应考虑以下几个方面：

（1）各向异性-对于产生各向异性的增材制造工艺/材料组合，需要优化零件与打印平台的方向以最小化性能的方向变化。

（2）残余应力-需要优化零件和支撑与打印平台的方向，以最大限度地减少残余热应力。

（3）无支撑/悬垂的曲面-需要优化打印平面的特定特征的方向，以最小化（无支撑）和悬垂的曲面。

3.3.2　尺寸控制

不同的增材制造工艺/参数组合提供不同的尺寸控制能力。在设计过程中，必须考虑所选增材制造工艺/参数组合创建基本零件特征的能力，例如最小和最大壁厚和圆角半径。金属增材制造工艺的局部热输入可导致在制造部件或维修件过程中产生显著的残余应力，在设计过程和相关的力学性能分析中必须考虑这些应力和潜在的后加工翘曲。如果采用后处理热循环，例如应力消除热循环或热等静压（Hot Isostatic Pressing，HIP）循环，则必须在所有后处理热循环完成后证明最终部件的尺寸控制。

3.3.3 表面状态

增材制造工艺加工的结构表面状态可能与传统的机加制造方法产生的表面状态明显不同。

（1）表面处理。在同一组机器参数下，表面光洁度根据给定表面对打印平台和被熔融合金的取向变化而显著不同。

（2）与特征相关的表面状态。由于在增材制造工艺中逐层添加材料，在特征形成期间可以产生变化的表面状态，例如无支撑的拱形、悬垂表面和自支撑结构。

（3）表面状况影响——力学性能。对表面状况敏感的力学性能将需要详细表征以建立与表面状况相关的力学性能损失。

（4）表面状态的影响——可检测性限制。与增材制造过程相关的表面状况也会影响与传统无损检测（Non-Destructive Inspection，NDI）过程相关的可检查性限制。根据选定加工产生的表面状况，需要使用更复杂检查方法，传统 NDI 工艺可能无法检查零件表面。

（5）表面加工考虑因素。传统及非传统的表面加工方法，都可以应用于增材制造部件的外表面。但是，增材制造部件和维修件的内部几何形状的复杂表面可能无法加工。因此，零件设计必须考虑打印后的表面状态及相关力学性能的降低。

（6）防护涂层考虑因素。标准保护涂层，例如用于解决腐蚀、氧化的涂层，通常可以应用于已经过表面精加工处理的增材制造部件的外表面。由于制造的表面状态，内部通道的表面可能难以涂覆。

3.3.4 支撑结构

支撑结构可用于最小化无支撑拱和悬垂表面的制备。此外，支撑结构可用于在添加新层时帮助将热量从局部区域传递出去，并有助于保持零件的形状。但是，在增材制造期间使用支撑结构存在缺点，部件制造后，部件内部形成的支撑件无法拆除。从外表面去除支撑可能导致产生局部应力集中，这可能对最终部件或维修件的力学性能产生有害影响。

3.3.5 粉末去除

当增材制造工艺用于生产具有内部特征的零件和维修件时，未熔化的粉末可能在打印过程中被困在零件内部。必须定义在打印过程中的零件设计和零件定向，以便完成松散粉末的去除。应确定有效的粉末去除程序，并且可能需要进行功能测试以验证任何潜在的残余粉末不会干扰部件的预期功能。在施加后处理热循环之前未能除去松散的粉末将导致松散的粉末烧结到部件内表面，使松散的粉末无法除去。

3.4　拓扑优化设计方法

3.4.1　拓扑优化概述

拓扑优化是在一个确定的连续区域内寻求结构内部非实体区域位置和数量的最佳配置，寻求结构中的构件布局及节点联结方式最优化，使结构能在满足应力、位移等约束条件下，将外载荷传递到结构支撑位置，同时使结构的某种性态指标达到最优。

拓扑优化是一种比尺寸优化、形状优化更高层次的优化方法，也是结构优化中最为复杂的一类问题。拓扑优化处于结构的概念设计阶段，其优化结果是一切后续设计的基础。当结构的初始拓扑不是最优拓扑时，尺寸和形状优化可能导致次优结构的产生，因此在初始概念设计阶段需要确定结构的最佳拓扑形式。

目前空中客车公司和波音公司都在使用拓扑优化方法，实现飞机结构轻量化目标，降低成本，同时实现结构布局的智能化设计。2003 年，空中客车公司应用拓扑优化方法设计了一组 A380 的机翼前缘肋，并因为其在减重方面达到的良好效果及其革命性的技术创新获得了当年空中客车公司设立的技术创新金奖，如图 3-1 所示。2003 年 6 月，该项设计方案通过了各种试验测试，最终为每一架 A380 飞机总体减重 500kg，在提高飞机整体性能的同时，也创造了十分可观的经济价值。另外，在空中客车 2050 远景展望中，提出了未来民机的概念方案，如图 3-2 所示，该方案采用了整机结构拓扑优化和整机 3D 打印技术，达到减重、环保、舒适的目的。

图 3-1　A380 机翼前缘肋的拓扑优化

图 3-2 空中客车 2050 概念方案

3.4.1.1 拓扑优化数学模型

拓扑优化通过设计域内材料位置和数量的配置，以及材料布局与结点联结方式的优化，使结构满足应力、位移等约束条件，并将载荷传递到结构支撑位置，寻求结构的某种性能指标达到最优的方案。连续体结构拓扑优化包括结构边界形状的优化，以及孔洞个数和形状分布的优化。与尺寸优化和形状优化相比，拓扑优化具有更大的自由度，它不仅可以在优化过程中改变结构的拓扑形式，而且可同时对结构的尺寸及形状进行优化，因此拓扑优化是一种较高层次的优化方法。

目前常用的连续体拓扑优化方法有均匀化法、变密度法和渐进结构优化法等。本文采用变密度法进行拓扑优化设计，其基本思想是引入一种假想的密度值在 0~1 之间的密度可变材料，将连续结构体离散为有限元模型后，以每个单元的密度为设计变量，将结构的拓扑优化问题转化为单元材料的最优分布问题。

若以结构变形能最小为目标，考虑材料体积约束和结构的平衡，设计空间内各单元的相对密度为设计变量，则拓扑优化的数学模型为：

Minimize：
$$X = \{X_1, X_2, \cdots, X_n\}^T \tag{3-1}$$

$$C = F^T U \tag{3-2}$$

约束条件：
$$f = \frac{V - V_1}{V_0} \tag{3-3}$$

$$0 \leqslant X_{min} \leqslant X_e \leqslant X_{max} \tag{3-4}$$

$$F = KU \tag{3-5}$$

式中，$X_i = \{i=1, 2, \cdots, n\}$ 为设计变量；C 为结构变形能；F 为载荷矢量；U 为位移矢量；f 为剩余材料百分比；V 为结构充满材料的体积；V_0 为结构设计域的体积；V_1 为单元密度小于 V_{max} 的材料体积；X_{min}、X_{max} 分别为单元相对密度的下上限；X_e 为所求单元的相对密度；K 为刚度矩阵。

在多工况的分析中，对各个子工况的变形能进行加权求和，目标函数变化为：

$$\text{Minimize：} \qquad C = \sum W_i C_i \qquad\qquad (3-6)$$

式中 W_i——第 i 个子工况的加权系数；

 C_i——第 i 个子工况的变形能。

3.4.1.2 拓扑优化设计方法流程

（1）定义设计空间与非设计空间。在设计开始之前，通过创建模型外观边界的三维实体来构思造型，这个边界所包含的体积即为设计空间。通过优化计算，挖掉设计空间中的多余部分，所剩部分构成的形状就是结构优化的结果。非设计空间是指不希望优化软件进行材料去除的区域，一般为边界条件加载位置及与其他部件的连接位置。设计空间一般选取优化对象所占据的最大可能区域，以充分挖掘优化潜力，同时要保证约束及载荷能够有效传递到结构上，以及结构的工艺性。

（2）定义约束与载荷。飞机有不同的飞行状态，比如滑行、拉起、俯冲、平飞、盘旋、降落等，因此在飞机进行以上飞行动作时，飞机机身结构要受到惯性载荷、气动载荷以及环境应力等多种载荷的综合作用，所有这些载荷都是作用在机身结构上的外载荷。在优化前，需要定义部件所承受的力及约束条件，并在多种工况下进行优化，以保证构件在不同工况下均满足要求。

（3）定义形状控制。根据实际情况是否需要把零部件设计为对称结构。

（4）定义材料属性。输入材料属性、如弹性模量、泊松比、密度、屈服强度、抗拉强度等。

（5）定义优化目标。拓扑优化运行要素包括优化目标、应力约束、位移约束、频率约束、厚度约束和重力等等。优化目标包括刚度最大化、质量最小化、质量目标下的刚度最大化等等。在模型载荷和约束的基础上，优化软件从设计空间去除材料，生成能抵抗施加到模型载荷的最优形状。设计空间和施加在模型上面的载荷、位移以及形状控制一定时，根据运行优化窗口中所选目标的不同，产生的结果也不尽相同。因此运行优化时，必须分析优化目标是刚度最大化还是质量最小化：若优化目标是设计空间刚度最大化，可以得到既定质量下刚度可能最大的形状，优化后结构将不容易发生变形，但是可能会更重一些；若优化目标是质量最小化，优化后可生成质量最轻的结构形式，虽然仍可支撑所施加的载荷，但是可能容易发生变形。

3.4.2 拓扑优化设计案例

针对某型号民机的典型铰链结构进行拓扑优化设计，传统结构如图 3-3 所示，该零件的材料为铝合金，传统制造工艺为厚板机加，总重约为 3.46kg。

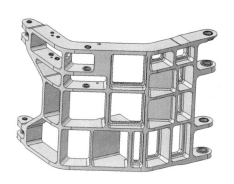

图 3-3 某型民机铰链结构

3.4.2.1 模型及材料属性

在设计开始前，根据零件的功能、受载情况、安装要求及系统布置要求等进行初始待优化数模的确定，定义设计空间和非设计空间。其中，设计空间一般选取优化对象所占据的最大可能区域，以充分挖掘优化潜力，保证约束及载荷能够有效传递到结构上，并能保证结构的工艺性；非设计空间是指不希望优化软件进行材料去除的区域，主要为安装位置、系统连接位置及与其他部件的连接位置等。通过优化计算，根据最优的传力路径及载荷分布情况，去掉设计空间中的多余材料，保留必要材料，所剩材料构成的形状即为结构优化设计结果。本文的结构优化设计模型如图3-4所示，其中紫色部分为设计空间，灰色部分为非设计空间。

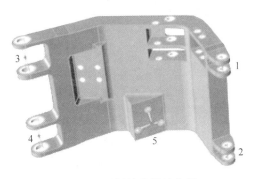

图 3-4 铰链结构设计空间

基于目前增材制造的铝合金性能，其性能为：弹性模量 $E = 71.7\text{GPa}$，泊松比 $\mu = 0.33$，密度 $\rho = 2700\text{kg/m}^3$，屈服强度 $\sigma = 276\text{MPa}$。

3.4.2.2 定义约束与载荷

根据民机铰链结构的功能及承载特点，选取4种最危险的载荷工况进行结构拓扑优化设计，载荷工况如表3-1所示。载荷及约束的加载位置如图3-4所示，其中，在点1、点2位置施加固定约束，在点3、点4及点5位置分别施加表3-1中对应的载荷工况。

表3-1　铰链结构优化加载工况表

载荷工况	加载位置	F_x/N	F_y/N	F_z/N
Case 1	点3	437	3016	−1599
	点4	−437	−3016	−236
Case 2	点3	2279	704	−695
	点4	−2279	−704	−1140
Case 3	点3	−476	271	−2073
	点4	476	−271	240
Case 4	点3	840	3789	144
	点4	−1667	−2727	−833
	点5	4098	0	0

3.4.2.3 优化结果

选择优化目标，在满足刚度和强度要求的情况下，质量最小化，经过多种载荷工况的迭代分析，初步优化结果如图3-5所示。该结构为能满足设计载荷工况及约束要求情况下，产生的最优材料布置方案。

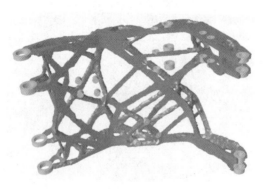

图3-5　结构初步优化模型

图3-5的优化结果只是考虑了刚度、强度要求得到的结果，没有考虑功能要

求，图中还有许多系统连接预留的位置（图中的部分灰色非优化空间的位置），有些已经和优化结构脱离了连接，所以，进一步将图 3-5 的优化结果进行了完善和表面光顺，并进行了几何重建，结果如图 3-6 所示，该结构为最终的拓扑优化设计结构，该结果与传统零件结构（图 3-3）相比，实现了减重 25%，极大地减轻了零件的重量。

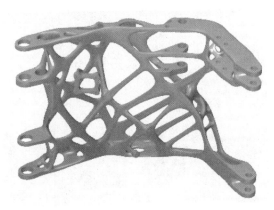

图 3-6　最终拓扑优化设计模型

3.4.2.4　结果分析

为了分析拓扑优化设计结果的可行性，还需对拓扑优化设计的铰链结构进行强度和刚度的校核，分析其是否满足设计要求和使用要求。静强度设计一般要求构件产生的静应力不大于材料的许用应力（通常以屈服极限为基准），使结构变形处于弹性范围之内。结构刚度一般要求构件的弹性位移（最大位移或者指定位置处的位移）不超过规定的数值。

针对最终的拓扑优化设计结构，按照以上 4 种危险载荷工况进行了强度和刚度的校核，图 3-7 和图 3-8 分别为其中两种最危险载荷工况 Case 2 和 Case 4 下，拓扑优化结构中的应力和位移云图分布，从图中可以看出：优化结构中的应力分布比较均匀，且最大 Von Mises 应力小于材料的许用应力，结构变形在弹性范围内，不会产生有害的残余变形；零件的最大位移不超过零件的最大规定变形，所以结构拓扑优化设计结果有效、可靠。

3.4.3　拓扑优化在航空航天的应用案例

轻量化的意义对航空航天来说也是不言而喻的，它决定着飞行器的运载能力、油耗水平、飞行性能、起降性能、运行成本等。例如，商用飞机每减少 1kg，在其全寿命运营阶段可节约 20 余万元人民币。战略导弹固体火箭发动机第三级

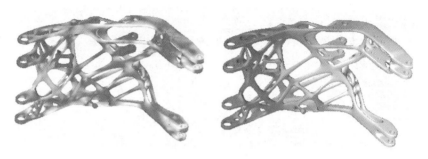

图 3-7　铰链臂中的应力和变形云图（Case 2）

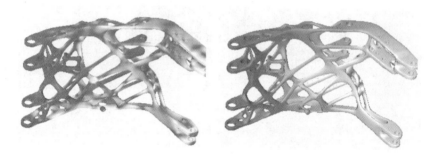

图 3-8　铰链臂中的应力和变形云图（Case 4）

结构重量减少 1kg，可增程 16km，弹头重量减少 1kg，可增程 20km。减轻重量的方式有很多，而拓扑优化设计是重要手段之一。然而，拓扑优化的构型非常复杂，传统工艺难以制造。增材制造相对于减材制造，它通常是逐层累加的过程。这种逐层累加的制造过程可实现复杂结构的自由"生长"成形，极大地拓宽了设计"空间"，在很大程度上解决了复杂结构的制造问题，为结构轻量化提供了强大的支撑。

在航空航天领域，增材制造的优势主要体现在两方面：第一，工艺替代；第二，实现拓扑优化后新构型的可制造性。工艺替代方面主要是替代焊接，比如，通用电气公司一体化打印的喷油嘴就取得良好的经济效益。航空铸造件由于有铸造系数的存在，使得铸件质量重，因此，增材制造在代替铸造件方面也有不错的空间。不论是被替代的焊接件还是铸造件，其设计构型并没有发生大的变化，增材制造提供的新型设计空间方面的能力也没得到充分利用。因此，拓扑优化设计对拓展增材制造技术的优势以及航空航天飞行器轻量化设计具有重要的意义。

近年来，随着计算机技术及商业软件的发展，以拓扑优化为代表的优化设计技术在航空航天领域得到了广泛的应用。

3.4.3.1 布局优化

拓扑优化又称为布局优化，在结构设计的初步设计阶段（如方案设计阶段），特别是航空航天器部段级的初始设计阶段，拓扑优化结果对结构方案的布置具有很重要的指导作用，为结构进一步详细设计提供重要的依据。

空客公司在 A350 设计时就引入了拓扑优化设计用于结构布局，并改变了原有设计流程，如图 3-9 所示。按拓扑结果重新布置的结构方案后，达到了 15% 以上的减重效果。

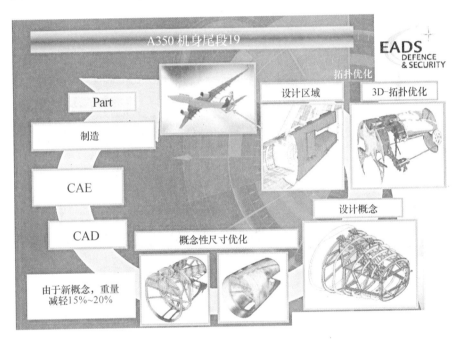

图 3-9　拓扑优化对结构方案的指导流程

3.4.3.2 翼肋的优化

翼肋位于翼盒内部，它承受机翼弯曲变形产生的载荷，维持机翼气动外形；将气动力及集中载荷转换成为壁板和翼梁自身平面方向的作用力，即把载荷扩散到翼盒，由壁板和梁腹板的内力来平衡。翼肋的刚度直接影响其对壁板的支持系数，从而影响壁板的总体稳定，是组成翼盒的重要构件。传统翼肋结构方案如图 3-10 所示。

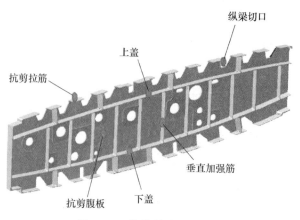

图 3-10　传统翼肋结构方案

庞巴迪公司通过图谱优化设计技术，对机翼翼肋重新进行了设计，方案如图 3-11 所示。拓扑后的构型具有质量轻、更好的传力特性及更高的刚度等优点。

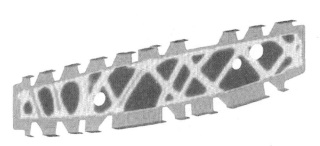

图 3-11　庞巴迪公司机翼翼肋设计方案

3.4.3.3　卫星支架

RUAG Space 是欧洲航空航天行业领先的供应商，在为欧洲航天宇航局设计制造的地球观测卫星天线支架项目中，运用拓扑优化设计技术对原零件进行了优化设计，如图 3-12 所示，与原方案相比，新方案不但提升了特征频率、静力特性、强度、刚度及稳定性，而且重量仅为原零件的 57%。

3.5　点阵优化设计方法

3.5.1　点阵优化概述

增材制造技术的发展为结构设计提供了一个巨大的舞台，形状优化和尺寸优

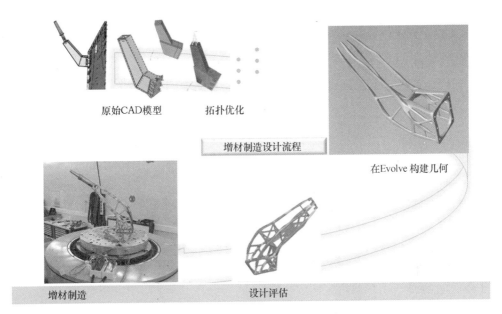

原始CAD模型　　　　　拓扑优化

增材制造设计流程

在Evolve构建几何

增材制造　　　　　　　　　　设计评估

图3-12　卫星天线支架拓扑优化过程

化为结构设计提供了新的思路,但是增材制造工艺并没有实质性的应用,拓扑优化技术为结构设计带来了更高层次的优化方案,保留主要的传力结构,引入众多的孔洞结构,该项优化方案是通过两个主要的优化阶段实现的,第一阶段进行经典的拓扑优化,在拓扑优化阶段提供减少惩罚选项,允许存在更多的具有中间密度的多孔隙材料。第二阶段是将多孔区从第一阶段转变为显示点阵结构,如图3-13所示,在该结构的基础上进行优化,通常对应力和位移等进行详细的约束,最终得到结构的部件和不同材料体积的点阵区混合。

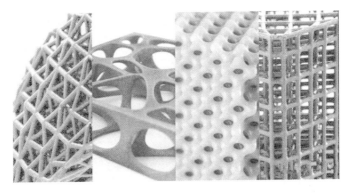

图3-13　点阵结构

3.5.1.1　点阵优化数学模型

相对于多孔、蜂窝和泡沫等材料，点阵结构孔隙率会更高，可设计性更强。点阵结构如图3-14所示，由节点和杆单元连接而成，根据连接方式的不同可以分为四面体型、金字塔型和Kagome型三种基本类型的点阵结构，每种类型都有其独特的优势和特点。

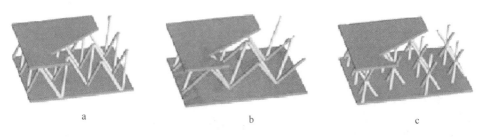

图3-14　四面体型、金字塔型和Kagome型三种基本类型的点阵结构
a—四面体型；b—金字塔型；c—Kagome型的点阵结构

目前比较成熟的预测点阵结构等效性能的方法有渐进均匀化方法、代表体元方法和拓展多尺度有限元法等，渐进均匀化方法是基于小参数摄动展开的数学均匀化方法，代表体元法基于应变能等效原理，拓展多尺度有限元法以描述微结构局部变形特征的形函数为桥梁，使宏观尺度和微观尺度的力学响应相连接。

点阵优化的第一阶段是进行经典的拓扑优化，经典的变密度法是在均匀化方法的基础上提出的，基于固体各向同性材料惩罚模型（Solid Isotropic Material with Penalization，SIMP），传统的变密度法生成的模型密度是"0"和"1"的分布，属于宏观结构优化。点阵结构的拓扑优化设计除宏观尺度外，还包括微观尺度，涉及微结构的属性。在密度法迭代过程中，点阵胞元与有限单元一一对应，先算出点阵结构胞元的等效弹性模量 E_e（即单元弹性模量），再根据约束条件进行数值求解。

$$\text{Find} x = (x_1,\ x_2,\ \cdots,\ x_n)^{\text{T}}$$

$$\text{Min}\ c(x) = U^{\text{T}}KU = \sum_{e=1}^{n} E_e(x_e)\ \boldsymbol{u}_e^{\text{T}}\boldsymbol{k}_e\boldsymbol{u}_e$$

$$\text{s.t.} \begin{cases} \dfrac{v(x)}{v_0} = f \\ \boldsymbol{F} = \boldsymbol{UK} \\ 0 < x_{\min} \leqslant x_e \leqslant 1 \end{cases}$$

式中　x_e——设计变量（单元相对密度），其取值范围（0，1）；

　　　$x_{\min}$——最小相对密度；

  x——设计变量的矢量；

  N——设计变量的个数；

  c——总体柔度；

  E_e——单元弹性模量（胞元等效弹性模量）；

  U——总体位移矩阵；

  F——总体受力矩阵；

  K——总体刚度矩阵；

  k_e——单元刚度矩阵；

  u_e——单元位移矩阵；

$v(x)$，v_0——分别为实体体积和设计域总体积；

  f——体积分数。

  求解优化结果有着不同的方法，优化准则算法（Optimization Criterion Algorith，OCA）为比较常用的一种，在求解过程中，设计变量可以不断迭代。

  基于均匀化方法的点阵结构拓扑优化的基本思路如下：在均匀化方法的基础上，结合密度法，建立体积约束下的最小柔顺度问题的结构拓扑优化模型。然后通过尺寸优化迭代计算，建立点阵结构单胞为元胞的结构模型。

  以四节点的点阵结构微单胞为例，微单胞等效宏观四节点单元的位移场与微单胞内部节点的位移关系可以表示为：

$$u = Nu'_E \tag{3-7}$$

式中，u 为点阵微单胞内所有节点的位移向量，如式（3-8）；n 为微单胞内的节点个数。

$$u = [u_1，v_1，u_2，v_2，\cdots，u_n，v_n]^T \tag{3-8}$$

u'_E 表示宏观单元四个节点的位移向量，可以表示为下式：

$$u'_E = [u'_1，v'_1，u'_2，v'_2，\cdots，u'_n，v'_n]^T \tag{3-9}$$

  N 表示微单胞在周期性边界条件下的数值形函数，其建立了宏观等效单元的位移场与微单胞内部节点的位移的数值关系，具体可以表示为下式：

$$N = [R_x(1)^T R_y(1)^T R_x(2)^T R_y(2)^T \cdots R_x(n)^T R_y(n)^T] \tag{3-10}$$

$$\begin{cases} R_x(t) = [N_{1xx}(t)，N_{1xy}(t)，N_{2xx}(t)，N_{2xy}(t)，N_{3xx}(t)，N_{3xy}(t)，N_{4xx}(t)，N_{4xy}(t)] \\ R_y(t) = [N_{1yx}(t)，N_{1yy}(t)，N_{2yx}(t)，N_{2yy}(t)，N_{3yx}(t)，N_{3yy}(t)，N_{4yx}(t)，N_{4yy}(t)] \end{cases}$$

$$\tag{3-11}$$

其中 $t=1，2，\cdots，n$，$N_{ixx}(t)$ 为数值形函数的耦合项，表示在宏观等效单元的 i 号节点施加大小为 1 的 x 方向的单位位移时，微单胞内部的 t 号节点产生的 y 方向的位移值。点阵结构的微单胞内部任意杆件可表示为杆单元，m 和 n 分别表示杆件的两个端点，θ 表示杆与 X 轴的夹角，杆单元的刚度系数可以表示为：

$$K_e = \frac{EA}{L} \tag{3-12}$$

式中，L 为杆的长度；A 为杆的横截面积；E 为杆的弹性模量，杆单元的变形长度可以表示为 ΔL，则杆单元的变形能可以表示为：

$$\prod_e = \frac{1}{2} K_e \Delta L^2 \tag{3-13}$$

杆件的坐标转换矩阵 $\boldsymbol{\theta}^e$ 可以表示为：

$$\boldsymbol{\theta}^e = [-\cos\theta, \ -\sin\theta, \ \cos\theta, \ \sin\theta] \tag{3-14}$$

将式 (3-7)、式 (3-11)、式 (3-12)、式 (3-14) 代入式 (3-13) 中，可将一个杆件的应变能表示为：

$$\prod_e = \frac{1}{2} \boldsymbol{u}_E'^{\mathrm{T}} \boldsymbol{R}^{\mathrm{eT}} \boldsymbol{\theta}^{\mathrm{eT}} K_e \boldsymbol{\theta}^e \boldsymbol{R}^e \boldsymbol{u}_E' \tag{3-15}$$

点阵微单胞内所有杆件的应变能可以表示为：

$$\prod_E = \sum_{i=1}^{n_e} \prod_e = \frac{1}{2} \boldsymbol{u}_E'^{\mathrm{T}} \Big[\sum_{i=1}^{n_e} \boldsymbol{R}^{ei\mathrm{T}} \boldsymbol{\theta}^{ei\mathrm{T}} K_e^i \boldsymbol{\theta}^{ei} \boldsymbol{R}^{ei} \Big] \boldsymbol{u}_E' \tag{3-16}$$

则微单胞的等效刚度阵可以表示为：

$$K_E = \sum_{i=1}^{n_e} \boldsymbol{R}^{ei\mathrm{T}} \boldsymbol{\theta}^{ei\mathrm{T}} K_e^i \boldsymbol{\theta}^{ei} \boldsymbol{R}^{ei} \tag{3-17}$$

求得微单胞的等效刚度阵 K_e 后，便可以进行升尺度求解，得到宏观结构的等效位移场，然后进行降尺度求解，可得微单胞内部节点的位移值，进一步求解，可得微结构内部杆件的应力值，表示为：

$$\theta^i = \frac{E}{L_i} \boldsymbol{\theta}^{ei} \boldsymbol{R}^{ei} \boldsymbol{u}_E' \tag{3-18}$$

以拓展多尺度有限元法为例，其基本思想是首先在微观尺度上求解局部子问题，构造数值形函数，将点阵结构微单胞等效为宏观四节点单元，根据预测的微单胞的等效性能进行升尺度计算，求得宏观结构的位移场；然后进行降尺度计算，根据数值形函数可求得点阵微单胞内部各个节点的位移值，根据微观节点的位移值进而可获得微观杆件的应力应变等物理量，为点阵结构应力信息的评估和优化提供理论基础。

3.5.1.2　点阵优化设计方法流程

(1) 第一阶段。拓扑优化阶段的优化过程如上一节所述，结构在初始模型同样经历了定义设计域和非设计域，定义材料属性和单元属性，定义载荷约束和形状控制，定义优化目标和优化约束，最终生成优化后的等密度值模型。

(2) 第二阶段。对优化后的模型进行模型重建，选择适当的点阵结构，填充需要进行减重的结构，并以杆单元的直径等作为优化的变量，进行尺寸优化，在满足相应优化目标和优化约束的基础上，得到最安全和最轻量化的设计。

(3) 第三阶段。对优化后的模型进行再次模型重建，并进行模型简化和调整，进行有限元网格划分，赋予相应的材料属性和单元属性，根据不同工况，添加有效的载荷和约束，计算其应力和应变值，对比材料的许用应力和屈服应力等属性，判断结构的安全性和可靠性。

3.5.1.3 点阵优化设计的优势

自然界中随处可见点阵结构，如骨骼和金属晶体等。在产品设计时，利用点阵的机械效能，如超大表面积，优异的减震性能，抗冲击保护等，能够解决传统制造的限制，创造新的、更高性能的产品。

（1）优异的强度-重量比。改善部件的强度-重量比通常有两种途径。传统制造技术通过减少非关键区域的材料来减少材料的使用量，以减轻重量。而点阵设计却可以同时减少部件关键区域中的材料以减轻重量，这样做有时确实降低了部件的整体强度，但却提高了强度-重量比。

（2）超大的表面积。点阵结构材料不仅重量轻，而且可以释放大量的表面积，该类结构能够促进热交换和化学反应。以计算机热交换器为例，计算机 CPU 的性能往往会受产生热量的影响，热交换器的工作就是在风扇的协助下，将热量从芯片中带走并将其排放到大气中，该系统的整体效率与散热器的表面积息息相关。3D 打印技术使"小"特征具有大表面积得以实现的。目前，从汽车、航空航天、能源到电子行业等都在尝试使用点阵结构提高热交换效率。比如，根据市场研究，联合技术公司（United Technologies Company，UTC）在其燃气涡轮引擎部件内部设计了点阵结构，为燃气涡轮引擎部件提供有效的局部对流冷却，使得部件可以经受通过关键流动路径的热燃烧气体的高温。这些点阵结构可以通过粉末平台激光熔融 3D 打印技术来生产，还可以通过电子束熔化（Electron Beam Melting，EBM）工艺来生产。由于点阵结构的存在，引擎保持了广泛的热交换表面，发挥了良好的散热效果。

（3）优秀的减震和冲击保护。点阵还可以通过更好地吸收能量来保护产品。例如有点阵结构的运动鞋中底和橄榄球头盔缓冲结构，受外力作用时，它们可以吸收撞击力，起安全保护的作用。

（4）理想的吸振和降噪功能。噪音和振动令人不悦，有时振动甚至会降低机器性能。3D 打印的点阵结构还可以降低机械噪音和振动。由于刚度低，承受和恢复大应变的能力强，点阵在抑制振动方面很有效。例如，点阵可以运用到重型设备上的隔离垫中，以减少进入制造系统的能量。点阵的可调特性也使得工程师可以改进设计以匹配其特定应用要求。

（5）点阵结构可以作为先进的阻尼材料。根据市场研究，波音公司与 HRL 实验室共同研发了一种轻若鸿毛的微点阵阻尼材料，这一技术展示了独特的 3D 打印微点阵结构材料的巨大潜力。HRL 实验室通过 3D 打印技术创造的这一突破性的金属结构，如图 3-15 所示，其基本的架构是通过紫外光固化聚合物形成的模板。然后使用化学电镀的方法为模板镀上一层超薄的镍，再除掉热聚合物模板材料，只留下掏空的金属结构。该金属结构的 99.99% 都是空气，纳米固体结构只占 0.01%，掏空管壳厚度仅 100 纳米，比头发细 1000 倍。通过利用中空管弯曲的能量吸收机构（如微点阵所提供的），HRL 实验室的研究结果可以提供高阻尼的性能，特别是适用于声学，振动或冲击领域的阻尼用途。如图 3-16 所示的由雷尼绍 AM250 制造的钛合金"蜘蛛"架，同样具有良好的减震等特性。

图 3-15 微点阵阻尼材料

图 3-16 钛合金"蜘蛛"架

3.5.2 点阵优化设计案例

针对某型飞机登机门手柄结构，如图 3-17 所示，该手柄结构主要用于开启和关闭登机门，该零件的材料为铝合金，传统制造工艺为机加工。

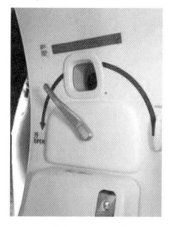

图 3-17 两种飞机登机门手柄

3.5.2.1 拓扑优化设计

（1）确定优化空间、载荷和约束。根据零件的使用功能、设计要求及安装要求，对初始优化设计数模进行确定，定义优化设计空间和非设计空间；并进一步设置材料性能、载荷工况及约束和边界条件，如图 3-18 所示。

图 3-18 设计空间

（2）拓扑优化计算。按照设定的优化设计目标进行结构的初步优化设计，得到初步最优的材料布置方案，如图 3-19 所示。

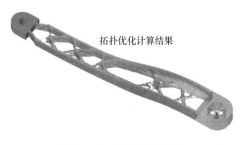

图 3-19 初步优化结果

（3）拓扑优化结构建模。针对以上初步优化设计结构，开展部分连接结构的补充，几何重建及光顺，形成结构优化设计的模型，如图3-20所示。

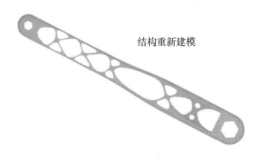

结构重新建模

图3-20　拓扑优化几何重建结构

3.5.2.2　点阵填充

点阵结构是一种周期性空间结构，由大量相同的基元周期性组合而成。除了具有轻质、高强的特点外，隔热、吸波、隐身、吸能也是点阵结构独特的优势。相比无序结构的泡沫材料，周期性排列的点阵结构其性能和功能更加具有可设计性。

为了进一步在不增加太多重量的前提下，提高手柄的强度和刚度，对拓扑优化结构进行了点阵填充，最终的点阵优化设计结构如图3-21所示。

a　　　　　　　　　　　　　　　　　　　b

图3-21　点阵优化设计结构细节

a—手柄点阵结构填充后整体示意图；b—局部图

3.6　仿生优化设计方法

仿生学是研究生物系统的行为、结构、原理、性质以及相互作用，为工程技术提供新的思想观念、系统构成以及工作原理的科学。仿生设计的灵感来源于自然界，这种"师法自然"的设计观点自古就有。人类创造活动的第一步就是从模仿自然界的生物体开始的，仿生的概念伴随着人类生存、发展的历史从远古到现代。结构仿生是以分析、研究自然界生物内部结构为重点，将其引入结构设计中，不仅给人以视觉上的美观感受，而且在提高结构效率、降低成本等方面均有显著的优势。

仿生学在产品设计中的良好运用，越来越得到工程师的关注，如图 3-22 所示，这些结构为基于仿生学的结构设计。"鸟巢"的设计是一个很好的将各种结构要素高度融合的仿生设计实例，将这种意象发挥到极致，而仿生的层次又恰到好处，整个建筑造型自然美观。采用夹层的结构符合力学构成并与形态融合，整体给人的感觉是个巢穴的样子，又如蜂巢由一个个排列整齐的六棱柱形小蜂房组成，每个小蜂房的底部由 3 个相同的菱形组成，这种节省材料的结构，容量大、极坚固。这种极具自然气息的造型设计，成为了力学和美学典范。

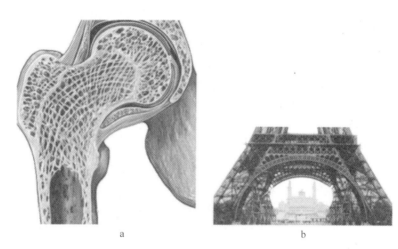

图 3-22　基于仿生学的结构设计

a—基于仿生学的蜂窝结构骨组织；b—基于仿生学的鸟巢结构建筑

丹麦技术大学机械工程系 Niels Aage 团队对一架波音 B777 客机的机翼进行了从零开始的完全优化，如图 3-23 所示，其结果与自然界中鸟骨的相似度令人吃惊。研究成果发表在 10 月 4 日的《自然》杂志上。与现有的机翼相比，计算机优化的成果要轻 2%~5% 左右，也就是 200~500kg。从成本角度来讲，这意味着每架飞机每年都可以省 40~200t 航空燃油。

空客公司大胆地提出了 2050 年民机的仿生结构客舱，如图 3-24 所示，用简洁的空间桁架结构形成了高效的客舱设计，实现了强度大、稳定性能良好、用料少、空间利用率很高的设计方案，引领了一种新的设计潮流。

国内目前也开展了基于仿生学的飞行器设计研究，如图 3-25 所示。经过亿万年的进化，在承受自身重量级生长环境的载荷过程中，生物体获得了适应环境

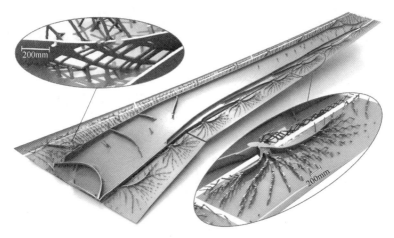

图 3-23   基于仿生学的 B777 机翼设计

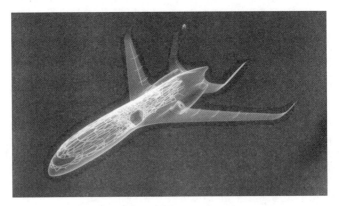

图 3-24   空客 2050 年未来仿生结构客舱

图 3-25   3D 打印机器 "蜻蜓" 仿生结构

的最优结构，通过分析蜻蜓膜翅和飞机机身结构的相似性，提取决定蜻蜓膜翅结构优良力学性能的结构特征，将其应用到飞机机身加强框的设计当中，初步研究表明，在同样的承载条件下，仿生结构的比刚度比原型结构提高了 2%~6%，比强度提高 1%~8%。同时，仿生结构的最大应力减小，而最小应力明显增大，因此其应力分布更加均匀，从而体现了仿生结构材料的优化分布和最大效能。

面向仿生学的结构优化设计方法一般包括：

（1）确定仿真目标，梳理出典型结构类型和传力特征，列举各种符合使用要求的生物结构，将生物的特征与民机结构进行分析和比较，从中找出共同的属性，通过类比、联想、推理，最终找出合适的仿生结构。

（2）建立仿生学数据库，由于生物体整体结构与各局部结构之间的关系较为复杂，在提取生物主要结构特征之前，必须对生物整体结构进行分析，先理顺生物整体结构及局部结构之间的关系，这样才能更方便对主要结构特征进行提取和简化处理。生物形态的简化是一个生物形态结构特征数目减少的过程，因此对生物形态主要结构特征的提炼概括也是一个简化过程。对主要结构特征的局部特征进行删减或改变，从而使主要结构特征与产品形态设计要求很好的吻合，最后将简化结果应用于具体的产品形态设计中。

（3）生物特征的产品设计转化，从自然生物的角度来说，可以选择对生物局部特征或整体特征进行直接模拟设计。

4 增材制造工艺过程仿真

金属增材制造在逐层堆积的过程中会出现气孔、微观组织不均匀，残余应力和部件变形等潜在的缺陷，如图 4-1 所示。且缺乏对"材料—工艺—性能"的准确理解，为节约时间成本和经济成本，提供精确高效的计算方法对于指导增材制造工艺过程至关重要。国际上从微观尺度，细观尺度以及宏观尺度对增材制造过程中的热源输入、熔池动力学、微观结构演变、残余应力、翘曲变形以及材料性能预测开展了系列研究。此外，很多软件公司针对 AM 工艺过程进行大量的开发与研究，包括伊萨公司、达索公司、澳汰尔公司、安世中德公司、西门子公司、欧特克公司、沙勒罗瓦等。

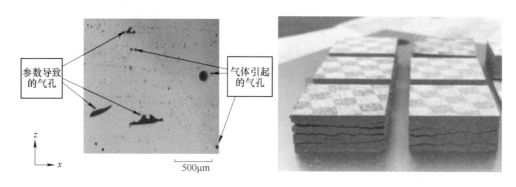

图 4-1   内部冶金缺陷以及复杂应力导致的变形和开裂

4.1   热源输入

金属 AM 过程与焊接过程相似，在 AM 过程中通常采用现有的焊接热源模拟。热源模型是在 1946 年 Rosenthal 提出的点和线模型；Pavelic 在 1969 年提出高斯分布式热源模型；Goldak 在 1984 年基于熔池形状提出了双椭球热源模型。其中，金属 AM 中高斯分布热源模型是目前最受欢迎的模型。在金属 AM 工艺中具有代表性的热通量模型，如表面热通量、体积热通量、锥形热通量模型等，以电子束光源为例，展示不同热通量模型，如图 4-2 所示。其中，以激光束为热源输入的 AM，由于其穿透深度较小，2D 高斯分布面热通量被大量使用。

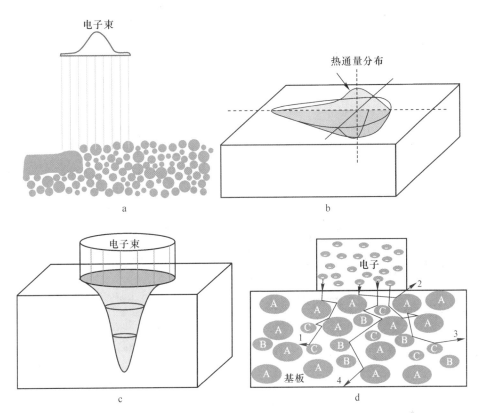

图 4-2 电子束为热源的不同热源模型

a—高斯面热源模型；b—双椭球热源模型；c—高斯旋转体模型；

d—蒙特卡罗方法模拟开发热源模型

为了模拟瞬态 AM 过程中熔池及其周围区域的温度场，研究人员提出了其他模型，这些模型考虑了熔池动力学、浮力和洛伦兹力、液固自由边界、熔池压力和表面张力等附加效应。在电子束为热源输入的 AM 中，闫文韬等人通过使用有限元模型方法，建立瞬态的热传导模型预测电子束融化过程的温度场分布，此热源模型采用基于蒙特卡罗方法模拟开发，通过模拟高能电子与材料原子碰撞获得吸收能量的分布从而提高模拟精度。采用傅里叶导热定律描述了融化区域的热量传输，热传导模型考虑材料系数与粉末黏结状态的关系，采用材料模型进行材料系数的等效，进而实现了等效层的应用，最终实现了融化区域形状和尺寸的预测。

此外，对于部分热源模型的准确预测，关键是确定材料的吸收率，这取决于材料、粉末尺寸和分布以及激光光斑尺寸和性能等多个参数，但现有的几种计算粉末吸收率的计算模型都存在局限性。

4.2　熔池特征

　　熔池特征包括熔池的几何结构和微观结构。其中工艺参数影响熔池几何结构，即某一特定工艺下，不同工艺参数将产生不同的熔池几何结构，特定条件下某些工艺参数将导致相邻扫描层之间未熔合等微观缺陷。Carolin Körner 等人对电子束选区熔化工艺（EBSM），开发 2D 格子玻尔兹曼模型，以研究随机填充的粉末床的熔化和再固化，并展示工艺参数，光束粉末和扫描速度对其影响如图 4-3 所示。

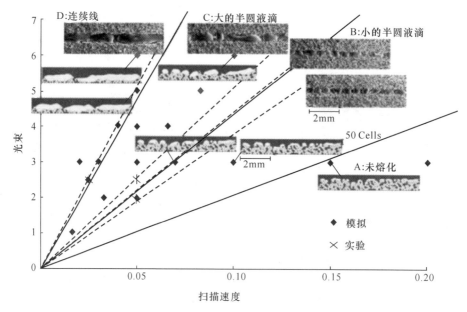

图 4-3　模拟结果图与实验结果图

　　熔池的热流体动力学提供了对微观结构形成的理解，包括孔隙、未熔化或部分熔化的粉末、微裂纹和晶粒形态。目前对熔池特征的模拟主要采用两种方法：粉末模型和连续介质模型。基于粉末的模型模拟粉末的熔化、熔体流动、熔池捕获气体以及由此产生的表面形态和零件密度。图 4-4 显示法国 ESI 集团对激光送粉工艺粉末床缺陷的模拟。

　　2014 年美国劳伦斯利弗莫尔国家实验室开发 3D 介观粉末模型，使用多物理场代码 ALE3D 模拟 316L 不锈钢熔融在固体基质上的 SLM 过程，该方法将热扩散与流体动力学耦合，并考虑材料的温度依赖特性和表面张力，以及随机粒子分布。该方法针对实验进行了验证，并且发现结果与轨道特征相匹配，如图 4-5 所示。

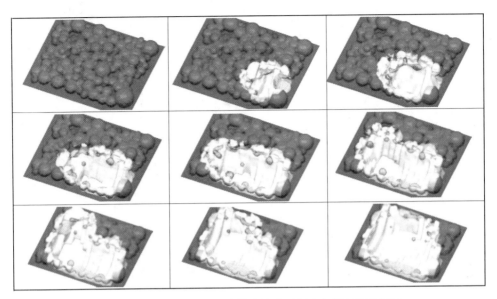

图 4-4　粉末床增材制造中粉末熔化过程中内部气泡示意图

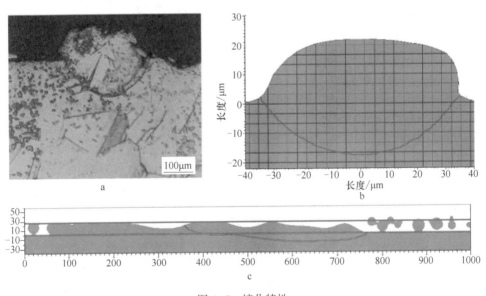

图 4-5　熔化特性
a—实验显微照片；b，c—模拟结果（激光功率为 200W，扫描速度为 2m/s）

另一种模拟熔池大小和几何形状的方法是使用连续介质模型，把粉末用低密度、低导热系数的固体连续介质表示，以减少计算时间。有效的材料模型和传热模型对于准确预测熔池大小和几何结构的至关重要。图 4-6 是美国劳伦斯利弗莫尔国家实验室对熔池温度场和熔池几何形貌的模拟示意图。

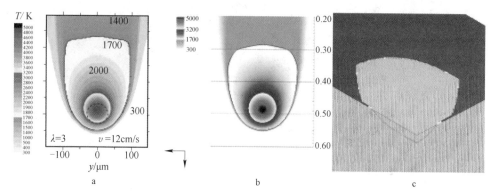

图4-6　表面温度场分布及熔池几何形貌示意图

a—表面熔池温度场分布；b，c—熔池大小与几何形貌

4.3　微观组织

　　对 AM 部件微观组织的理解有助于深入了解其力学性能、使用寿命和可靠性等。凝固组织的发展受温度梯度、生长速率、过冷度和合金成分等几个关键参数的控制。目前建立金属 AM 凝固行为模型的方法基于获取温度信息的热模型和基于热曲线的晶粒生长模型。模拟微观组织模型的方法主要是基于确定性方法、随机性方法（元胞自动机模型（CA）或蒙特卡罗法（MC））和直接模拟方法（界面跟踪法 FT，水平集方法 LS，和相场法 PF），每种方法都有其独特的优点。

　　确定性方法将枝晶形状进行简化，如等轴晶近似成球形，柱状晶近似成圆柱形，因而忽略了枝晶生长过程中的一些随机现象，无法表现凝固过程中的枝晶生长。CA 和 MC 法模拟晶粒生长时需要跟踪复杂的固液界面，从而模拟枝晶的形貌，但以概率原理表现晶粒的形核长大，缺乏严谨的物理学依据，且对三维形貌模拟，存在一定的困难。相场方法是以金兹堡-朗道理论为基础，不必区分固液相及其界面，其用微分方程体现扩散、有序化势和热力学驱动的综合作用，用统一的控制方程，将微观尺度场与宏观物理场结合，更加真实地描述了工程实际问题，使微观组织模拟更加准确可靠。并且能够直接模拟固/液界面的推移和枝晶生长形态。目前，PF 和 CA 是微观组织模拟仿真常用的两种数值模拟方法。

　　图4-7 是采用 FE-PF 模型模拟 EBM 中 Ti-6Al-4V 合金溶质扩散和枝晶生长以及用 PF 方法耦合 CFD 模拟 SLS 增材 IN718 合金的微观组织演变研究结果。

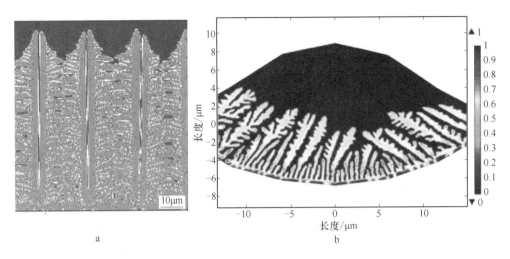

图 4-7 采用 FE-PF 模型模拟 EBM 中 Ti-6Al-4V 合金溶质扩散和枝晶生长（a）以及
用 PF 方法耦合 CFD 模拟 SLS 增材 IN718 合金的微观组织演变（b）

4.4 温度场

通过 AM 构建过程的温度演变是至关重要的，因为它与熔池形成微观结构演变，应力分布和部件变形有关。然而，直接测量瞬时温度非常困难。目前发展状态良好的非侵入式实时温度测量技术（红外热成像和高温测量技术）都是基于物体的辐射特性进行测温的技术，因此存在几个难点：即不同材料状态（液体，粉末，固体）发射率不同、对辐射传感器系统要求严格、金属碎片降低测量温度的准确度、表面温度的测量受限。为此，提供有效的数值模拟是明确堆积过程中瞬态温度分布和演变的重要方法。

对于 AM 过程温度场的精确模拟，有效的材料模型至关重要，2006 年 Boivineau 的实验表明当材料从一种状态转移到另一种状态（例如固体粉末到液体）时，热物理性质（如导热系数和比热系数）会发生显著变化，具有温度依赖性的传统材料模型不足以考虑粉末床 AM 中的材料从粉末到液体以及固体的转变，需要依赖于状态的材料属性来精确模拟传热特性。其中研究人员开发了一种状态依赖的材料模型来模拟材料的温度依赖性，此外有研究表明孔隙率对熔池的峰值温度至关重要。2014 年程等人考虑 50% 粉末孔隙率和材料状态依赖性对 EBM 工艺过程中温度场进行模拟，经过与红外（IR）相机的测量相比，得到熔池中合理的温度场，如图 4-8 所示。

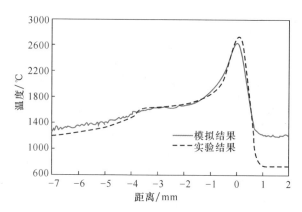

图 4-8　有限元计算结果和实验结果的温度曲线对比

传热模型是另一个关键组件，目前主要使用傅里叶导热定律描述 SLM 过程中热量传输现象，各个模型的具体做法不同（考虑潜热、材料热属性、激光热源分布和粉末床之间的交互作用；熔池流动以及黏结金属的收缩）。研究人员已经广泛研究了 AM 过程的热量传输建模，包括内部或商业代码的分析方法和数值方法。表 4-1 列出了不同的分析和数值方法来理解传热和熔融金属的流动的差异。

表 4-1　不同的分析方法和数值方法对比

方　法	特　　点
运用有限元方法的热传导模型	（1）通过对流和辐射边界条件解决了稳定态和瞬态的能量守恒方程； （2）输出是 3D 稳态和瞬变温度分布以及熔池形状和尺寸； （3）有很多现存的软件包，易实施，能解决复杂的几何形状； （4）没有考虑金属熔池内液态金属的对流对温度场的影响，因此严重过高估计了温度的峰值和冷却率
运用有限差分法的热传输模型	（1）解决 3D 瞬态质量、动量、能量守恒方程； （2）输出是 3D 瞬态温度和速度分布，构建熔池形状和尺寸、凝固参数； （3）提供了精确的温度分布； （4）通常沉积层最高层几何形状平坦以易于计算
水平集算法	（1）追踪了熔池的自由表面； （2）输出是沉积层自由曲率表面的 3D 温度场和速度分布； （3）模拟的沉积层的形状和尺寸和实验拟合完好； （4）计算量大和质量不守恒

方　法	特　　点
运用有限差分法的流体体积法	(1) 追踪了熔池的自由表面； (2) 输出是沉积层自由曲率表面的 3D 温度场和速度分布； (3) 计算强度大； (4) 质量守恒保持不变，但与 LSM 相比界面不太清晰
离散格子玻尔兹曼方法和任意拉格朗日欧拉法	(1) 二维和三维数值方法，一种能够模拟离散的空间，时间和粒子速度的离散粒子动力学的元胞自动机法； (2) 处理边界条件热力学、相变、表面张力和浸润； (3) 输出是熔池几何形状和构件的形状和尺寸； (4) 能够精确的预测几何模型，同时能模拟球化现象和表面粗糙度； (5) 计算强度大，适合大量的并行计算
解析方法	(1) 分析解决 Rosenthal 的热传导方程； (2) 输出是温度场，构建尺寸和冷却速率； (3) 计算成本更低，更简单，更易于使用； (4) 忽略了传热的主要机制，并已产生了很大的误差

4.5　残余应力和变形

　　残余应力是 AM 工艺制造金属零件的主要问题之一。在金属 AM 过程中，重复的非均匀的热源输入以及逐层堆积过程中金属材料重复加热和渐进冷却会在零件中产生复杂的残余应力，导致零件产生变形和微裂纹，最终对零件的性能和几何精度产生不利影响。

　　对于宏观尺度残余应力和变形的仿真与预测，目前主要有两种途径：

　　一种是热机耦合方法，主要采用有限元的方法，以有限元模型单元生死技术进行模拟增材制造逐层堆积过程，不同团队有着各自的求解方法。

　　另一种是利用固有应变法（包括塑性应变、热应变），分为假定均匀应变、扫描应变和热应变三种计算模式，都是将固有应变作为初始值进行一次弹性有限元计算，就可以获得打印件的残余应力和变形。

　　其中大多数有限元分析采用具有移动热源的瞬态模型，元素生成技术用于模拟。1999 年，R. K. Chin 等人通过建立一维有限元模型和二维广义平面应变模型来分析直接金属沉积过程中残余应力的分布情况，并探讨沉积速率对残余应力分布的影响，结果如图 4-9 所示。

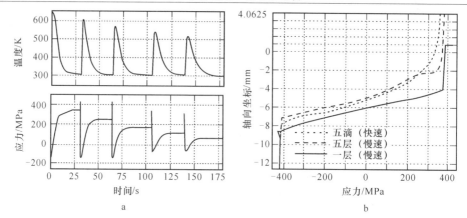

图 4-9　直接金属沉积过程残余应力的仿真与预测

a—$Z=-4.34$mm 处温度和残余应力值；b—不同扫描速度下应力分布图

　　然而，实际上在零件增材制造逐层堆积的过程中，通常通过数千次或数百万次扫描沉积成形，并且随着零件尺寸的增大，有限元模型计算量也越来越大，对计算机要求高，具有挑战性。为此，研究人员进行了不同的研究。2010 年，来自德国慕尼黑工业大学的 Zaeh 团队首先提出一种"等效层"方法，并成功地模拟了由 SLM 制造的钢悬臂梁的残余应力和变形。"等效层"方法通过将一个数值模拟层等效于多个物理层，以减少计算资源进而可以通过使用商业有限元软件进行建模求解。2013 年，来自美国路易斯维尔大学和 3DSIM 公司 Stucker 团队开发一个新的有限元求解器，通过使用数值本征模式来加快的 AM 过程的模拟。其中 Zeng 等人的模型通过如图 4-10 所示的动态移动网格以及所示的扫描方案，对温度场进行了时空分析并与之前的文献进行比较，显示出该方法在 SLM 成形过程中的效率优势。

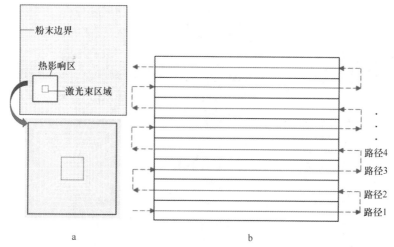

图 4-10　SLM 数值模拟实例中的网络和扫描路径

a—1×1×1.58mm 网格划分；b—扫描路径

此外，有研究者开发多尺度模型进行求解，德国不来梅大学 Ploshikhin 的小组开发了一种多尺度模型，该模型采用固有应变方法来模拟过程中的复杂热机械问题。首先使用有限元模型进行热建模，基于测量的熔池尺寸校准热源参数和能量吸收系数。然后，进行热机械弹塑性模拟以计算某一扫描层中的应变分布，该应变分布将作为固有应变来确定一层中的应变分布和实际部件的变形，如图 4-11 所示。

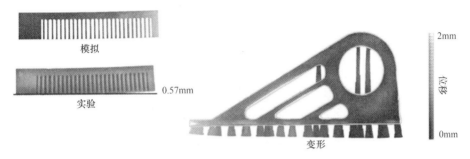

图 4-11　Ti6Al4V SLM 过程应力和变形图

2016 年，清华大学与美国西北大学合作，闫文韬等人建立多尺度多物理场传热模型框架，以研究制造功能梯度材料的电子束融化过程，如图 4-12 所示。2018 年美国劳伦斯利弗莫尔国家实验室和阿贡国家实验室的 M. Strantza 等人通过经验证的热机械模型预测激光-粉末床熔合技术的残余应力，其中使用 Hodge 的方法，将多层计算简化成一层，并使用高能 X 射线衍射来验证 PBF 工艺 Ti-6Al-4V 组件中的三维残余应变和应力状态，如图 4-13 所示。

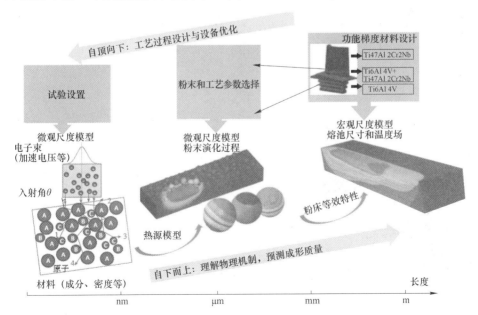

图 4-12　电子束选区熔化过程的多尺度多物理场模型示意图

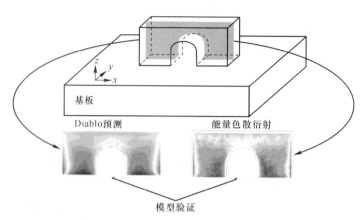

图4-13　Diablo 模型预测 PBF 样品中三维残余应变和应力分布及其与能量色散衍射实验结果的对比

4.6　金属增材制造仿真平台

大多数商业软件也采用上述研究方法来解决 AM 工业中的实际残余应力和变形问题。其中，软件平台公司包括伊萨公司、达索公司、澳汰尔公司、安世中德公司、西门子公司、欧特克公司、沙勒罗瓦等，这些公司的软件平台及主要功能介绍如下。

4.6.1　ESI Additive Manufacturing

ESI 开发了一整套解决金属 AM 过程热源与粉末相互作用的仿真软件 Additive Manufacturing，可以实现微观尺度到宏观尺度的模拟计算以及后续的热处理，Manufacturing 提供以下计算模块：

预扫描过程窗口、粉末涂料、熔池形状和尺寸、材料孔隙率、表面粗糙度、热历史、残余应力。

其中微观尺度包含铺粉和融化过程，宏观尺度涉及扫描路径、缺陷以及残余应力与变形的预测，其仿真结果如图4-14所示。

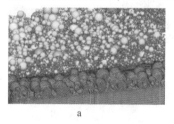

a　　　　　　　　　　b　　　　　　　　　　c

图4-14　铺粉、宏观变形及应力、粉末融化模拟示意图
a—铺粉模拟示意图；b—宏观变形及应力模拟示意图；c—粉末融化模拟示意图

4.6.2 ANSYS Additive Suite

ANSYS 集设计、制造、仿真于一体，增材制造仿真技术的聚焦点是金属增材制造工艺，包括粉末床熔融和定向能量沉积两种。ANSYS Additive Suite 包含三个模块，其解决方案包括：面向产品设计人员的工艺仿真软件 ANSYS Workbench Additive、面向工艺工程师的 ANSYS Additive Print、面向金属增材制造专家、工程分析师、材料科学家、设备、粉末制造商的 ANSYS Additive Science。

ANSYS Workbench Additive 设计评估，工艺仿真包含预热、打印、冷却、去除支撑和基板、热处理。可根据打印时间、支撑数量、变形趋势以及所占的比重，根据所占权重，选取最优的摆放方向。

ANSYS Additive Print 宏观控形仿真，强调工艺仿真的应用性及工艺参数的完备性，从控形的角度为工程师提供指导以获得最优打印件。采用固有法，通过标定，将材料、模型、工艺参数等输入，可模拟打印部件的最终形状、预测每层变形和应力、生成支撑结构、失真补偿的 STL 文件、可获得部件的高应变区以及预测刮刀问题。ANSYS AP 在变形预测方面，可提供有关零件在构建过程中如何变形的信息；提供可视化界面，允许用户评估他们的失真和残余应力如何影响竣工零件，以便成功选择零件方向和支持策略；在从支撑中移除前后，可以显示原始的、未变形的几何体和最终变形的几何体之间的差异；可以预测整个构建过程中的应力趋势，最终残余应力和最大应力位置；在整个构建过程中提供逐层应力积累和高应变区域的图形可视化，如图 4-15 所示。

　　　　　a　　　　　　　　　　　　　　　　b

图 4-15 ANSYS AP 对残余应力、变形以及热应变的仿真

a—去除支撑前，残余应力、变形及热变形仿真；b—去除支撑后，残余应力、变形及热变形的仿真

ANSYS AS 采用 CA 算法，深入研究 AM 过程微观机理；探索机器、材料、几何和工艺参数是如何影响熔池特性、孔隙率、微观组织、温度历史等以实现研究新材料、开发优化的扫描策略。

4.6.3 Simufact Additive

Simufact Additive 由美国 MSC 公司研发，是一款功能强大、多尺度的、涵盖构建过程模拟以及热处理/应力释放工艺，热等静压（HIP）工艺（机械影响），支撑结构和基板的切割及拆除等后续一系列增材制造步骤的模拟。

Simufact Additive 侧重于粉床熔融工艺，其中包括选择性激光熔融（SLM）、直接金属激光烧结（DMLS）、电子束熔融（EBM）等。目前沉积工艺仿真由 Simufact Welding 来解决。其主要基于两种方法计算残余应力，其中基于固有应变法开发了应用于金属 3D 打印的 MSC Simufact Additive 仿真软件，可进行零件变形，残余应力分析，其仿真流程如图 4-16 所示。

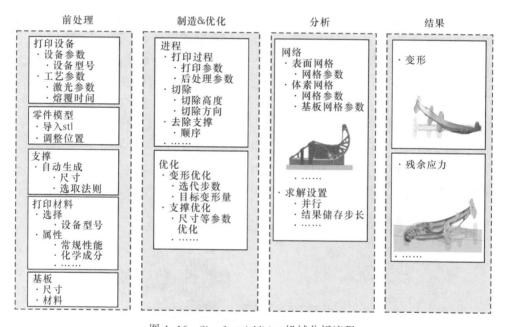

图 4-16 Simufact Additive 机械分析流程

Simufact Additive 功能特色在于宏观尺度模拟使用像素单元技术基于层的仿真方式；自动生成支撑结构全瞬态热结构耦合分析；可提供便捷的固有应变测试方式。其新发布的新版本主要的新功能是自动失真补偿，自动支持优化，最佳拟合方法以及构建方向助手。

此外，Materialise 在其 Magics 软件中集成了 Simufact 的仿真功能，金属 3D 打印操作人员无需在数据准备软件和仿真软件之间来回切换，即可利用仿真结果来修改部件的摆放角度和支撑。

4.6.4　**Altair 3D Printing**

Altair 3D Printing 将材料的热弹塑性本构关系考虑进来开展热力耦合模拟，则可计算热变形、热应力及由此导致的残余应力，如图 4-17 所示。该模拟聚焦于 SLM、EBM、DMD 工艺过程，执行顺序解耦合分析，显式求解，可以显示大的结构变形、回弹，计算速度快，欧洲对标实验误差为 5% 左右。

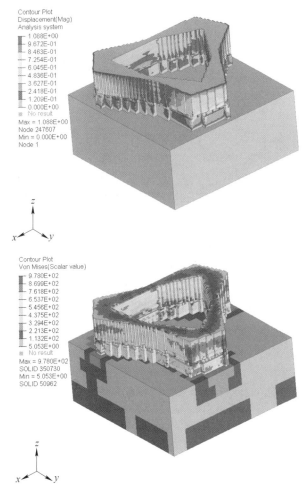

图 4-17　Altair 3D Printing 输出的变形和应力云图

4.6.5　**Netfabb Local Simulation**

Netfabb Local Simulation 前身为 Pan Computing 有限责任公司开发的 Additive Manufacturing 仿真软件，后被 Autodesk 于 2016 年 3 月 4 日收购，商业化后，以

Netfabb Simulation 出售。Netfabb Local Simulation 通过提供基于多尺度物理的 AM 建模模拟增材制造工作流程，可根据已知的工艺参数预测所产生的温度，残余应力和制造零件的变形，用于模拟粉末床熔融金属增材制造以及送粉工艺，如图 4-18所示。

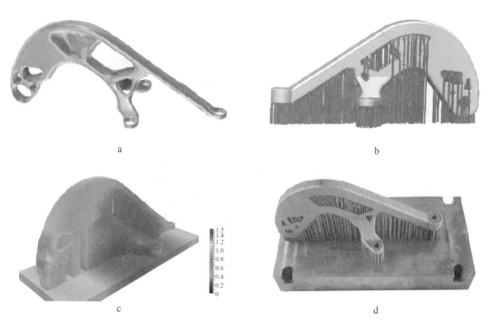

图 4-18　Netfabb Local Simulation 部件计算流程图
a—导入零件模型；b—自动生成支撑结构；c—位移云图；d—打印实物

Netfabb 产品系列还有 Netfabb Premium 和 Netfabb Ultimate 两种软件。其中，Netfabb Premium 为用户提供基于云的仿真模拟功能，Netfabb Ultimate 提供所有云功能，并引入了使用本地计算资源执行模拟的能力，为 AM 过程复杂件和大件的仿真模拟提供计算能力。

4.6.6　VIRFAC IAM

VIRFAC IAM 软件是德国 GenoX 公司研发，后被美国 GE 公司收购。利用 VIRFAC 软件 3D 打印模块，可以考虑激光速度、微层高度、激光吸收率、激光束的半径、打印路径、打印方向、支撑结构对变形和应力影响。VIRFAC IAM 可根据材料、作为热源的激光器功率输出，以及扫描方式等计算出这些应变。金属粉末在激光光束作用下的熔融和凝固是极为局部且瞬间发生的现象。比如，在半径数十微米×深 100 微米以内的狭小区域内，温度以毫秒为单位短时间内上升至熔融以上，并在 0.1s 后下降至 100℃ 以下。VIRFAC IAM 针对此现象开发了相关算法，可以计算累积应变，模拟上述问题。

VIRFAC IAM 能够有效地计算 SLM（选择性激光熔化）和 LMD（激光金属沉积）工艺。它基于多物理场和多尺度方法，在很短的时间内为用户提供高度精确的扭曲和残余应力。其独一无二的自动迭代失真补偿，可在启动生产之前减少构建试验并应用纠正措施。借助该模块，用户可以优化构建方向，支撑配置并验证操作条件对扭曲、塑性应变和残余应力的影响。用户可以决定分析的深度，可实现介观、宏观、全尺寸的仿真分析，微观级模拟正在开发中。

VIRFAC IAM 是基于新一代求解器引擎，完全致力于增材制造的建模。VIRFAC IAM 与 GeonX 开发的功能强大的 Barracuda 解算器相连，该解算器在 GPU 处理器上运行，将 teraflop 计算带入桌面，与传统的有限元求解器相比，新求解器展示了惊人的加速因子。

ENGIE 功能部件 Twister 的 DMLM 仿真模拟使用 GeonX 开发的 VIRFAC IAM 进行，证明了实验和模拟之间的良好匹配，如图 4-19 所示。Twister 组件用于联合循环燃气轮机设备冷凝器的抽气泵，项目旨在通过模拟预测支架与 ENGIE Laborelec 印刷的 Twister 部件之间的界面处的故障风险。

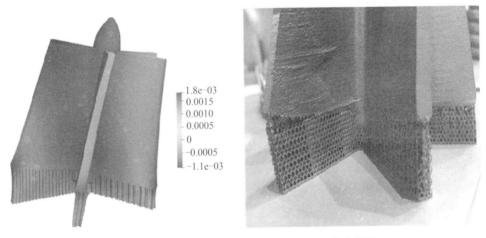

1.8e-03
0.0015
0.0010
0.0005
0
-0.0005
-1.1e-03

图 4-19　ENGIE 功能部件 Twister 的 DMLM 仿真模拟

4.6.7　Amphyon

Amphyon 的仿真技术也是专注于金属增材制造，特别是激光熔融增材制造技术。Amphyon 仿真模拟的领域是打印预处理和生产自动化，软件能够帮助金属增材制造用户预测和避免零件在 3D 打印过程中发生变形，减少许多与金属 3D 打印相关的常见问题，包括裂纹、表面质量差、密度不足等问题。其仿真流程如图 4-20 所示。

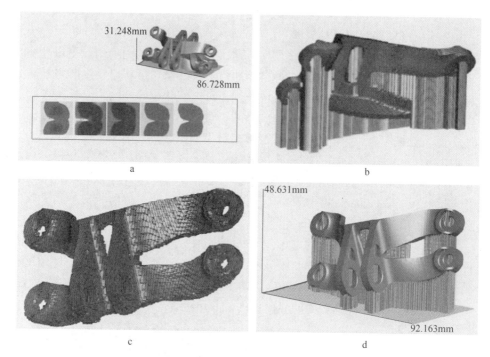

图 4-20　Amphyon 增材过程模拟流程

a—打印方向；b—自动生成支撑；c—过程和变形模拟；d—部件自动补偿

　　Amphyon 允许自动优化零件定向、构建过程模拟和工艺参数的调整，以实现更高的零件质量和更高的过程稳定性。Amphyon 及其模块主要关注三个主要应用：帮助设计人员学习如何处理 AM 及其问题，帮助研究人员通过数值模拟研究过程物理，并帮助生产优化预处理并在几个步骤内构建数据。

　　此外，开发 Amphyon 仿真软件的 Additive Works 公司与 Altair 建立了合作，Altair 将金属 3D 打印模拟程序 Amphyon 纳入软件套件中，HyperWorks 软件用户可以使用 Amphyon。

4.6.8　FLOW-3D

　　FLOW-3D 仿真软件除了能够模拟金属直接 3D 打印工艺，如粉末床熔融和直接能量沉积，还能够模拟黏结剂喷射 3D 打印工艺。

　　在粉末床熔融工艺的仿真模拟中，FLOW-3D 软件考虑了粉末填料、功率扩散、激光熔化粉末、熔池形成和凝固，并依次重复这些步骤进行多层粉末床熔合工艺仿真模拟，如图 4-21 所示。多层模拟可以保存先前固化层的热历史，然后对扩散到先前固化床上的一组新粉末颗粒进行模拟。FLOW-3D 可以评估固化床中的热变形和残余应力，也可以将压力和温度数据输出到其他 FEA 软件中。

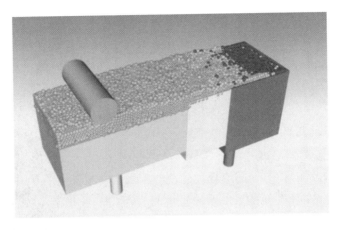

图 4-21 FLOW-3D 铺粉模拟

FLOW-3D 可以模拟粉末扩散和填充、激光/颗粒相互作用、熔池动力学、表面形态和随后的微观结构演变，如图 4-22 所示。这些详细分析有助于用户了解工艺参数（如扫描速度、激光功率和分布以及粉末填充密度）在影响 3D 打印部件的构建质量方面的作用。在黏结剂喷射 3D 打印仿真模拟中，FLOW-3D 软件能够模拟树脂渗透情况以及在粉末床中的横向扩散。

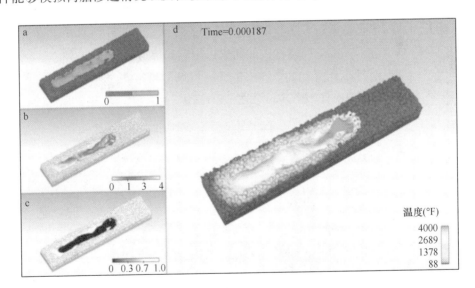

图 4-22 FLOW-3D 模拟熔池生成

a—粉末床的融化区域示意图；b—熔体流动示意图；

c—熔体的凝固示意图；d—粉末床的温度场分布

4.6.9　Siemens NX

Siemens NX 增材制造仿真是西门子软件中一个比较新的模块，用于预测 3D 打印过程中的变形和残余应力，并通过自动生成校正的几何体以补偿这些变形；且该模块完全集成在 NX 软件中，可实现简化的反馈回路，无需数据转换。此外西门子的集成数字创新平台允许模拟数据为数字线程提供信息，为工业化增材制造过程的每个步骤提供信息。

西门子企业技术（CT）增材制造专家 Daniel Reznik 正在模拟选择性激光熔化（SLM）的过程，他与他的流程和建模专家团队一起开发了专门用于预测过热和翘曲的算法。在开发新的 NX 软件模块时，西门子数字工厂（DF）业务领域的专家在 NX 中实现了 Reznik 的算法，构建了用户界面，并创建了模块的 beta 版本，该版本目前正由霍尼韦尔和 Toolcraft 等公司进行测试，并由西门子发电公司提供。

该产品完全集成到西门子的端到端增材制造解决方案中，该解决方案可帮助制造商大规模设计和打印有用的零件。Siemens NX 结合了多个软件包，使用户能够使用一个工具和一个强大的界面实现从设计到流程模拟和实际打印的所有阶段。这种集成意味着，用户可以来回跳转设计和过程模拟之间的关系，以及在设计阶段预先计算的组件翘曲补偿，然后程序调整过程控制系统中的所有必要细节。此外，西门子仍持续研究增材制造仿真技术。例如，研究仿真精度和方差，与用户合作测试过程模拟的准确性，如何通过识别局部过热区域和调整这些区域的打印过程来抵消打印失真，如图 4-23 所示。除了粉末床金属增材制造仿真，西门子还在开发塑料 3D 打印工艺、金属 DED 工艺，以及喷射工艺的增材制造仿真技术。

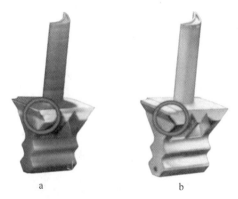

图 4-23　基于 Siemens NX 模块对 3D 打印叶片的仿真预测
a—仿真预测的打印失真情况；b—原始 CAD 模型与实际 3D 打印叶片的 3D 扫描结果之间的偏差比较分析

4.6.10　Dassault Systèmes

达索在 3D EXPERIENCE 平台中集成了 3D 打印仿真功能，包括：创成式设计、增材制造程序员、增材制造研究员和逆向形状优化器。用户可以在平台中无缝的使用设计、制造和仿真功能，如图 4-24 所示。

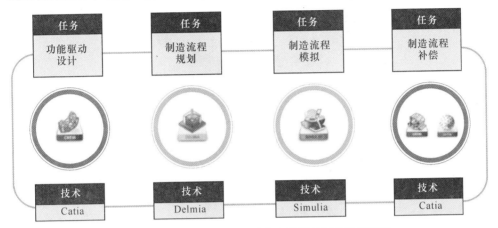

图 4-24　3D EXPERIENCE 平台中的增材制造工作流程

其中，创成式设计为用户提供定制的拓扑优化设计，以解决特定的增材制造约束，"一键"可实现从拓扑优化结果到几何的平滑过渡。增材制造程序员则允许用户在虚拟机上进行打印准备，打印零件摆放，优化支撑，生成刀具路径。增材制造研究员为失真，残余应力和微观结构预测提供热机械和本征应变模拟。逆向形状优化器可根据预测的失真进行形状补偿。

在达索的软件环境中，完整的数字线程可以连接设计优化、几何重建、构建规划、过程仿真和后处理以及在线仿真。基于 Abaqus 求解器，达索提供可定制的仿真技术，包括多种 3D 打印工艺的仿真如：粉末床熔融、直接能量沉积、材料沉积、材料喷射。

4.6.11　COMSOL

COMSOL 拥有多物理场仿真技术，COMSOL Multiphysics 结合了最常见的附加产品，包括结构力学模块、非线性结构材料模块和传热模块，COMSOL 的部分用户还选择使用电磁学和化学分析模块。

结构力学模块可以通过一种称为材料活化的技术处理无应变状态的材料沉积，该模块通常与传热模块一起使用，以便在材料沉积的同时进行更高级的热分析。该模块主要用于金属 3D 打印，但偶尔也用于塑料 3D 打印。该模块拥有通用工具，可用于增材制造过程所需的刀具路径模拟，如图 4-25 所示。

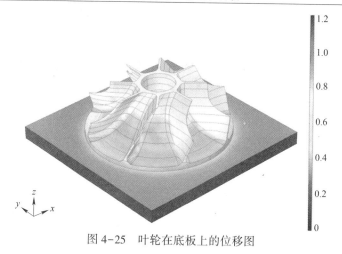

图 4-25　叶轮在底板上的位移图

　　COMSOL 的部分客户是增材制造设备厂商，他们使用 COMSOL Multiphysics 仿真技术进一步了解专有增材制造工艺背后的物理现象，进一步开发其 3D 打印工艺，以及研究如何改变物理过程，以提高打印零件的性能。

4.6.12　ESCAAS

　　ESCAAS 软件是预测高度非线性问题的极限力学仿真软件，由云翼超算（北京）软件科技有限公司研发，具有历时十余年发展创新性核心算法——最优输运无网格方法（OTM），软件包含丰富的材料模型、高度可扩展性的软件架构、高效率大规模并行计算能力。在增材制造方面，ESCAAS 可进行粉末床熔融成形工艺仿真和超高速激光熔覆（EHLA）仿真模拟，ESCAAS 能够仿真金属粉末的碰撞、软化、熔化、气化、融合、凝固；得到熔覆层的厚度、孔隙率、表面粗糙度、残余应力；软件具有固液气全域热黏弹塑性材料模型；可以输入各种边界条件、热输入模型、颗粒模型建模。

　　ESCAAS 可以直接模拟增材制造过程中金属熔池热动力学行为，高效精确预测材料微观结构缺陷的动态生成过程，建立金属增材制造技术加工参数与材料微观结构之间的直接联系，如图 4-26、图 4-27 所示。通过输入粉末颗粒材料，尺寸，形状，结构特征与填充密度等参数直接对金属粉末床建模。激光或者电子束强度、大小、打印速度与路径等加工参数作为边界条件施加到粉末床表面，ESCAAS 超大规模并行化的热流固耦合整体求解器计算金属粉末颗粒的变形、运动、相变以及相互作用过程，从而预测整体材料中各种微观结构特征的成形过程，包括孔隙、微裂纹与未完全熔化粉末颗粒的比例以及大小与位置分布。同时，除了微观尺度颗粒级模拟算法，ESCAAS 也提供宏观模型来预测熔池的尺寸，材料内应力与变形，以及宏观裂纹生成与动态扩展。最后，对虚拟增材制造模拟器打印的材料进行微观结构的统计学分析，分析结果直接作为 ESCAAS 多尺度材料模型的输入参数，在 ESCAAS 进行材料的属性与力学性能测试（包括密度，弹性模量等）以及不同加载条件下的强度与断裂机理的研究。

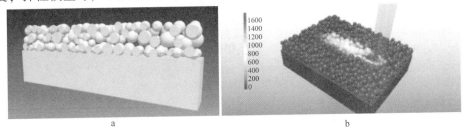

图 4-26　PBF 粉末床熔融成形工艺直接数值模拟

a—PBF 粉末床模型截面示意图；b—PBF 粉末床熔融成形工艺过程模拟示意图

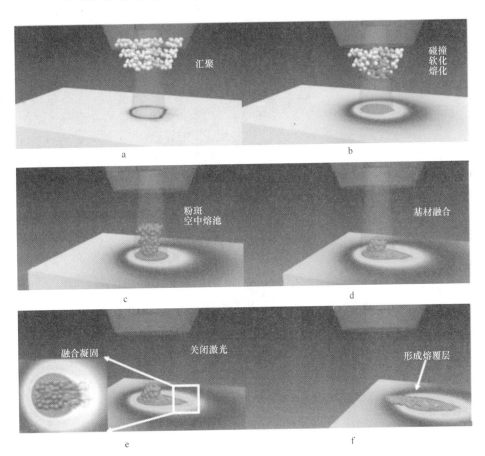

图 4-27　利用 ESCAAS 进行超高速激光熔覆工艺全过程仿真

a—粉末汇聚示意图；b—粉末碰撞、软化和融化示意图；c—粉斑空中熔池示意图；
d—基材融合示意图；e—融合凝固示意图；f—形成熔覆层示意图

4.7　非金属增材制造仿真平台

4.7.1　Digimat

Digimat 为增材制造提供了一个整体仿真平台，提供材料，工艺仿真和结构分析解决方案，如图 4-28 所示。

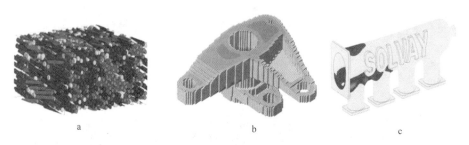

图 4-28　Digimat 模拟增材过程（材料、工艺、结构仿真）

a—材料仿真；b—工艺仿真；c—结构仿真示意图

材料仿真包含 Digimat-MF、FE 和 MX，在增强聚合物多尺度建模方面经验丰富（e-Xstream 在 2013 年被仿真软件公司 MSC Software Corporation 收购，e-Xstream 仿真技术的强项在于复合材料和结构多尺度建模，该公司专注于开发聚合物和复合材料 3D 打印仿真技术）。

在工艺方面，Digimat-AM 是一个针对 FDM、SLS 增强复合材料 3D 打印的过程仿真软件解决方案，其作用是预测翘曲和补偿失真等打印问题。工程师能够通过工艺仿真技术评估参数设置对零件翘曲的影响，从而更好地理解和优化打印工艺，如图 4-29 所示。

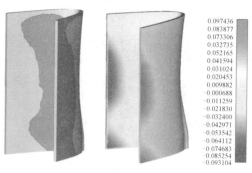

图 4-29　Digimat-AM 中几何补偿后的翘曲预测

在性能方面，包含 Digimat-RP、CAE 和 MAP 三大部分。Digimat-RP 结构分

析仿真技术的作用是通过预测 3D 打印零件的性能（刚度、弹性等）来验证 3D 打印设计，例如刀具路径或构建方向。

4.7.2 GENOA 3DP

与多数只专注于金属增材制造仿真的软件不同，GENOA 3DP 是一种用于聚合物，金属和陶瓷的增材制造设计工具和软件套件，是 AlphaSTAR 公司为全球航空航天，汽车，国防和能源行业的增材制造分析提供基于物理的创新仿真技术的先进工程服务。GENOA 3DP 公司表示，软件结合了非均匀化热结构材料模型和多尺度渐进式失效分析，可以准确预测在增材制造构建过程中可能出现的空洞、分层、偏转、残余应力、损伤和裂纹扩展等问题，具体案例如图 4-30 所示。GENOA 3DP 提供可重复的方法来提高零件质量，降低废品率并满足规格要求，弥补了材料科学与有限元分析之间的差距，GENOA 3DP 可以快速集成到任何过程中，以实现最佳的 AM 构建。

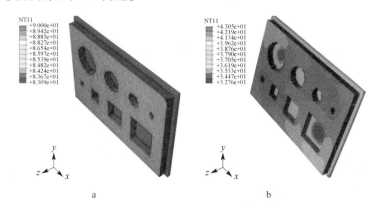

图 4-30　GENOA 3DP 的仿真案例

a—打印后零件的温度分布；b—冷却后零件的温度分布

GENOA 3DP 的产品特征包括：

（1）预测室温和高温下的空洞和异常的机械特性；

（2）评估材料和工艺参数灵敏度，以优化改进制造工艺；

（3）印刷部件的在役认证，空隙和缺陷对使用寿命、强度和耐久性的影响；

（4）预测制造异常（例如残余应力，翘曲，热影响区，分层等）；

（5）可视化/评估打印机路径质量并突出显示有问题的秃头斑点，2D/3D 空洞可视化；

（6）蠕变扩散模型预测局部异常，空洞和局部表面粗糙度；

（7）预测瞬态温度和材料相/状态-热分析的零阶模型（ZOM）；

（8）预测每种失效类型对断裂的损伤/失效类型、位置和权重。

5 增材制造结构设计仿真

增材制造正在改变产品制造方式，具有广阔的应用前景，现已成为当前材料制备科学和先进制造技术学科领域国际前沿研究和竞争热点之一，也是企业实现数字化制造的首选制造技术。增材制造技术的出现，极大地开放了传统设计的自由度，使得面向增材制造技术的拓扑优化设计备受关注；同时，面向增材制造技术的工艺仿真、变形和应力分析也逐渐受到了国内外的重视。很多软件公司针对此开展了大量的开发与研究，开发出了相应的一些软件、工具和平台。其中，有代表性的软件平台公司包括达索公司、澳汰尔公司、安世中德公司及西门子公司等。

5.1 达索（Dassault）优化设计平台

达索增材制造解决方案提供了完整的一体化的生态系统，如图5-1所示，可以在一体化的环境中完成对基于拓扑优化和有限元分析的优化设计，增材制造工艺规划，包括打印姿态、激光路径和切片及打印工艺过程对翘曲变形、残余应力的仿

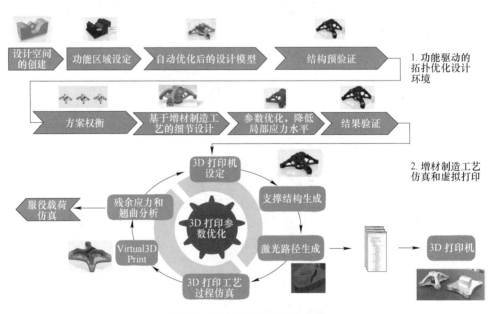

图 5-1　达索增材制造解决方案

真，最后可以通过分析对翘曲变形进行反变形补偿，实现真正的设计-制造一致性。该平台支持主流的各种 CAD 格式，例如美国参数技术公司（Parametric Technology Corporation，PTC）的 UGS 等，也支持导入 stl，同时针对点阵（lattice）结构也可以自动填充，然后导出成 stl 格式，也可以把外部的 stl 文件，例如将生成的支撑结构导入进来，然后基于该 stl 文件进行工艺排布和工艺过程仿真。

5.1.1 优化设计功能介绍

通过在全套解决方案中嵌入工程化的专业工具，达索实现新型设计体系和制造体系：让 CAD 真正成为计算机辅助"设计"，而不是计算机辅助"画图"；达索还可面向未来批量生产，确保设计一致、分析一致、制造一致。

（1）基于优化和仿真的创成式设计。不断拓展优化和仿真技术的理论研究，持续深化应用；将优化过程提前到结构设计早期，越来越智能地为工程师提供合理轻量化方案选项；将仿真贯穿设计过程的始终，确保产品结构的可靠性，实现逼真设计。

针对该方面的应用，目前主要的流程要实现这方面的功能，需要使用多个软件进行配合，如图 5-2 所示，当前优化的标准流程是在不同软件之间相互导入、导出和传递，这会大大降低使用效率，增加使用门槛，并且最后生成的模型并不是可以直接工程应用的模型。

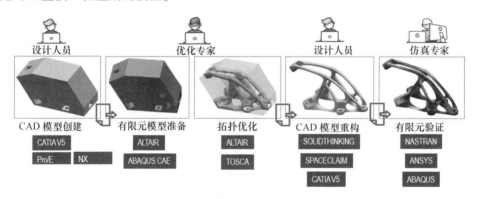

图 5-2　当前拓扑优化的标准流程

为了使技术快速转化成生产力，达索开发了集 CAD 设计、有限元仿真、拓扑优化和几何重构于一体化的平台，如图 5-3 所示，该平台让使用者在向导式界面下，快速上手，实现结构的最优化设计。

（2）基于仿真和优化的制造。不断拓展制造和仿真技术的理论研究，持续深化应用；在结构设计各阶段，完全面向新兴增材制造或传统制造工艺，提高结构的可制造性；在工艺设计、制造各阶段，完全支持增材制造新工艺或传统制造

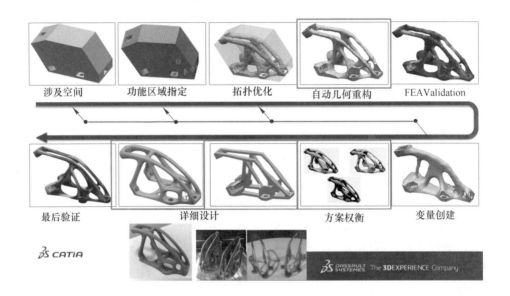

图 5-3　基于功能的创成式设计

工艺，通过物理仿真，预测变形，不断优化提高结构的可制造性。

（3）设计、制造一体化。建设一体化平台，不断促进设计、仿真、制造团队之间的无缝协作。

（4）几何重构。基于光顺后的模型，可以进行几何重构，如图 5-4 所示，所有的几何重构的模型都是参数化的模型，可以在其模型上，进行参数优化，降低应力集中效应。

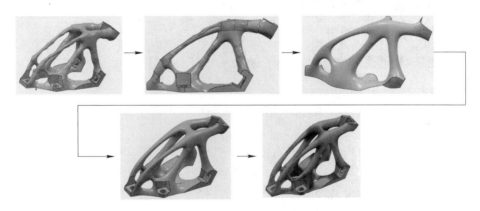

图 5-4　模型重构实例

（5）大尺寸复杂结构、多物理场、疲劳、复杂装配机构的优化设计。目前，小型零部件的优化设计技术比较普遍，随着增材制造技术的应用不断深入，对大型零部件和复杂装配机构的优化设计和制造技术的要求不断提高，例如做飞机机翼这样规模的模型，对拓扑优化技术和制造技术，同时对并行计算，计算机 CPU 的核心数和求解效率要求变得更高，而达索针对该问题，开发了针对此类模型的新的迭代算法用于拓扑优化方面，可以实现大规模模型的拓扑优化求解和有限元求解，如图 5-5 所示。

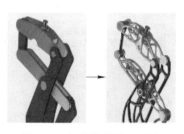

图 5-5　拓扑优化模型设计

5.1.2　功能和特点

两种仿真分析方法：基于有限元的热-力耦合分析和基于体素单元的特征应变法。

由于增材制造工艺过程一般为高度非线性的问题，普遍采用特征应变法，由于需要进行标定，仿真结果仅仅具有趋势性的意义，很难准确分析，而达索有在非线性领域具有极高美誉度和知名度的求解器 abaqus，因此，达索不但提供了特征应变法，也提供了有限元法进行增材制造的工艺仿真。

（1）单元分区激活技术。在针对有限元法进行的增材制造工艺的仿真中，目前具有该功能的求解器，还是采用的单元死活技术，众所周知，增材制造工艺过程，是利用逐层增加材料制造产品的过程，每层层厚都比较小，如果按照单元死活技术把单元划分到和每层的厚度相当，网格划分就变得不太现实，网格数量会非常庞大，在求解方面就存在巨大问题，因此目前有限元网格的尺寸与层厚有很大差别，利用单元死活技术所得结果就不能保证准确。

达索为了解决该问题，开发了具有自主知识产权的专利算法：单元逐层激活技术（Toolpath-mesh Intersection Module，TIM）。该技术可以精细化激光扫描路径的时间序列，同时进行逐层和按照激光路径与单元交叉的部分逐步激活，既保证了求解精度，又解决了单元死活技术中需要与网格尺寸相关联的问题，该算法大大提升了求解效率，也保证了求解的精度。

（2）丰富的材料本构和材料非线性分析能力。在增材制造工艺过程仿真中，材料的微观结构，例如金属的金相结构和组分等、非金属材料的晶粒的大小、形核剂的效应、结晶过程的吸放热的影响等都会对最终产品的性能造成影响，因此如何预测这些影响因素对求解器的求解能力和可扩展性提出了较高的要求，而abaqus 软件，除了具有出色的非线性求解能力外，还有极好的可扩展性、丰富的材料本构关系和方便使用的用户子程序。

（3）反变形补偿。反变形补偿是利用拓扑优化设计的非常重要的一个环节，除了在拓扑优化完成后的几何重构，工艺仿真后的对原优化后的模型的修正，才能最终实现设计-制造一致性问题。

5.1.3　一体化的设计-工艺排布-仿真-反变形补偿一体化的环境

在增材制造的解决方案方面，目前传统的方法就是利用不同的软件进行串接，如图 5-6 所示，对使用者来说，无疑增加了极大的难度，要求会使用不同的软件，同时，由于数据在不同软件之间进行传递和转换，大大增加了工艺验证的周期，也会造成数据的丢失和误差，使得分析结果难于与真实物理验证相匹配，也很难实现设计-制造一致性问题。

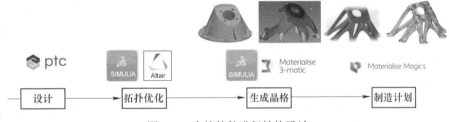

图 5-6　串接软件进行结构设计

因此，针对上面的问题，达索一直在致力于降低使用者的门槛，让使用者在设计、工艺排布和工艺仿真一体化环境中快速上手，并且模型是同一数据源，也便于企业对数模的版本管理、物料清单管理（Bill of Material，BOM）等。软件使用起来变得容易，不代表产品性能降低了，达索针对该工艺的解决方案，嵌入的是 Abaqus、TOSCA、CATIA 等核心技术，如图 5-7 所示。

图 5-7　达索公司面向增材制造的结构设计流程

达索的设计方案中，可以形成真正的端-端的解决方案，在一体化的环境中，从设计开始，到拓扑优化，几何重构成真正可用的参数化的几何模型，然后到生成的相应的工艺参数、激光路径、支撑等，再进入工艺过程的仿真，进行残余应力、翘曲变形、微观结构的分析，然后进行反变形补偿，实现设计-制造一致性，所有的这些过程都是在一个环境中完成，达索提出这样的解决方案，获得了世界上许多知名厂商的认可。

5.2 澳汰尔（Altair）优化设计平台

Altair 公司的 OptiStruct 不仅是经过工业验证的现代化线性、非线性静力学及振动力学求解器，还是工业结构设计及优化设计的优秀软件。OptiStruct 能够帮助工程师完成许多结构分析及优化工作。如图 5-8 所示，自 1993 年发布以来，该优化模块被广泛地应用到实际工程行业中，在航空航天、汽车、船舶、电子和通用机械等领域，取得很多工程应用的成功案例，获得多个工程创新大奖。

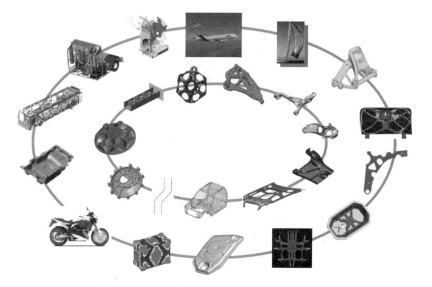

图 5-8　Altair 公司的 OptiStruct 众多应用案例

在过去的 20 年里，OptiStruct 引领革命性的优化技术的发展。很多优化技术如基于应力、疲劳的优化、驱动 3D 打印技术不断革新，格栅结构优化、对复合材料等新兴材料进行优化，填补了市场空白。

OptiStruct 内嵌的自动多级子结构特征值求解器能够快速计算出百万级自由度模型数以千计的模态。

OptiStruct 提供了独特的用于计算噪声、振动与声振粗糙度（Noise、Vibration、Harshness，NVH）的方法，其中包含一步法传递路径分析法（Transfer Path Analysis，TPA）、功率流分析法、模型缩聚技术（CDS 和 CMS 超单元）、设计灵敏度和用于 NVH 优化的等效辐射功率设计准则。

OptiStruct 独特的复材优化"三步法"，可以辅助工程师设计出最好的铺层复合材料结构。这三步法的优化处理过程参考实际复合材料的铺层加工过程定义，并考虑真实的加工工艺，如丢层等。通过三步法，工程师可以首先获得最佳复材结构外观，其次获得铺层最佳数量，最后获得铺层最佳顺序。

OptiStruct 在拓扑优化技术的基础上，进行独特的格栅优化。其后，OptiStruct 还可以通过大规模尺寸优化对格栅结构的每一个梁的属性进行优化，进一步提升诸如应力、屈曲、位移及固有频率等性能。

OptiStruct 是一个以有限元法为基础，面向产品设计、分析和优化的有限元和结构优化求解器，其拥有全球最先进的优化技术，可以提供最全面的优化方法，包括拓扑优化、形貌优化、尺寸优化、形状优化以及自由尺寸和自由形状优化。这些方法可以对静力、模态、屈曲、频响等分析过程进行优化，其稳健高效的优化算法允许在模型中定义上百万个设计变量，支持常见的结构响应，包括：位移、速度、加速度、应力、应变、特征值、屈曲载荷因子、结构柔度，以及各响应量的组合等。此外，OptiStruct 提供了丰富的参数设置，包括优化求解参数和制造加工工艺参数等，方便用户对整个优化过程进行控制，确保优化结果便于加工制造，从而极具工程实用价值。

5.2.1　优化方法

5.2.1.1　拓扑优化

在产品研发的初始阶段，用户定义产品的设计空间、设计目标、设计约束和加工制造参数等信息，OptiStruct 将根据这些信息求解结构主要的传力路径和最有效的材料分布，从而为工程师提供一个不仅符合设计目标，而且达到各项性能最优的设计思路。设计者可以综合考虑不同目标函数和工况下的最优拓扑结构以及实际加工制造的限制，设计合乎要求的产品结构，如图 5-9 所示。

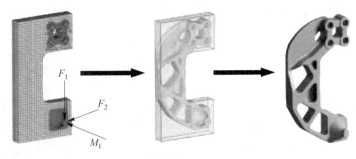

图 5-9　拓扑结构优化流程

OptiStruct 拓扑优化的材料模式采用变密度法，利用灵敏度和数学规划方法寻找最佳设计点，有别于传统的均匀化法和优化准则法，具有内在的先进性。基于拓扑优化，OptiStruct 还支持水平集法，适用于 1D、2D、3D 单元。OptiStruct 是当前商业应用软件中唯一一款同时支持变密度法和水平集法的拓扑优化算法的结构优化软件。并且，拓扑优化方法中融入了基于失效安全的计算方法（见图 5-10）。

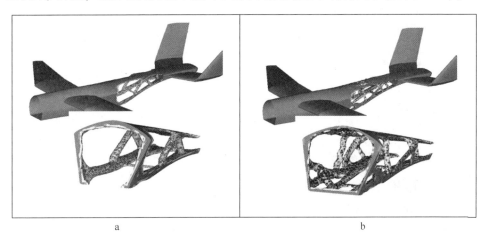

a   b

图 5-10　体单元拓扑优化

a—传统拓扑优化；b—失效安全拓扑优化

如果优化结果难以制造，或者制造成本高昂，将失去工程应用的意义和价值。OptiStruct 提供了多种方法，可以在拓扑优化的过程中考虑制造工艺的可行性。这些方法包括：结构尺寸控制、对称约束、模式重复、拔模约束、挤压方向。

通过灵活设定设计空间和非设计空间，应用上述制造工艺约束，或者多种工艺约束的组合，OptiStruct 可以充分考虑产品实际加工过程的各种工艺，从而使得优化结果更符合制造规范，将优化流程真正集成到产品开发过程中，如图 5-11 所示。

OptiStruct 的优化算法可以处理多工况、多目标和多约束问题，其内置的智能约束屏蔽功能可以有效地控制约束数量，响应定义功能可以同时考虑多个设计目标，特别适合航空航天行业这种多工况、多目标和多约束的复杂问题。有许多成功的系统级优化案例包含上百万个变量，上百个工况，几十个优化目标和约束。

OptiStruct 全面支持动态性能的拓扑优化功能，可以对模态、频响和瞬态性能进行优化，可以方便地设置基频最大化、加权频率最大化、各阶频率约束、复合频率应变能最大化等问题，可以对频响及瞬态分析的位移、速度、加速度进行优化、具有模态跟踪功能，能有效处理模态交换和局部模态问题。

传统的结构优化求解器只能对拓扑优化的非设计空间进行应力约束，无法直

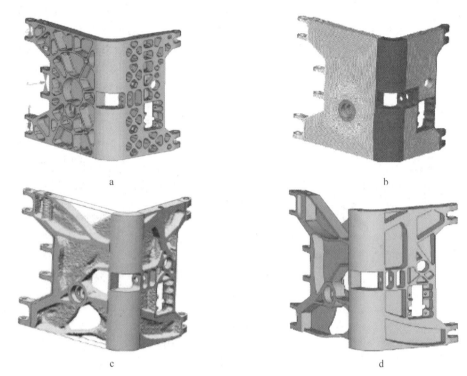

图 5-11　飞机舱门支臂优化设计（重量减少 19%）
a—原始设计；b—设计空间；c—拓扑优化结果；d—新设计

接对设计空间的应力进行约束。OptiStruct 创造性地实现了对设计空间的直接应力水平约束，从而使工程师在设计阶段就可以直接考虑强度和疲劳问题。

OptiStruct 的优化结果可以通过 OSSmooth 模块输出为几何模型，从而方便导入到各种 CAD 软件中，设计工程师可以根据优化结果进行创新设计，该模型支持通用文件格式包括 IGS 和 STL 等。

5.2.1.2　点阵优化

Lattice 优化是 OptiStruct 基于拓扑优化结果再次进行最优化设计的一套最新方法。该方法首先需要对设计空间做拓扑优化，然后按照优化后单元的密度阈值进行 Lattice 结构调整，形成全点阵结构或实体与点阵结构相结合的结构，最终给出最优的设计方案。该模块支持点阵结构中变截面梁单元直径优化，优化结果可直接输出 STL 或者 IGS 等几何文件，提供给 3D 打印处理软件。在 OptiStruct 中，针对 Lattice 优化设计的参数简单、便捷，设计流程高效、快速。目前，Lattice 支持的拓扑构型有多种，其中针对六面体单元的单胞如图 5-12 所示。

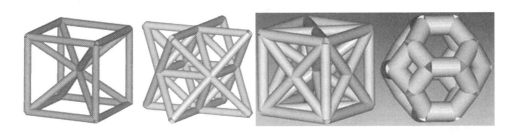

图 5-12 Lattice 微单元结构形式

栅格结构优化技术的发展将 OptiStruct 拓扑优化的支持范围扩大至增材制造行业，即 3D 打印技术。栅格优化技术的实现依赖于两个过程：第一阶段，运用传统拓扑优化技术，以降低罚函数的形式留下更多的中间密度材料；在第二阶段中，中间密度材料被转化成清晰的栅格结构，栅格构件的直径可以通过应力、位移等约束进行详细优化，如图 5-13 所示。

图 5-13 Lattice 结构优化

a—宏观图；b—局部栅格结构

该技术尤其适合与 3D 打印技术结合使用。3D 打印技术提供了前所未有的形态制作自由度，它与拓扑优化技术相结合，在保持结构完整性及性能属性的同时还使设计表现出更高的创造性。

5.2.1.3 形貌优化

OptiStruct 具有极其强大的钣金件压延筋优化功能。在压延筋优化中，OptiStruct 可以定义压延筋的筋宽、筋高、起筋角、设计域与非设计域间的过渡区，施加边界条件的区域是否起筋等设置内容。

OptiStruct 的压延筋优化功能强大，可以处理各种实际应用问题（见图 5-14），包括：

模式组：在压延筋优化中，OptiStruct 可以充分考虑各种筋的模式，从而满足制造加工和产品工业设计方面的要求。

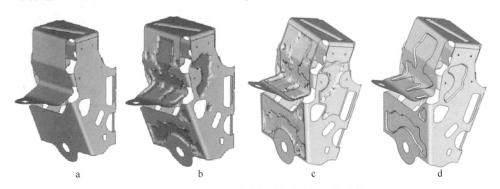

图 5-14　OptiStruct 中钣金件压延筋优化功能

a—设计空间；b—压延筋位置；c—压延筋的形状；d—AutoBead 结果

模式重复：在形貌优化中，模式重复是允许相似的设计区域连接在一起以产生相似的压延筋分布，例如，将整体设计区域分为三个设计区，则可以保证三个设计区的压延筋模式是一样的。

起筋面积比：压延筋的面积与钣金件面积之比称为起筋面积比，当不考虑起筋面积比时，优化结果可能包含非常多的压延筋，其中有些压延筋的作用较低，导致产品不易设计，生产成本高。起筋面积比可以控制压延筋的总面积，从而只产生最重要的压延筋。

手工进行压延筋形貌优化的结果解释和模型重建比较复杂，OSSmooth 模块提供了 AutoBead 功能，可以快速进行自动化压延筋重建功能，从而大大节省工程师的时间。AutoBead 可以给出非常清晰的压延筋，良好的网格可以自动进行多层压延筋的重建。

5.2.1.4　形状优化

形状优化的目的是对已有零件的网格形状进行修改从而实现结构优化，提高刚度、强度或者减轻重量。例如，结合 Hypermorph 的功能，通过改变零件关键部位的外形可以降低局部应力。OptiStruct 利用网格划分中的网格变形技术建立基于网格变形的形状优化变量。这一方法的优点是在优化过程中无需重构 CAD 模型，所有形状改变均直接作用于网格，得到最优的设计改进方案。

A　自由形状优化

自由形状优化采用非参数化设计技术，可以对零部件的边界或外表面进行自动优化。在定义形状变量时，直接选择设计区域的单元节点，然后自动生成形状变量，这样使得定义形状设计变量的过程更加简单，如图 5-15 所示。

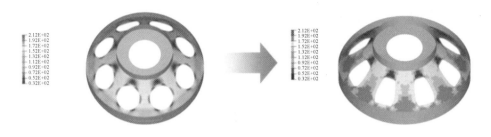

图 5-15 利用自由形状优化技术优化连接部位的最佳形状

B 尺寸优化

尺寸优化如图 5-16 所示，一般用于最优化零件的参数，例如材料特性、板壳厚度、梁截面尺寸和连接刚度等。在 OptiStruct 中，用户可以方便地定义优化参数。同时，OptiStruct 支持离散性的尺寸优化，离散变量数组的建立有多种方法，从而很大程度上解决了离散性优化这一工程难题。

OptiStruct 的尺寸优化定义非常灵活，用户可以通过建立尺寸变量跟模型属性相关联，实现对模型的参数化，也可以一次性的把模型的属性全部参数化，快速建立成千上万个尺寸变量。

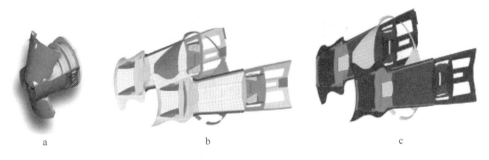

图 5-16 推力喷口的尺寸优化

a—飞机发动机推力喷口；b—喷口的不同区域；c—喷口尺寸优化结果

C 自由尺寸优化

OptiStruct 专门针对板壳结构和复合材料的特点提供了自由尺寸优化技术。在自由尺寸优化中，每一个板壳单元的厚度都是一个优化变量，优化结果主要为抗剪切性能更好的连续不等厚板，这样的板壳结构在飞机等结构上使用更合理。

5.2.2　支持的响应与优化类型

5.2.2.1　支持多种内置响应

OptiStruct 软件支持定义各种常见的响应类型（第一类响应）。如图 5-17 所示，包括质量、体积、质量分数、体积分数、应变能、质心位置、惯量、应力、应变、作用力、加权应变能、加权特征值、特征值、企业资源计划（Enterprise Resource Planning，ERP）、功率谱密度（Power Spectral Density，PSD）、响应面方法（Response Surface Methodology，RSM）、随机振动零点穿越数响应、温度、热柔度、频率、屈曲因子、复合材料的应力、应变和失效因子、频响位移、速度、加速度、声压、多体响应、疲劳损伤和寿命。

mass	inertia	static force	composite strain	frf pressure	function	temperature	psd strain	rms stress	gpforce
massfrac	compliance	static stress	frf acceleration	frf stress	beadfrac	psd acceleration	psd velocity	rms strain	mode shape
volume	frequency	static strain	frf displacement	frf strain	compliance index	psd displacement	rms acceleration	rms velocity	resforce
volumefrac	buckling	composite failure	frf erp	frf velocity	weighted comp	psd pressure	rms displacement	external	thermal compliance
cog	static displacement	composite stress	frf force	fatigue	weighted freq	psd stress	rms pressure	spc force	boredst

图 5-17　HyperMesh 中设置 OptiStruct 响应的弹出窗口界面

OptiStruct 软件支持响应以向量形式创建。如频响分析中速度、加速度、位移、应力、应变等可以以向量形式创建。

OptiStruct 支持多种响应和约束。垫片单元的接触力响应、热柔度响应、封闭腔体积响应、基于特定截面的合力以及合力矩的响应。拓扑优化和自由尺寸优化的设计空间支持应力响应与应力约束。

OptiStruct 在振动与噪声优化中，支持自定义频率范围、响应结果做 log 缩放，A、B 或 C 计权的声压响应结果，倍频程响应和 1/3、1/8 倍频程等响应。

OptiStruct 软件支持多种高级响应的创建。第二类响应通过自定义方程方式创建，可以对设计变量或第一类响应做各种数学函数运算得到新的响应。除此之外，还支持外部程序或软件编写的响应，包括 Excel 中定义的响应，C 语言或 FORTRAN 或 HyperMath 中编写的响应，称为第三类响应。

OptiStruct 支持多轴疲劳优化，多斜率 Dang Van 安全系数优化和高周及低周多轴疲劳的临界面法疲劳寿命优化。

5.2.2.2　支持多种工况

OptiStruct 软件既可以做优化，也可以作为一个独立的求解器来分析，其支持的分析类型有静力、模态、屈曲、频率响应、PSD、随机振动、准静态分析、大位移分析、几何非线性分析、热分析、声学分析、疲劳分析、多体动力学分析。OptiStruct 优化是基于自身的求解器来进行的并且可以考虑多个工况来优化。

5.2.2.3 支持非线性优化

OptiStruct 软件可以支持基于非线性分析和多体动力学分析的优化。RADIOSS 软件支持基于显式分析的优化。

5.2.2.4 支持多模型优化

OptiStruct 软件支持多模型优化。通过一个主文件控制多个子模型文件同时运行，优化后可以保证设计区域结果一样，如图 5-18 所示。

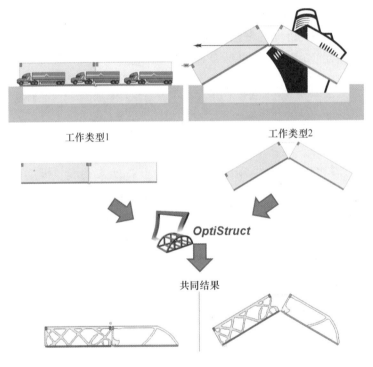

图 5-18 OptiStruct 多模型优化

5.2.2.5 支持可靠性优化

OptiStruct 软件支持基于可靠性的不确定性优化。支持正态分布的设计变量，支持可靠性约束。OptiStruct 在定义变量的卡片中，可以直接定义随机设计变量、随机参数、确定性设计变量。目标函数可以设置目标百分比，如图

5-19 所示。同样，OptiStruct 也可以设置约束百分比。

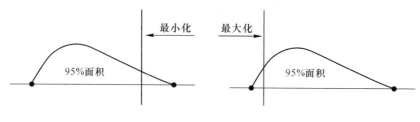

图 5-19　OptiStruct 目标百分比

5.2.2.6　支持全局搜索优化

OptiStruct 软件支持全局搜索优化。采取多个起始点做优化，然后将每个起始点优化收敛后的结果进行比较，从而得出最优解。

5.2.2.7　支持等效静态荷载法优化

OptiStruct 软件采用等效静态载荷法对多体动力学模型和显式动力学模型进行优化。如图 5-20 所示，该软件将动态的历史加载转成等效的静态载荷进行优化，该方法不需要用户设置，由 OptiStruct 完全自动来完成。可用于拓扑优化、形貌优化、自由尺寸优化、尺寸优化、形状优化和自由形状优化，如图 5-21 所示。

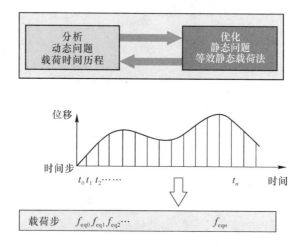

图 5-20　OptiStruct 等效静态载荷法示意图

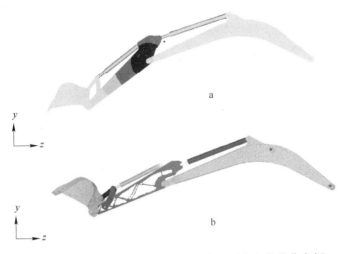

图 5-21　OptiStruct 利用等效静态载荷法进行拓扑优化案例
a—优化前；b—优化后

5.2.2.8　支持优化结果重构

HyperMesh 软件中的 OSSmooth 功能可以将优化的结果提取出来。可用于拓扑优化、形貌优化、形状优化。可以将优化结果自动提取几何并生成几何文件，也可以将优化结果生成可用于计算的有限元模型，模型中的载荷和约束跟优化模型中一致。

此外，OptiStruct 软件具有系统识别功能，可以根据给定的响应目标值优化出设计变量。既支持单目标系统识别，也支持多目标系统识别。OptiStruct 软件支持设计变量间定义数学关系。既可以按照给定的方程来定义，也可以用户自定义方程。自定义的方程支持各种数学运算、求和、绝对值、求平均、对数、指数和各种三角函数。

5.3　安世（ANSYS）优化设计平台

安世亚太集团成立了专门的 3D 打印研发、制造中心，具备完整的全流程增材制造服务技术能力，提供专业化的完整解决方案，包括：面向增材的先进设计技术、面向增材的先进工艺仿真技术、基于粉末床成形的激光增材制造技术、完整的制件后处理技术、完善的企业质量标准体系等。

安世中德经过多年基于对系统工程、产品正向设计和仿真分析的实际应用经验，结合对增材行业应用的深刻理解，以及资源全局优化集成的模式，提出了基于正向设计和增材制造的高端研发与先进制造整体解决方案，为《中国制造2025》中的设计制造一体化提供可落地实施的解决方案。

安世中德为客户提供面向增材的设计制造全业务链的一体化服务，包括从设计、制造、检测到产品交付。在此过程中，安世中德始终以仿真技术为核心竞争力，为客户提供仿真优化，为先进设计与工艺制造提供解决方案（见图5-22）。

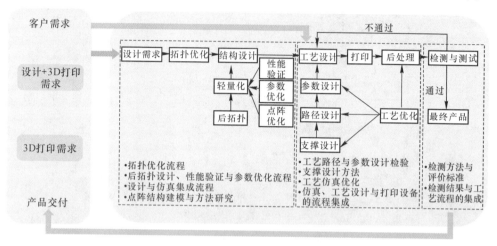

图5-22　面向增材的设计与制造一体化解决方案

在设计阶段，基于增材思维的先进设计理念和技术，从客户需求出发，按照正向设计流程，应用拓扑优化技术进行结构外形概念设计，并应用先进的结构设计技术进行后拓扑结构设计，包括模型修复、清理、光顺处理、轻量化设计、点阵结构设计等，结构性能验证也是设计阶段的重要工作，基于仿真分析技术以及参数优化技术对设计方案进行性能验证分析、点阵结构优化分析以及参数优化定型。

在制造阶段，进行3D打印工艺设计、制造以及后处理，在此过程中，安世中德不仅提供专业的工艺设计、设备集成与制造服务、后处理加工工艺技术，更借助于工艺仿真技术对工艺参数进行优化，通过仿真虚拟打印预测可能出现的打印问题并解决问题，为客户提供更高效、更高质、更低成本的增材制造服务。

在检测与测试阶段，安世中德基于标准的检测方法和评价标准对产品性能进行全面测定，最终将符合要求的产品交付给客户。

5.3.1　面向增材的优化设计技术

基于仿真的优化设计技术有两大类：非参数优化和参数优化。安世中德先进设计应用的主要非参数优化技术包括：ANSYS Topology 和 Genesis。安世中德基于专业参数优化工具包 ANSYS OptiSLang 进行参数优化。

ANSYS Topology 和 Genesis 集成于 ANSYS Workbench 环境，如图5-23 所示，ANSYS Topology 提供的是拓扑优化能力，而 Genesis 则提供了全面的非参数优化能力，包括拓扑、形状、尺寸优化。在非参数优化中，可以考虑多工况、多目标、多约束条件，以及工艺约束条件。

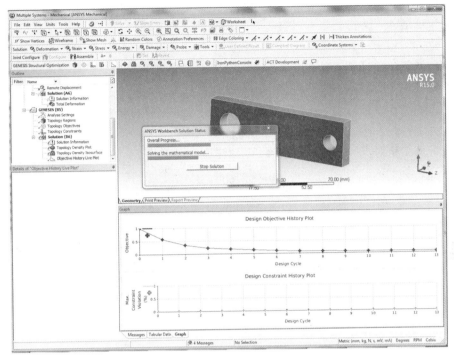

图 5-23 集成于 Workbench 环境的拓扑优化

ANSYS OptiSLang 集成于 ANSYS Workbench 环境，提供了强大的参数优化功能，从参数敏感性分析，多学科多目标优化到稳健性可靠性设计，提供了完整的参数优化解决方案，如图 5-24 所示。

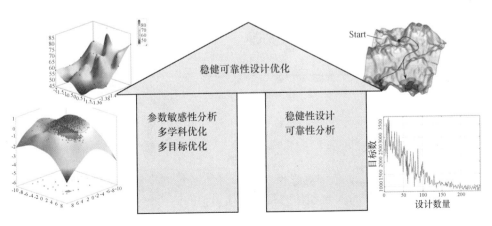

图 5-24 ANSYS 的稳健可靠性设计优化

ANSYS Spaceclaim 提供了多种内置点阵结构，可进行专业的点阵结构设计，并可以集成到用户自定义点阵结构类型，用户可以直接选择点阵结构类型自动完成选定区域的点阵设计，并通过参数来控制其填充率和尺寸。

点阵结构由于其结构复杂性和庞大的构件数量而成为仿真的难点，尤其是点阵结构的优化设计技术是需要关注的一个方向。安世中德开发了有效的点阵结构仿真技术方案，其基本思想是以宏细观结合多尺度算法为基础的等效均质化力学方法，如图 5-25 所示。即基于细观分析方法（子胞分析）获取点阵结构宏观均质化力学特性，然后通过宏观分析对点阵结构进行等效模拟，再回到细观，基于宏观计算结果对点阵结构进行局部细节模拟。

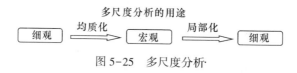

图 5-25　多尺度分析·

针对以上仿真流程，安世中德开发了专门的集成于 ANSYS Workbench 的点阵结构仿真分析模块 Lattice Simulation，如图 5-26 所示。

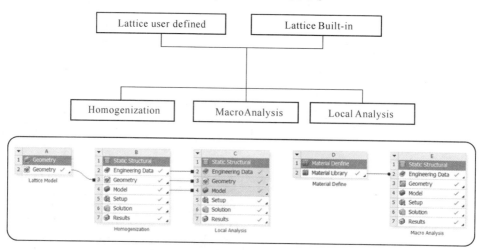

图 5-26　点阵结构仿真 Lattice Simulation

5.3.2　工艺仿真解决方案

ANSYS 增材制造工艺仿真套件提供了打印工艺的完整解决方案，它能够直接读入设备的打印矢量对打印件的每个扫描矢量的热历史进行计算，是唯一能够通过仿真深入了解 3D 打印机特有的热行为并进行详细预测的 3D 打印工艺仿真解决方案，如图 5-27 和表 5-1 所示。

图 5-27　ANSYS 增材工艺仿真解决方案

表 5-1　ANSYS 增材工艺仿真套件功能

功　能	ANSYS 独有
简化热分析以及详细热分析选项	√
拓扑结构优化	
变形/残余应力/失败预测	
自动变形补偿	
四种应变计算模式	√
STL 文件修复/操作	
位置相关的微观结构输出	√
基于几何的自动支撑生成	
基于物理过程的自动支撑生成	√
孔隙预测	√
应用机器扫描矢量进行分析	√
热传感器预测	√

　　ANSYS 增材制造工艺仿真套件针对设计团队中不同角色提供了完整的解决方案：

（1）Workbench Additive：面向产品设计工程师，帮助其提供一个可用于 3D 打印的设计，避免重新设计。

（2）ANSYS Additive Print：面向工艺工程师和设备操作人员，帮助其进行打印设置的设计，包括摆放、支撑设计、变形补偿等，减少试错，保证打印精度和成功率。

（3）ANSYS Additive Science：面向工艺专家和材料专家，帮助其进行材料研究和工艺参数的优化，以控制微观结构，提升材料性能。

ANSYS 工艺仿真使得用户可以考虑整个增材工艺链的各个环节，包括打印设置、工艺过程仿真、支撑生成、打印失败预防、微观结构预测等，帮助完成高质高效的增材制造工艺设计而无需昂贵而耗时的试错过程。

5.3.2.1　ANSYS Workbench Additive

Workbench Additive 是集成在 ANSYS Workbench 环境下的增材仿真工具，面向产品设计工程师和分析人员，与拓扑优化与后拓扑设计形成无缝流程，帮助工程师进行增材制造的结构设计，工艺流程如图 5-28 所示。

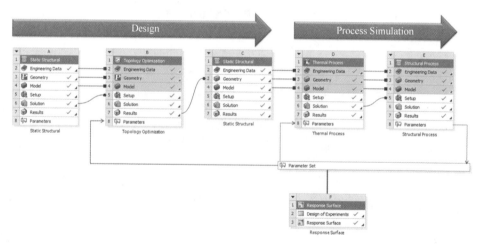

图 5-28　从拓扑优化到 Workbench Additive 工艺仿真流程

Workbench Additive 仅需要提供最基本的工艺参数，如预热温度、层厚、扫描速度、扫描间距、铺粉时间等，使用人员不需要具备增材设备操作条件，也不需要对工艺有深入了解，即可应用 Workbench 中内置的材料库和增材仿真功能进行初步的打印过程仿真，为设计提供指导。

Workbench Additive 对打印过程的预热、制造、冷却、移除平台与支撑过程进行模拟，预测打印过程温度场、残余变形和残余应力，从而预测设计是否可打印、热变形如何、如何进行变形补偿、最佳打印方向是什么、最佳支撑设计等问题。

5.3.2.2 ANSYS Additive Print

ANSYS Additive Print 为金属增材制造设备操作者和设计工程师提供了易学易用、快捷、强大的 3D 打印工艺过程仿真功能。Additive Print 通过模拟激光粉末床熔融过程的复杂物理现象，为残余应力计算、变形分析和打印失败的预测提供切实可行的解决方案，使用户可以获得部件公差并避免打印失败，而无需进行试错试验。ANSYS Additive Print 自动对 STL 文件进行变形补偿来抵消部件打印过程中产生的变形，而且可以基于残余应力预测结果自动生成两种类型的支撑结构，帮助用户避免布置支撑结构时浪费时间和材料。应用自动生成的支撑结构以及刮板碰撞检测功能可以避免打印失败，如图 5-29 所示。

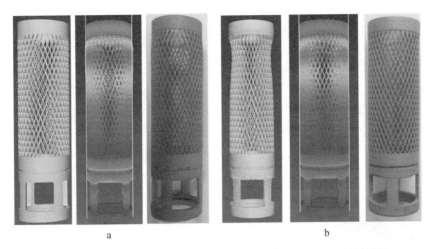

图 5-29　ANSYS Additive Print 进行 3D 打印模拟进行变形补偿设计
a—初始设计；b—变形补偿设计

ANSYS Additive Print 可帮助用户详细了解增材制造特有的物理机理，提供了其他任何仿真软件供应商没有的功能和分析选项，它读入金属打印机的打印文件，采用精确的部件打印扫描矢量进行全尺度热分析，并在此基础上为用户提供了无与伦比的分析预测功能，包括：

（1）部件变形和最终形状尺寸。

（2）逐层变形、形状和应力可视化查看。

（3）识别部件和支撑中的高应变区。

（4）自动预测最优支撑结构。

（5）自动变形补偿 STL 文件。

（6）预防刮板碰撞以及打印失败。

5.3.2.3　ANSYS Additive Science

ANSYS Additive Science 帮助金属增材制造专家、工程分析师、材料科学家、设备制造商以及粉末供应商，针对特定的机器/材料组合调试最佳工艺参数，以获得最高等级的部件完整性，并在打印前预测微观结构、属性和传感器反馈，其功能主要包括：

（1）专有的数学算法提供了比其他同类有限元软件工具快几个量级的计算速度。

（2）基于精确的打印文件扫描矢量或者用户定义的扫描模式进行模拟。

（3）用户组织的数据库，包括每种材料非线性温度相关、物理状态相关的热物理学参数。

5.4　西门子（SIEMENS）优化设计平台

西门子公司把软件和机床系统解决方案同增材制造过程进行集成，为增材制造开发了一个端到端的设计建造开发平台，涵盖从概念、设计、制造到车间操作及自动化的所有过程，如图5-30所示。在西门子提供的增材制造系统平台中具备传统三维 CAD\CAE\CAM 能力，同时推出了拓扑优化设计、针对多种3D打印方式的工艺辅助设计准备、输出、校验和增材制造设备连接处理器等崭新的专业功能。

设计　　　　　　　　　　仿真　　　　　　　　　　3D打印

图5-30　西门子增材制造系统平台

西门子完整的一体化增材制造系统平台，通过重塑设计、重组制造、重构业务，在单一的集成系统中无缝集成设计、仿真和3D打印规划，可以从产品设计开始就将性能需求纳入考虑，生成可以满足所有性能需求的最优结构。在设计零件的几何图形和拓扑时提供不受限制的自由度，能够满足最新增材制造工业化应用的独特需求，帮助企业快速从传统设计制造升级到增材制造生产方式，大幅提高增材制造量产的准确率和生产效率。同时，西门子有诸多特点：

（1）西门子提供最完善的端到端软硬一体化集成软件平台，并且能够与实际商业生产经验相结合。

（2）西门子基于智能的模型驱动流程，实现从设计到 3D 打印量产的无缝工作流程，消除不同软件之间的数据转换。

（3）西门子将下一代设计技术–创成式设计纳入数字化设计中，自动化的结构优化能更好满足产品的功能和性能需求。

（4）西门子支持多种 3D 打印技术，能够连接多种 3D 打印技术和设备，西门子为增材制造的规模量产提供了可落地的可靠技术保障。

（5）西门子正在构建一个非凡的世界领先合作伙伴生态系统，并与他们一道推动增材制造的革新。

（6）西门子通过咨询、工程和打印服务，向客户分享其经验，帮助客户应用增材制造技术。

5.4.1 增材制造的设计

西门子采用创成式设计技术，如图 5-31 所示，可以从产品设计开始就将性能需求纳入考虑，生成可以满足所有性能需求的最优轻量有机形状，在设计零件的几何图形和拓扑时提供不受限制的自由度。新的创成式设计技术设计可以减少重量和材料，甚至具有性能优势。

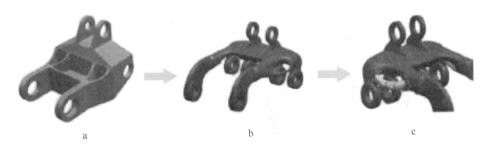

图 5-31　结构优化创成式设计
a—传统设计；b—创成式设计；c—收敛建模修改设计

5.4.2 增材制造仿真

工程分析团队能够使用西门子提供先进的仿真功能，确保 3D 打印的设计满足所有必要的性能标准，满足强度、振动、声学、运动、流和热传递等方面的各种性能需求。连接多种 3D 打印技术和设备：西门子为塑料、金属产品等多种增材制造方式的规模生产提供技术保证，能够连接粉层熔融、固定多轴材料拉丝、HP 多喷射设备，同时能够将 3D 打印与传统制造技术融为一体，使用铣、钻、镗、磨等传统减材工艺与 3D 打印增材工艺于一体的"混合型机床"进行制造。

西门子推出的打印建造托盘、嵌套零件，支撑结构等功能能够快速高质量完成批量化 3D 打印制造，大批量的工业产品 3D 打印量产将能够大大简化传统制造工艺，减少装备环节，节约大量毛坯材料，最小化产品制造周期时间。

5.4.3　生产运营管理

西门子为增材制造生产过程提供全程的过程管控，能够管理所有 3D 打印的准备和后期生产流程，进行全生产过程数据跟踪，管理所有加工数据和过程、数据的重复使用。整个过程包括订单管理、操作指导、审核流程、打印作业文件管理、打印材料管理等，提供一个闭环的全生命周期管理。

西门子完整的一体化增材制造系统平台同时致力于将软件和实际工厂经验相结合，已投资约 2 亿瑞典克朗，在瑞典 Finspn 开设一间大规模制造金属 3D 打印部件的工厂。这不仅是瑞典国内的首家此类工厂，也标志着西门子首度正式进军金属 3D 打印部件的工业生产领域。同时西门子已经获得 Materials Solutions 公司 85% 的股权。Materials Solutions 是将选择性激光熔融（SLM）技术用于高性能金属部件制造的先驱，在英国 Worcester 经营着世界上最大的商用金属增材制造中心，客户群遍及全球，在涡轮机部件的增材制造有丰富经验。因此西门子有能力将实际规模生产的经验融合到商业化的增材制造系统平台中。

6　增材制造力学性能测试方法

6.1　增材制造材料力学性能研究现状

6.1.1　静强度性能研究

大量研究数据证明使用增材制造技术生产的试验件在屈服强度和极限强度上均满足现有的标准材料要求。由于增材制造技术的特点，在材料堆积方向（z 方向）上的力学性能通常要小于其他两个方向，但是研究表明通过 EBM（Electron Beam Melting）技术制备的材料在各个方向上的差异较小，所以材料可以被认为是各向同性的。

针对传统制造技术的 Ti-6Al-4V 材料标准较为完善，而针对增材制造技术的材料标准尚在建立过程中。2002 年，SAE 颁布了使用 DMD（Direct Metal Deposition）技术制造 Ti-6Al-4V 材料的标准 AMS 4999，与传统材料标准不同的是，对不同的材料方向提出了不同的要求。ASTM 亦在 2012 年颁布主要针对粉末铺层聚变技术制备 Ti-6Al-4V 材料的标准 ASTM F2924。

后期处理和加工对增材制造得到的实验件的静强度性能的影响各不相同。HIP（Hot Isostatic Pressing）是一种在安全壳中使用高温和高压气体对试验件进行处理的技术，它有助于改善材料的多孔性，提高材料密度。Svensson 使用该技术对试验件进行处理，发现试验件的静强度性能没有明显变化，这可能与 EBM 制造过程中未产生大量气孔有关。而 Alcisto 对使用 DMD 技术制造的试验件进行机加处理后发现其静强度明显提高。

6.1.2　疲劳强度

疲劳强度是金属结构材料的另一重要指标，通常由绘制的 S-N 曲线体现。现有的研究结果表明，使用增材制造技术制造的试验件与使用传统制造技术制造的试验件具有相近的疲劳强度。Svensson 对使用 EBM 技术制造的 Ti-6Al-4V 试验件进行疲劳性能测试，结果表明经过 HIP 处理的试验件具有更长的疲劳寿命。通过与公开数据的对比，使用 EBM 技术制造的 Ti-6Al-4V 试验件与锻件具有相近的疲劳强度。

6.1.3　断裂韧性

断裂韧性的测定要求试验件在平面应变条件下进行，这要求试验件具有足够的厚度，并且试验件中的氧含量对断裂韧性具有较大的影响力。增材制造过程中因为产生高温，材料再成形过程中会与空气中的氧气发生反应，因此在制造过程中周围环境的氧气含量是控制要素之一。ASTME39 规定了测定断裂韧性的标准程序，MMPDS 指出 Ti-6Al-4V 的断裂韧性下限为 65.4MPa·$m^{1/2}$，平均值为 75MPa·$m^{1/2}$。但相比静强度性能而言，增材制造技术制备材料的断裂韧性研究十分有限，这也是后期研究的主要内容之一。

Hooreweder 对使用 SLM 技术的 Ti-6Al-4V 试验件进行断裂韧性研究，同时测定一组使用真空电弧再融化技术的试验件作为对比。研究结果表明，使用 SLM 技术的试验件的断裂韧性为 52.4MPa·$m^{1/2}$，对比组的断裂韧性为 69.98MPa·$m^{1/2}$，这结果反映出使用 SLM 技术制造的试验件的断裂韧性较平均值低，Hooreweder 认为这是由含有尖锐尖端的马氏体组成的脆弱且不稳定的微观结构决定的。Lorant 对使用 WAAM 技术制造试验件的断裂韧性进行试验，试验的平均断裂韧性为 77.9MPa·$m^{1/2}$，然而此次研究中试验件的厚度只有 5mm，经过测算，试验件没有处于平面应变状态，因此其真实的断裂韧性应低于此值。

6.2　力学性能测试

6.2.1　增材制造产品力学性能表征

增材制造产品力学性能测试很重要的一点是需要体现工艺特征可能引起的试验件的各向异性，所以性能的表征需清晰、准确。产品在成形腔内的位置、产品取样方向需有依据，本节将就以上信息如何操作做详细介绍。

6.2.1.1　主要参考文件

（1）ASTMF2921 增材制造术语坐标系及性能测试；

（2）D638 塑料拉伸性能测试方法；

（3）E8/E8M 金属材料拉伸性能测试方法；

（4）F2792 增材制造技术术语；

（5）2.2ISO 标准；

（6）ISO 841 工业自动化系统集成-数控机床-坐标系与运动专用术语；

（7）ISO 527 塑料-拉伸性能测试；

（8）ISO6892-1 金属材料　拉伸实验　第 1 部分：室温下的试样方法。

6.2.1.2 增材制造机器与其坐标系统

（1）成形台：提供一个表面，基于此构建产品，并支撑整个成形过程，如图 6-1 所示。

（2）成形面：添加材料的区域，一般在最后一沉积层，作为下一层成形的基础。

（3）正面：由机器制造商制定，如图 6-1 所示。

（4）机器坐标系统：三维笛卡儿坐标系，通过成形台上一固定点定义三个主轴以 xyz 标志，转动轴以 abc 标识（如图 6-1~图 6-3 所示）与 ISO 841 中描述相同。

（5）原点：指定的参考点，在此处笛卡儿坐标系中三个主轴相交。

成形腔原点：位于成形台的中心。

机器原点：由机器设备生产厂商定义，同义于机床零点。

（6）z 轴：对于材料平面式逐层堆积成形的工艺，应与材料层垂直。z 轴正向应为材料由第 1 层指向下一层的方向（如图 6-1 和图 6-2 所示）。对于材料从多方向堆积成形的（如，粉末沉积系统），z 轴可参照 ISO 841 定义，会涉及旋转与框架式。

（7）x 轴：应与 z 轴垂直，与机器的正面平行。

（8）y 轴：与 z 轴和 x 轴垂直，正向通过右手定则确定，与 ISO 841 中描述相同。

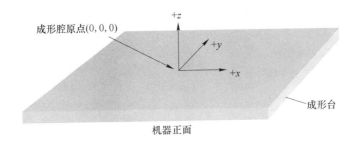

图 6-1　通用（向上成形）增材制造机器/系统

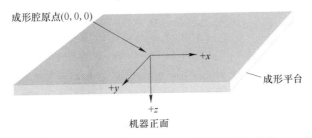

图 6-2　通用（向下成形）增材制造机器/系统

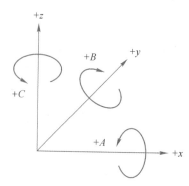

图 6-3　参照成形体原点进行正向转动的右手定则

6.2.1.3　成形台内零件的位置与方向

（1）任意方向的最小包络空间：容纳零件的最小体积长方体，可跨越三维零件表面上几何点的最大范围，此计算在空间的最终方向没有任何约束（如图 6-4 和图 6-5 所示）。

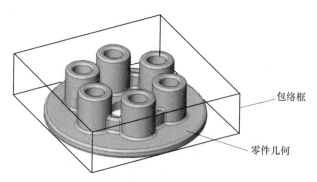

图 6-4　任意方向最小包络框示例

（2）几何中心：位于包络框的算术中心位置，同名词为重心。

（3）初始成形方向：零件最初放在成形腔内的方向，作为后续零件定向的参考，如图 6-6 所示。在可行的情况下，可以将初始构建方向指定为 3D 计算机模型中的部分方向。如果没有计算机模型的电子传输，则应记录构建体积内部件的图像及其相对于构建体积原点的方向（如图 6-6 和图 6-7 所示）。

（4）正交方向标识：零件的初始成形方向，当一个零件的计划成形方向是任意方向的最小包络框与成形腔坐标轴对齐平行（如图 6-5c 所示），其方向可以如下描述：首先列出哪个轴与包络框最长的尺寸平行，然后指出哪个轴与包络框第二长尺寸方向平行，然后指出与第三长尺寸平行的轴。

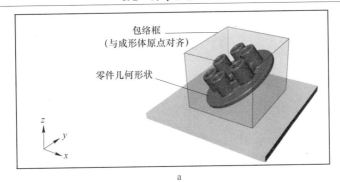

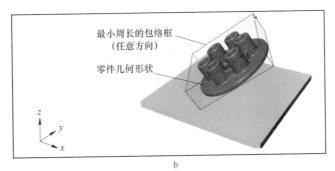

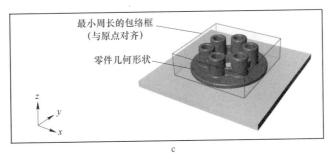

图 6-5　不同类型的包络框示例

放置一个样本，使其最长尺寸平行于 z 轴，次于最长尺寸的边平行于 x 轴，其最短整体尺寸平行于 y 轴应定义为具有 zxy 方向（例如，参见图 6-7 和图 6-8）。正交初始构建方向中的部分对称的某些组合完全定义了一个可能的方向，因此不需要图像来传达初始构建方向。当零件具有小于 360°旋转对称的特征时，需要图像来识别初始构建方向。

（5）零件位置：以 x、y、z 坐标标识每个零件包络框相对成形腔原点的位置，如图 6-9 和图 6-10 所示。

（6）零件重定向：按 A、B、C 的次序定义零件包络框在成形腔内旋转后的方向。讨论只有旋转角度为非零时才需要标出。如图 6-10 所示，其中前排零件调整方向至 $A=0$，$B=+40$，$C=0$。

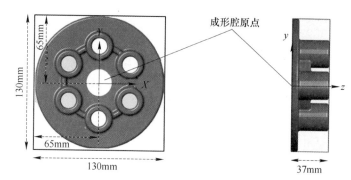

图 6-6　最初成形方向

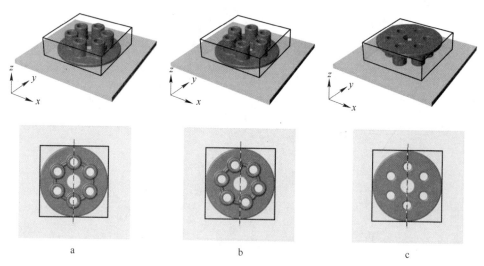

图 6-7　以图示说明初始成形方向

6.2.2　增材制造产品力学性能测试方法

增材制造力学性能测试方法选取参照标准 ASTM F3122，评估通过增材制造工艺制造的金属材料的力学性能。

6.2.2.1　拉伸性能测试

A　适用范围

本部分性能测试方法参照标准 ASTM E8 完成，适用于室温任意形式的金属材料拉伸试验，规定了屈服点伸长率、屈服强度、拉伸强度、断面收缩率和伸长率的测定方法。大多数的圆形截面试样 E8 方法使用 4D 标距，E8M 使用 5D 方

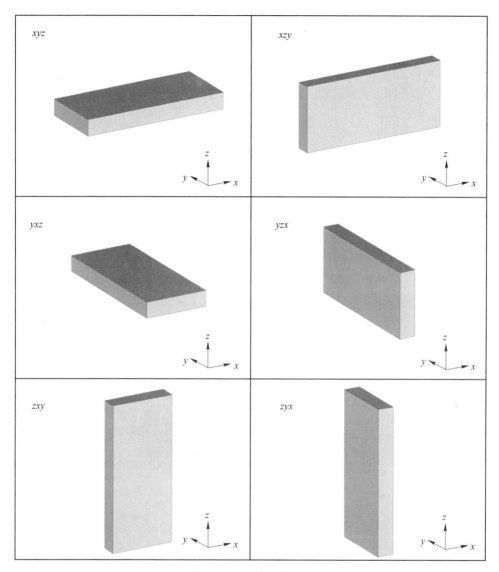

图 6-8　正交方向表示法

法，E8 与 E8M 最大的区别是标距不同。特殊材料指定规范或试验方法时，可能
需要其他试验方法，如 A370、B557、B557M。室温的范围在 10～38℃ 之内，SI
和英制单位独立存在。

B　测试方法概要

本试验方法通过对试样施加单轴拉应力得到材料强度和延性数据，绘制应
力-应变曲线。根据不同试样大小及形式选择试验机、夹具，控制试验过程中的

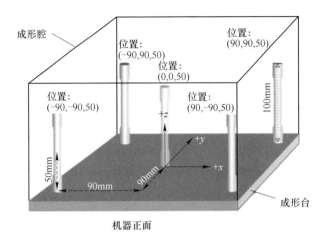

图 6-9　零件位置和初始构建方向: z 方向上的五个圆棒样品

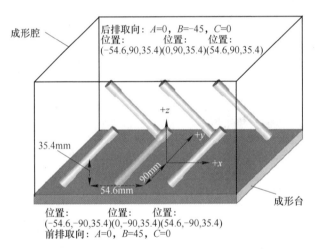

图 6-10　零件位置和重新定向: 从 z 的 B+45 和 z 的 B-45 定向的圆棒

试验速率, 最终得到试验数据。试验数据主要包括拉伸强度、屈服强度、弹性模量、伸长率、断面收缩率等。

　　C　试验设备

　　试验设备主要包括试验机、夹持装置、尺寸测量装置、引伸计等。试验机要求符合 E4 方法, 测量抗拉强度、屈服强度时, 使用的载荷应在 E4 要求的试验机载荷之内。多种类型的夹持装置都可以用来传递试验机对试样所施加的载荷, 为保证标距内的轴向拉应力, 试样轴线应与试验机头部中心线一致。实验标准中主要给出了楔形夹具, 用于螺纹、台肩试样及脆性材料的夹具, 薄板夹具, 线形夹具等。尺寸测量装置要求用来测量直线尺寸的千分尺或其他装置, 至少应达到每个要求测量尺寸的最小单位一半的精度。用在拉伸试验中的引伸计应满足方法E83里的相关章节对引伸计分级的规定，屈服强度和断裂伸长率对应的应变应使用引伸计测量等。

D 试样要求

试样应按需要试验的材料产品技术条件规定使用实际全尺寸或机械加工的尺寸。拉伸试样形式很多，主要包括板状试样、薄板试样、圆形试样、带材、扁线材等，这里主要对使用广泛的板状试样及圆形试样形式进行阐述，分别见图6-11、图6-12，其尺寸见表6-1、表6-2。

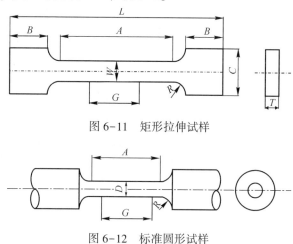

图 6-11 矩形拉伸试样

图 6-12 标准圆形试样

表 6-1 矩形拉伸试样尺寸

尺寸/mm［in］			
名义宽度	标准试样		小试样
	板型 40mm［1.5in］宽	薄板型 12.5mm［0.500in］宽	6mm［0.250in］宽
G—标距	200.0±0.2 ［8.00±0.01］	50.0±0.1 ［2.000±0.005］	25.0±0.1 ［1.000±0.003］
W—宽度	40.0±2.0 ［1.500±0.125，-0.250］	12.5±0.2 ［0.500±0.010］	6.0±0.1 ［0.250±0.005］
T—厚度	—	材料的厚度	—
R—过渡半径，最小	25［1］	12.5［0.500］	6［0.250］
L—总长，最小	450［18］	200［8］	100［4］
A—工作段长度，最小	225［9］	57［2.25］	32［1.25］
B—夹持段长度，最小	75［3］	50［2］	30［1.25］
C—夹持段宽度，近似	50［2］	20［0.750］	10［0.375］

表 6-2　标准圆形试样及与标准试样成比例的小尺寸试样范例

尺寸/mm［in］

对于标距长度为直径 4 倍的试样［E8］

试样参数	标准试样		比例于标准试样的小试样		
	样本 1	样本 2	样本 3	样本 4	样本 5
G—标距	50.0±0.1 [2.000±0.005]	36.0±0.1 [1.400±0.005]	24.0±0.1 [1.000±0.005]	16.0±0.1 [0.640±0.005]	10.0±0.1 [0.450±0.005]
D—直径	12.5±0.2 [0.500±0.010]	9.0±0.1 [0.350±0.007]	6.0±0.1 [0.250±0.005]	4.0±0.1 [0.160±0.003]	2.5±0.1 [0.113±0.002]
R—过渡半径, 最小	10 [0.375]	8 [0.25]	6 [0.188]	4 [0.156]	2 [0.094]
A—工作段长度, 最小	56 [2.25]	45 [1.75]	30 [1.25]	20 [0.75]	16 [0.625]

尺寸/mm［in］

对于标距长度为直径 5 倍的试样［E8M］

试样参数	标准试样		比例于标准试样的小试样		
	样本 1	样本 2	样本 3	样本 4	样本 5
G—标距	62.5±0.1 [2.500±0.005]	45.0±0.1 [1.750±0.005]	30.0±0.1 [1.250±0.005]	20.0±0.1 [0.800±0.005]	12.5±0.1 [0.565±0.005]
D—直径	12.5±0.2 [0.500±0.010]	9.0±0.1 [0.350±0.007]	6.0±0.1 [0.250±0.005]	4.0±0.1 [0.160±0.003]	2.5±0.1 [0.113±0.002]
R—过渡半径, 最小	10 [0.375]	8 [0.25]	6 [0.188]	4 [0.156]	2 [0.094]
A—工作段长度, 最小	75 [3.0]	54 [2.0]	36 [1.4]	24 [1.0]	20 [0.75]

　　试样取样位置要求另有规定，试样轴线在母材中位置应满足：对厚度、直径或两面间距小于等于 40mm［1.500in］的产品，位于产品中心；对厚度、直径、两面间距大于等于 40mm［1.500in］的产品，位于中心到表面的中间位置。

　　在试样加工方面，制备好的试样工作段应不含加工硬化、缺口、擦伤、刀痕、毛刺、粗糙表面或尖角等影响测量结果的有害缺陷；对矩形截面的试样工作段，倒角不能造成实际截面与计算截面有明显区别；对脆性材料，工作段与夹持端的连接部分应使用半径较大的过渡圆弧；为确保断裂在标距内发生，试样工作段中部的横截面积应最小，因此，试样工作段允许有微小的锥度。在试样表面光洁度方面，当测试材料按表面状态，而非加工状态时，表面粗糙度应满足产品规范的要求。

　　E　试验程序

　　启动试验机，进行适当预热以使其达到正常的工作温度，从而降低过渡状态引起的误差。为获得试样的横截面积，横截面尺寸应在试样的工作段中心位置测量。对于小于 5mm［0.188in］试样的仲裁试验，以最小截面处测得的尺寸为准。测量及记录拉伸试样横截面尺寸如下：

（1）试验的尺寸≥5mm［0.200in］，精确至0.02mm［0.001in］。

（2）2.5mm［0.100in］≤试样尺寸≤5mm［0.200in］，精确至0.01mm［0.0005in］。

（3）0.5mm［0.020in］≤试样尺寸≤2.5mm［0.100in］，精确至0.002mm［0.0001in］。

（4）试样尺寸<0.5mm［0.020in］，至少应精确至1%且任何情况不小于0.002mm［0.0001in］。

通过称重测量具有不对称全尺寸试样的横截面积，长度不小于最大横截面尺寸的20倍，重量的测定应精确至0.5%或更高精度。试样横截面积等于材料的质量除以长度及密度。对于管壁试样，横截面积计算另行规定。标距的标记一般用打点机轻轻打点，或使用分线规或墨水划线；对缺口敏感的材料及小试样，在记号的位置涂上涂料有助于定位断裂后的原始标距标记。对伸长率小于等于3%的材料，试验前原始标距长度精确至0.05mm［0.002in］。试验前，试验机应调零，对有缩减截面试样，试样只可夹持在夹持段，避免夹持在工作段或过渡段影响试验结果。

试验速率主要包括以下几种：试样的应变速率、试样的应力速率、十字头速率、通过完成部分或全部试验经历时间计算的速率和十字头的自由移动速率（空载时试验机十字头移动速率）。在测定屈服性能时，应力速率法要求控制在1.15~11.5MPa/s［10000~100000psi/min］范围内；应变速率法要求控制在（0.015±0.006）mm/mm/min［in/in/min］；十字头速度控制法要求十字头速率等于（0.015±0.003）mm/mm/min［in/in/min］工作段或试样非工作段夹头之间的距离。在测量抗拉强度时，试验机速率设置在0.05~0.5mm/mm/min范围之内，此速率是相对工作段长度的相对值。

F　试验结果

测试的试验结果主要包括屈服强度、屈服点伸长率、总伸长率、拉伸强度等，此处主要介绍测量屈服强度的平移法。使用平移法确定屈服强度，首先应保存绘制应力-应变曲线使用的数据，在图上取 OM 等于指定平移值，作 MN 平行于 OA，定位 MN 与曲线交点 R，如图6-13所示。用此方法得到屈服强度值，应在屈服强度后的圆括弧内注明规定的平移值。除此方法外，还可使用负载下伸长法、自动绘图法、载荷停顿法来确定屈服强度。

试验结果修约如下：屈服强度及拉伸强度应按方法 E29 或产品规范的要求来进行数值修约。当规范未作要求时，推荐选择如下规则中的一种修约：试验结果500MPa［50000psi］以下，修约至1MPa［100psi］；500~1000MPa［50000~100000psi］，修约至5MPa［500psi］；1000MPa［100000psi］以上，修约至10MPa［1000psi］；所有试验结果均修约到1MPa［100psi］；所有试验结果均修约到5MPa［500psi］。断面收缩率按 E29 或产品规范要求来修约，规范未作要求时，推荐如下：在0~10%之间，修约至0.5%；不小于10%时，修约至1%。

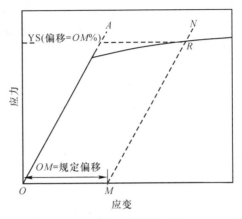

图 6-13　使用平移法确定屈服强度的应力-应变图

G　试验报告内容

(1) 引用标准；

(2) 材料和试样的合格证；

(3) 试样类型；

(4) 屈服强度和测定屈服强度的方法；

(5) 屈服点伸长率；

(6) 拉伸强度；

(7) 伸长率；

(8) 均匀伸长率，如需要；

(9) 断面收缩率，如需要。

如有要求时，应包含如下信息：

(1) 试样工作段尺寸；

(2) 从大直径管状产品上所取矩形试样，列出计算横截面积的公式；

(3) 确定试验速率的速率值及方法；

(4) 试验结果修约方法；

(5) 替代试样的原因。

6.2.2.2　压缩性能测试

A　适用范围

本部分性能测试方法参照标准 ASTM E9 完成，针对室温下金属材料轴向压缩测试，涵盖了设备、试样及流程。对于适用于碳化物的其他要求，见标准中的附表。以英寸-英镑为单位的数值作标准，标准中引用的公制等效数值也可能是合适的。但标准不对涉及的安全问题负责。

B　测试方法概要

本试验方法通过对试样施加轴向压载荷来确定压缩性能。压缩试验的数据包括屈服强度、屈服点、杨氏模量、应力-应变曲线及压缩强度。

C　试验设备

（1）试验机。压缩试验使用的机器应符合 E4 规定，对于具有常规测试空间的通用机器，压缩中应进行校正操作。测试机头部的承载表面应一直保持 0.0002in/in（mm/mm）平行度，除非使用指定校准设备。

（2）承载块。压缩试样的两端应支撑在具有表面平滑且平行度 0.0002in/in 的承载块上，通过使用校正的承载块可以克服初始平行度的缺陷。承载块或表面应使用较硬的材料。载荷施加到试样之前，接触试样的可调承载块的承载表面应该是平行的。

（3）校准设备/小压力机。除非试验机设计时已轴向校准，否则通常需使用校准设备。设备或小压力机的设计很大程度上取决于试样的尺寸和强度。必须设计成不因加载造成夯（或其他移动零件）堵塞或翘起设备或机器框架。校准设备的首要要求是载荷轴向均匀加载，滑动-刺摩擦可以忽略。

（4）压缩试验夹具。在测试薄试样时，如片状材料，需采用一些工具防止试样在加载时屈曲。使用含边支撑板的夹具承载试样的宽边来完成。夹具必须提供合适的弹跳常数及侧面支撑压力的组合来防止屈曲，且不应干扰试样轴向变形。

（5）应变测试。用来测量应变的机械或电机械设备应满足 E83 描述的分级要求，压缩设备需经认证。测试系统已经认证、精确度满足 E83 要求的电阻形变引伸计（或其他单个使用设备）可以使用。方法 E251 确定了电阻应变引伸计的特性。

除此之外，标准中还给出了测试设备资质完整的压缩测试设备应包含试验机、校准设备、夹具、应变测试系统等。

D　试样要求

试样形式主要包括固体圆柱、矩形、片形等。金属材料的圆柱试样主要有短、中、长三种形式。矩形或片形试样应是平的或材料全厚度的。当需要侧边支撑时，宽度和长度取决于支撑试样的夹具的尺寸。

试样准备时，标距内的表面变化在直径、宽度或厚度上不应超过 1% 或 0.002in（0.05mm）或更低。试样加工表面应具有 63μin（1.6μm）或更好的光滑度，在侧边支撑上承载的加工侧边表面光滑度至少应加工到 40μin（1.0μm）算术平均值。除此之外，标准还对平面度、平行度、矩形试样边缘、标距长度位置进行了要求。

E　试验程序

（1）试样测量；

（2）清洗；

（3）润滑；

（4）试样安装；

（5）载荷-应变范围选择；

（6）应变测试；

（7）测试速度要求；

（8）测试进行；

（9）试样数量要求；

（10）预防措施。

试验速率的选择在试验过程中十分重要，标准中规定装有应变定速装置的试验机，将试验机的应变速率设置到 0.005in/in/min；载荷控制或十字头速率控制的机器，在弹性部分，设置试验速率使其等效于应变速率控制时的 0.005in/in/min；如果材料对应变速率很敏感，则使用 0.003in/in/min 的速率。此外，针对可能出现的屈曲和粉碎断裂应采取一定的预防措施。

F　试验结果

测试的试验结果主要包括弹性模量、屈服强度、屈服点、压缩强度。材料的性能由应力-应变曲线及试样尺寸决定，由于试验机记录的是载荷单位而不是应力，将载荷除以试样标距部分的原始横截面积得到应力，随后将载荷-应变图转换为应力-应变图。屈服强度的确定很重要，标准中使用平移法确定屈服强度，首先保存绘制应力-应变曲线上的数据，在图上取 OM 等于指定平移值，作 MN 平行于 OA，定位 MN 与曲线交点 R，见图 6-13。在此平移值下，点 R 对应的应力就是屈服强度。

G　试验报告内容

（1）试验材料；

（2）试样结构；

（3）试样尺寸；

（4）试样固定装置及润滑剂；

（5）试验机；

（6）试验速率；

（7）应力-应变图；

（8）弹性模量；

（9）屈服强度；

（10）压缩强度；

（11）断裂类型；

（12）精确度及偏差；

（13）异常情况。

6.2.2.3　剪切性能测试

本部分内容参照 ASTM B769 完成。此测试方法使用锻造及铸造铝合金产品双剪测试确定最终强度。标准不对涉及的安全问题负责。

A 测试方法概要

此测试方法是在试验设备上，使用拉伸（或压缩）试验机对加工好的圆柱试样施加双剪载荷，来确定试样断裂时的剪切应力，即剪切强度。此方法获得的数据可用来计算结构设计的最低性能需求，如航空器。

B 试验设备

（1）试验机。试验机应符合 E4 规定，剪切强度使用的载荷应在 E4 规定的试验机载荷范围内。

（2）加载装置。双剪测试设备加载装置如图 6-14 所示，制备固定装置的工具钢的洛氏硬度为 60~62HRC。对于装置的主要框架，合适的替代材料可使用强度略低的钢，内嵌的钢硬度需 60~62HRC。

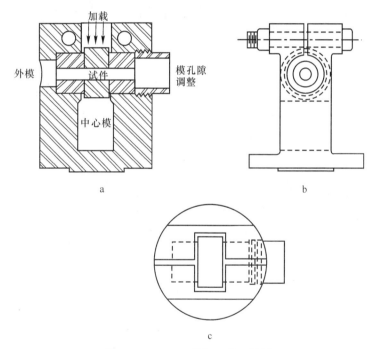

图 6-14 Amsler 剪切工具三视图
a—主视图（横截图）；b—侧视图；c—视图

孔的剪切边半径不超过 0.0005in（0.013mm），中心及外侧模子的装配表面应具有 16μin（0.4μm）Ra 或更低的粗糙度。模子内表面之间应有足够的间隙保证不发生过紧结合，间隙不超过 0.002in（0.051mm）。工具从中心到边界的名义长度为 1in（25.4mm）。

C　试样要求

圆柱试样的最短长度应等于规定的三个模子的长度之和。试样直径的最小尺寸是 3/16in（4.76mm）。通常使用的试样直径为 0.375in（9.52mm），但最大到 0.500（12.7mm）直径的试样也在使用。试样直径测量应精确到 0.0005in（0.013mm），测量是在两个剪切平面上进行的，两个直径的平均值用来计算试样的横截面积。试样直径与测试孔的直径之间最大间隙不应超过 0.0015in（0.038mm）。表面粗糙度 32μin（0.8μm）Ra 或更高。

D　试验程序

（1）使用合适的溶剂清洗试样及模子，如丙酮，去除润滑剂。

（2）将试样放入图 6-14 所示的装置中。

（3）在双剪十字头部分，试验机十字头移动的速度不应超过 0.75in/min（19.1mm/min），载荷速度不超过 100ksi/min（689MPa/min），且失效载荷速率应该是均匀的。

（4）确定试样断裂的最大载荷。

（5）使用前，对试验孔周围的铝合金组合，剪切模子装配表面应先进行视觉观察。可通过磨粉布或将模子浸入腐蚀的苏打水溶液中，然后水洗、干燥去除铝。

E　试验结果

通过最大载荷计算剪切强度如下：

$$S = 1/2P_{max}/A = 1/2P_{max}/(\pi D^2/4) = 2P_{max}/\pi D^2$$

式中，S 为剪切强度，ksi（MPa）；P_{max} 为最大载荷，lbf（N）；D 为测量的试样直径，in（mm）。

F　试验报告内容

（1）剪切试验的 ASTM 方法；

（2）材料及试样认证；

（3）试样直径，in（mm）；

（4）试样取向及加载方向；

（5）最大载荷，lbf（N）；

（6）剪切强度，ksi（MPa）；

（7）试验温度，°F（°C）。

6.2.2.4　挤压性能测试

本部分内容参照 ASTM E238 整理完成。此测试方法涵盖了决定金属材料的承载屈服强度及承载强度的销型支撑方法，标准不对涉及的安全问题负责。

A 测试方法概要

承载试验得到的数值包括承载强度和屈服强度。数据给出了紧配合圆柱形的销子插入距试样边缘指定距离的孔，施加载荷，材料的承载能力。在未约束销子的条件下，承载特性可用于比较材料与结构设计。

B 试验设备

（1）试验机及夹具。承载试验使用的设备应符合 E4 规定，使用多种夹具将载荷传递到试样上。拉伸试验中施加轴向载荷的任何夹具，例如销子连接或楔形夹具，都应满足承载试验。

（2）销子。承载载荷通过紧配合圆柱形销子传递给试样，销子应比测试的试样更硬，强度更大。试样与销子接触处运动的约束对作为施加载荷的函数的孔变形有显著的影响。为保证可重复的结果，样品与销子表面条件都要严密控制。所使用的销子在直径、硬度及表面粗糙度方面应该是均匀的。

（3）销支撑。支撑销子的夹具应保证销子与试样的孔同轴心，当来自销子的载荷使孔变形时，不应约束试样的增厚。通过使夹具支撑销子与试样密切配合，使销子的弯曲达到最小值。

（4）引伸计。测量承载变形的引伸计应符合 E83 中的 B-2 级别或更高级别。承载形变测量装置应制作成可获得具有如试样拉伸变形及销子弯曲等其他变形最小值的轴向承载变形。图 6-15a~c 分别给出了记录承载变形的样板引伸计系统、拉伸测试中用相同引伸计可测的传递承载形变的机制，具有两种线性差异变压计的测量承载形变的方法。

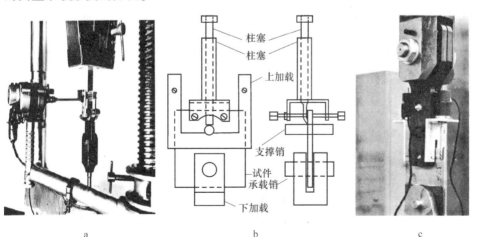

图 6-15 引伸系统

a—铝合金板使用的承载测试设备；b—承载形变传递的设备简图；c—承载变形的自动绘图测量设备

C　试样要求

试样要求主要包括几何形式及试样制备。试样要求应是平的片形，尽可能使用产品的全厚度。如果试样太厚，在得到承载强度之前，销子就很可能弯曲或断裂；如果试样太薄，可能发生屈曲。为防止出现以上两种情况，销子直径与试样厚度比为 2~4。另外，承载性能取决于试样取向及与试样晶体流向相关的加载的方向。在试样制备方面，使用表面上有孔的平板试样，须制备表面加工硬化最低的光滑圆孔。为得到需要的圆度，最后圆孔需要经过钻、扩、研磨操作。孔边缘的毛刺表明孔的表面存在加工硬化，需要避免，因为毛刺的去除不会消除加工硬化。

D　试验程序

(1) 试样测量：测量试样的真实厚度、销子直径、所测尺寸最少要精确到 0.5%，任何情况下至少精确到 0.001in（0.02mm）。

(2) 清洗：装配前，将试样、销子、夹具临界面的所有外来物质或污染清洗掉，尤其是润滑剂，保持此状态直至试验结束。如果人手接触销子会极大降低试验结果。

(3) 测试：对试样施加载荷，获得载荷的实时读数及承载变形。可使用任何一种方便的载荷施加方法及应变记录系统，自动图谱应变记录设备可用来测试承载变形。

(4) 在控制的应变或载荷速率下进行试验。对于金属材料，建议速率是 0.05/min。如果测试速度不是 0.05/min，需要加以说明。

E　试验结果

通过承载载荷-承载形变图确定承载屈服强度，如室温下 AZ31A-H24 薄片的自动承载载荷-承载变形曲线，如图 6-16 所示。从图中最初直线部分平移销子直径的 2% 来计算屈服强度。

F　试验报告内容

(1) 试验材料及方向；

(2) 孔直径、宽度及试样厚度；

(3) 边距比；

(4) 试验温度（如果不是室温的话）；

(5) 承载屈服强度；

(6) 承载强度；

(7) 断裂描述；

(8) 清洁过程；

(9) 试验速率。

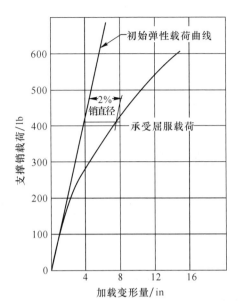

图 6-16 室温下 AZ31A-H24 薄片的自动承载载荷-承载变形曲线

6.2.2.5 材料断裂性能测试

本部分内容参照 ASTM E561 编制，适用于采用预制裂纹 M(T) 试样或 C(T) 试样，在恒定速率加载的 I 型载荷作用下测定金属材料断裂抗力的方法。

A 测试方法概要

在缓慢–稳态的断裂过程中，裂纹扩展抗力 KR 的增加等于施加的应力强度因子 K。裂纹被连续或间歇增加的力或位移驱动向前扩展。定期的测量来确定有效的裂纹尺寸并计算 K 值，这些独立的数据用于确定材料在这些测试状态下的 K-R 曲线。

B 试验设备

试验机与载荷测量：试验机的校核应依照 Practices E4 进行检验，应具备施加于试样载荷的自动记录装置。

疲劳预裂试验机：疲劳试验机和载荷指示装置的校核应尽可能符合 Practices E4 的静态校验，如果机器不能校准和静态检验，施加载荷误差也应在 ±2.5% 以内。

C 试样尺寸，构型和制备

试样类型的选择依赖于可用材料的数量，采用的测试种类和可用的试验测试装置。试样主要包括中心裂纹拉伸 M(T) 试样、紧凑拉伸 C(T) 试样，分别如图 6-17、图 6-18 所示。为了使计算的 KR 值有效，需保证裂纹后面的韧带区在施加的载荷和物理裂纹尺寸下以线弹性为主。每种试样初始缺口的机加工可以采用线切割，端铣削。推荐采用疲劳预裂，且缺口后面的疲劳裂纹应该不小于0.05in（1.3mm）。

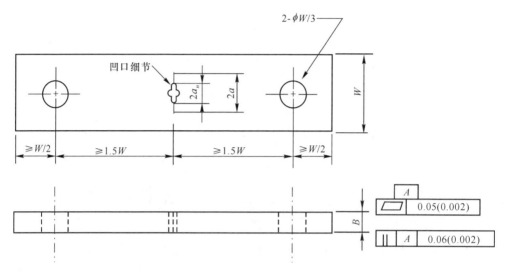

图 6-17　中心裂纹拉伸 M(T) 试样

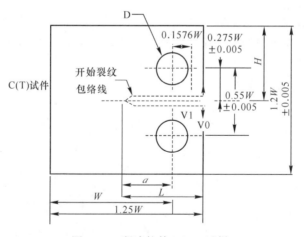

图 6-18　紧凑拉伸 C(T) 试样

M(T) 试样：为了确保裂纹面为均布载荷，采用销轴加载方式的两个销轴之间的距离应不小于 $3W$。对于宽度大于 12in(305mm) 的试样，应该采用多螺栓加载或楔形加载，沿着整个试样宽度施加一个均匀的位移。在这样的情况下，最内螺栓轴的距离可放宽到 $1.5W$。初始缺口的方向垂直于拉伸载荷的方向，缺口中心在半宽位置和试样长度的中央，加工切口的长度应该在 $0.25W \sim 0.4W$ 之间。

C(T) 试样：缺口加工应与加载轴线垂直，位于试样底边和顶边的中央。疲劳预裂纹应该从缺口根部起裂，从初始缺口处至少预裂 $0.05\text{in}(1.3\text{mm})$。初始的裂纹尺寸 a_0（机加切口+疲劳预裂）应该在 $0.35W \sim 0.55W$ 之间。

D 试验程序

（1）测试数量：重复的 $K\text{-}R$ 曲线测试将会随着其他力学性能的变化而变化，这样的变化也依赖于所测试的材料。当要产生设计数据时建议对要测试的多批次材料至少重复进行一次测试，但对于质量有保障的，可以只执行一次测试。

（2）试样测量：在切口平面处，从切口末端到试样边缘的两个位置测量试样的厚度 B，精度达到 $\pm 0.5\%B$，测量试样宽度 W，精确到 $\pm 0.5\%W$。

（3）疲劳预裂：疲劳预裂包括缺口裂纹萌生和裂纹扩展两个阶段。为了避免单一步骤的降载所导致的裂纹扩展迟滞，裂纹扩展阶段应在二级或更多的应力水平下进行。疲劳裂纹扩展量应不小于 1.3mm，且最后一级的裂纹扩展量不小于 0.65mm，循环次数不少于 5×10^3 个循环，推荐 $R = 0.1$。

（4）断裂试验：安装试样，载荷清零。为了保持一个稳定的变形速率，测试机器应该设置加载，使得 $P\text{-}V$ 曲线线性部分的应力强度因子变化速率为 $0.55 \sim 2.75\text{MPa} \cdot \sqrt{m}$，且在整个测试过程中都应该采用该速率，然后自动采集与记录加载过程中的载荷与 COD 值。

（5）初始裂纹长度的测量及断口形貌观测：在试样断裂后，通过在裂纹内的 3 个部位测量裂纹长度并取平均来确定初始裂纹尺寸 a_0，1 个是中心部位，2 个 1/4 部位。如果试样表面裂纹尺寸的测量值与 a_0 结果之差小于 1%，可用表面裂纹尺寸替代。

E 试验结果的处理方法

（1）根据初始的裂纹尺寸 a_0，$P\text{-}V$ 曲线线性部分的斜率 $(\Delta V / \Delta P)_0$ 和适当的柔度计算公式确定有效弹性模量 E_{eff}，检查 E_{eff} 与材料弹性模量 E 的误差是否在 10% 以内。

（2）沿着 $P\text{-}V$ 曲线超过线弹性的区域选择一系列（至少 20 个）数据点进行分析。对于每一个分析数据点 (V_i, P_i)，计算到 CMOD 原点 V_0 的斜率。

（3）根据该斜率、试样几何与有效弹性模量 E_{eff}，采用适当的柔度方程计算每一个选择分析点的有效裂纹尺寸 a_e。

（4）根据 a_e 与施加在试样上的载荷计算选择分析点的 K_R。

M(T) 试样：
$$K = \frac{P}{WB} \cdot \sqrt{\pi a \cdot \sec\left(\frac{\pi \alpha}{W}\right)}$$

C(T) 试样：$K = \dfrac{P_Q}{B\sqrt{W}} \dfrac{(2 + \alpha)}{(1 - \alpha)^{3/2}} \cdot (0.866 + 4.64\alpha - 13.32\alpha^2 + 14.72\alpha^3 - 5.6\alpha^4)$

（5）计算 Δa_e：$\Delta a_e = a_e - a_0$。

（6）计算物理裂纹长度 a_P 和相应的塑性区尺寸，对选择点的数据进行有效性判断。对于每一个观测点计算净截面应力有效准则 R_v。当 $R_v > 1.0$ 时标记为无效数据。

M（T）试样：

$$R_v = \frac{\sigma_{net}}{\sigma_{YS}} = \frac{P}{\sigma_{YS} \cdot B(W - 2a_P)}$$

C（T）试样：

$$R_v = \frac{8 \cdot r_y}{W - a_P}$$

F　试验报告内容

（1）试样的种类与尺寸；

（2）测量的试样几何；

（3）初始的物理裂纹长度 a_0；

（4）试样取向；

（5）产品的种类和厚度；

（6）Y 屈服强度；

（7）材料模量；

（8）预裂条件；

（9）裂纹测量；

（10）在测试初始的线性段的平均的 K-速率，该值是否满足要求；

（11）一个确定 $K\text{-}R$ 曲线的 K_R 与 Δa_e 的列表，附加上每一个点的 r_y 和 R_v，注明所有裂纹尖端偏移超过 10 度的点；

（12）测试环境（温度和湿度）；

（13）K_c 在最大载荷点的 K_R 值和 K_{app}。

6.2.2.6　材料疲劳性能测试

本部分内容参照 ASTM E466 标准编制，适用于室温、空气环境下承受轴向恒幅载荷或周期载荷的光滑和缺口试样，但不适用于元件或构件的轴向疲劳试验。

A　测试方法概要

本试验方法通过对试件施加轴向疲劳载荷，考查试件在某一指定载荷条件下的疲劳寿命。其结果用于评价由于材料、几何形状、表面状态、应力等变化引起的金属材料高周疲劳抗力变化，也可以用于承受交变应力情况下的金属材料选材指导。当试验的实际条件可以模拟服役条件或可以用于有明确定义的服役条件评估方法时，可以将轴向疲劳试验结果用于设计应用。

B　试验设备

一般来说试验应在以下类型的疲劳试验机上进行：

（1）机械部分（偏心曲柄、传动螺杆、旋转质量）。

（2）电动机械或电磁驱动部分或液压或电液伺服驱动。试验机载荷应校验以保证试验过程中载荷保持稳定，且试验机应具有载荷监测系统，如：与试样串联的安装式传感器或直接安装在试样上的传感器，除非这一系统由于空间或其他限制不实用。试验早期阶段试验载荷应连续监测或周期性监测，以保证施加载荷稳定；应力幅度的变化按 E467 规定应在 2% 以内。

C 试样尺寸，构型和制备

试样形式取决于试验目的，设备类型、设备能力和使用的材料，但试样设计应满足以下两个条件：首先，试样失效应位于试样工作段，即缩减区域，为保证试样失效发生在试验段，试验截面和夹持段截面应保证一定的比例，这一比例取决于试样夹持所采用的方法。螺纹端头的试样很难保证直线度，失效经常发生在应力集中的部位。当标距截面具有尖锐的棱边时（如方形或矩形截面）建议采用退刀槽，由于棱边晶粒的滑移并不受周围晶粒的挤压，因此这些棱边是固有的薄弱处。正是由于这一原因如果材料允许最好采用圆形截面试样。夹持端的尺寸相对标距段尺寸、夹持段发生磨蚀或标距段和夹持段的过渡半径太小都会造成试样过早失效。其次，为了计算对试样施加的应力，用于计算应力的试样截面尺寸的测量应精确到 0.03mm。当截面尺寸不小于 5.08mm 时，测量精度应达到 0.03mm；小于 5.08mm 时，测量精度应达到 0.0005mm。试样表面包含平直段时，平行度和直线度应保持一致性。另外，试样尺寸的要求与试样的形状有关。

（1）圆形横截面试样：可以采用以下两种形式：一是试样工作段两端带有切向过渡圆弧的试样（如图 6-19 所示）—试样截面的直径应在 5.08~25.4mm 之间。为保证试样能在试验段发生断裂，夹持段面积与工作段面积之比至少 1.5 倍，但对大多数材料，夹持段面积与试验段面积至少在 4 倍以上；过渡段半径与试验段直径之比至少 8 倍，以消除理论应力集中 K_t。试验段长度应大约是试验段直径的 2~3 倍，对承受压缩载荷的试样，试验段长度大约是直径的 2 倍以防止试样屈曲。二是试样两端夹持之间具有连续半径的圆形横截面（如图 6-20 所示），工作段曲率半径应大于 8 倍试样最小直径，以消除应力集中，且缩减截面的长度应大于 3 倍最小直径。

（2）矩形截面试样：薄板或厚板材料可以加工成宽度方向具有缩减矩形截面的板材试样，也可以加工成宽度、厚度方向都缩减的矩形截面试样。夹持截面与试验段截面积之比没有最大值，可以参考 1.5 倍比例。截面可以有两种形式：一是平行工作段两端和夹持端具有切向过渡圆弧试样，如图 6-21 所示，过渡段半径与试验段截面宽度之比至少 8 倍，为消除理论应力集中 K_t，试验段宽度与试样厚度之比在 2~6 之间，缩减处的面积最好在 19.4~645mm^2 之间，但极端条件下在没有变化表面的产品上取样时以上规定是不实际的。试验段长度大约是 2~3

倍试验段宽度，对小于 2.54mm 厚的试样应特别注意承受反转载荷的情况（如 $R=-1$），例如：在这一情况下试样的线性度变得非常重要，E606 中的一些规定可以参照。虽然 E606 是针对应变控制的标准，但这份标准中也涉及了 1.25mm 厚的试样。二是试样两端夹持之间具有连续半径的矩形横截面试样，如图 6-22 所示。

（3）缺口试样：缺口试样的设计没有严格的规定，但缺口试样设计必须满足试验方案的目标。如缺口试样的缺口形状、缺口根部半径等与缺口应力集中 K_t 相关的信息以及缺口应力集中系数确定的依据等。

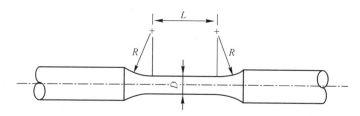

图 6-19　测试面到夹持段之间为相切过渡的圆形截面试样

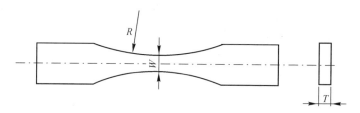

图 6-20　两端夹持段间为圆弧的形截面试样

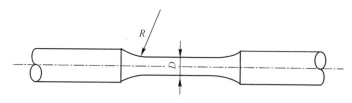

图 6-21　两端夹持段间为圆弧的圆形截面试样

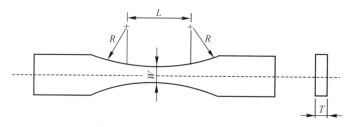

图 6-22　测试面到夹持段之间为相切过渡的矩截面试样

D 试验程序

（1）安装试样：安装试样件应尽量防止出现不同轴的情况，可以通过扭（旋转试验机夹具）或调整对称轴位移等手段保证试样件与试验机同轴。不管是圆柱形试样还是矩形试样，弯曲应力（应变）应小于 5% 最大或最小试验应力范围（取二者较大值）。对低韧性材料同轴度检验非常重要，弯曲应力（应变）应不超过最小应力（应变）幅的 5%。

（2）施加载荷：按试验要求对试样件施加载荷。

（3）试验失效判据：连续试验直到试样达到失效标准或达到预先规定的循环次数。失效可以定义为试样完全断裂、在一定放大倍数下可以看到裂纹、裂纹达到一定尺寸或其他标准，但在报告中应注明失效标准的确定。

E 试验报告内容

（1）疲劳试样、试验过程，试验结果应按照 E468 要求。

（2）这一标准只适用于在一定环境下的金属试验，通常这一环境是室温空气环境。由于环境会非常影响试验结果，因此环境条件如：温度、相对湿度、介质应在试验过程中做周期性记录。

（3）一般来说，疲劳试验应采用周期性载荷函数，通常是正弦波。不管载荷函数的本质如何，都应在报告中说明（正弦、斜波、锯齿波等）。

（4）当光滑试样发现有屈服变形时（如：非零平均应力疲劳试验）应对未破坏试样的永久变形做出报告（如：试验截面积的变化比例）。

（5）断裂形貌的简明描述。后续试验如金相或扫描电镜微观照片，对鉴别疲劳失效机理，分析穿晶、沿晶裂纹扩展等。

6.3 试验样本的选择原则及数据统计处理方法

基于 MMPDS、MIL HDBK 17 国际常用材料性能手册，对金属材料试验的样本选择和数据统计处理方法进行分析总结。根据 MMPDS，为使新产品在 MMPDS 中的 S 基范围内，需要从材料的每种厚度范围和产品形式的至少 3 个炉批选至少 30 个试样，且此要求适用于每种合金、产品形式及热处理或回火条件。

统计最低性能（T99 和 T90 值）的直接计算需要大量的数据来确定分布形式和描述分布的总体参数的可靠估计值。每种材料应有一组含有至少 100 个观察样本的试样代表，假设这些数据服从三参数威布尔分布或皮尔逊Ⅲ分布；如果这些分布都不能充分描述数据的话，则要 299 个观察样本。样本必须包含大多数，至少代表大多数重要产品中的 10 个产品炉号、铸号或熔号，对于力学性能、样本在公差允许范围内应分布得尽可能均匀。为避免与其他批次相比，有更多观察样本代表的批次造成不合需要的样品偏差，每批次样本的观察数量必须接近相等。如果分类数据报告间隔 1ksi 或更小，则它们可能"未分类"且使用平均光滑法分析。

　　数据的数量必须足够，并且样本能够真实反映母体情况。参数技术"容许"一定程度的校对，相反，非参数技术不会"容许"校正。通过非参数技术确定 T99 数值需要至少 299 个单独观察样本代表 10 个炉号、铸号或熔号。数字 299 的选择并非任意的，299 代表了对于最低观察度是 95% 置信度、99% 超差限或 T99 的最小样本。对于较小的样本，T99 值低于最低观察样本，这样不利用分布形式不能确定。29 个观察样本的最低值满足 95% 置信度，90% 超差限或 T90 值。数值 T90 必须基于至少 10 个炉号、铸号或熔号的数据。

7 增材制造零件的质量检测

增材制造技术为航空航天领域小批量高性能难加工复杂结构零件的自由设计和快速制造提供了新途径，在材料-结构-功能一体化、结构轻量化和整体化制造方面具有显著优势。然而，增材制造零件的冶金缺陷问题影响产品质量和性能，是现阶段制约增材制造技术发展和走向工程化应用的关键瓶颈问题之一。由于该技术采用原材料熔化、冷却凝固后"自下而上"逐层材料堆积的成形工艺，导致制件的材料组织、缺陷及成因、质量和性能等方面与传统铸锻件有所不同。增材制造零件往往具有结构形状复杂、材料组织不均匀和明显的各向异性等特点，并且其缺陷类型、尺寸及分布特征均与传统制件有较大差异，从而导致常规无损检测手段面临可达性差、检测盲区大和缺陷检测准确率低等问题。因此，不能简单沿用传统制件检测方法，需要在分析增材制造缺陷特征、零件结构形状、材料组织及成形工艺特殊性的基础上，形成适用的质量检测方法及组合检测方式，验证缺陷检测能力，建立专用于增材制造的质量检测与评价标准体系，为保证增材制造零件产品质量和改进增材制造成形工艺提供支持。

本章概述了增材制造零件质量检测的特殊性，分析了增材制造典型缺陷特征，介绍了制造中的在线监测和制造后的无损检测方法及其标准规范和适航要求，讨论了现阶段增材制造零件质量检测面临的关键挑战和未来发展趋势。

7.1 增材制造零件的质量检测概述

增材制造零件的产品质量分为外部质量和内部质量，主要表现为零件的尺寸精度、外观及表面质量、内部缺陷和材料组织性能等方面是否满足质量验收标准和使用性能要求。通常，由于增材制造涉及能量源与原材料之间复杂的交互作用和熔池金属冶金行为，原材料在逐点扫描、逐线搭接、逐层熔化和快速凝固堆积过程中成形件内部会出现不同于传统铸件锻件的气孔、熔合不良、变形或开裂等冶金缺陷，影响零件的使用性能和寿命。从工程应用角度，对增材制造零件进行质量检测是实现增材制造产品质量控制必不可少的关键环节之一。

增材制造零件的质量检测是采用一定的检验测试手段和检查方法对增材制造工艺生产的零件的一个或多个质量特性进行观察、测量和试验，并将质量检测结果同规定的质量验收要求进行比较，从而对增材制造的产品或一批产品做出合格或者不合格判断的质量管理方法。增材制造零件的质量检测需要关注制造前、制造中和制造后的各环节，制造前通过理解熔池行为与成形质量的关系，利用工艺仿真和数值模拟技术进行"打印预览"，尽量避免可能发生的质量问题；制造中通过对打印过程的在线实时监测与质量反馈控制，及时发现并纠正出现的异常情况；制造后通过对成形零件的质量检测，评估缺陷尺寸和部位及其对质量验收要求的符合性。不论是对增材制造的原材料、生产过程中的各个工序、成形态零件还是产品出厂前最终零件的成品质量检测，其目的都是为了收集反映零件质量状况的数据，以鉴别并剔除不合格品，保证增材制造零件的产品质量。

　　增材制造零件的质量检测在很多方面与传统铸锻件的质量检测有相似之处，通常应用于传统铸锻件的外观检查、尺寸精度和表面粗糙度测量，冶金缺陷无损检测以及破坏性的样品剖切检验等常规质量检测方法，一定程度上可以直接用于增材制造零件的质量检测。然而，由于增材制造技术在物料和工艺等方面的特殊性，对增材制造零件进行质量检测与传统铸锻件相比也有很多特殊之处。比如，通过增材制造工艺生产的零件往往结构形状非常复杂，有些零件是由多个组件合并、重新优化设计和一体化近净成形的。经过拓扑、点阵、仿生优化设计后的零件通常表现出复杂的表面拓扑及特征，成形件的外表面积也大幅增加，例如金属增材制造仿生支架结构零件的典型缺陷分布，如图 7-1 所示，这给质量检测的可达性、检测效率和检测覆盖率带来了新的挑战。

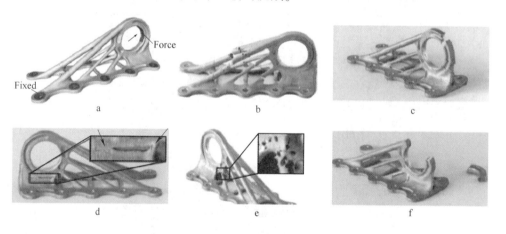

图 7-1　金属增材制造仿生支架结构零件的典型缺陷分布

a—零件数模；b—加载后肋断裂；c—加载后孔断裂；d—未熔合处裂纹；e—孔洞处裂纹；f—加载后孔失效

　　与传统铸造通过对熔融金属的浇铸成形，或者锻造利用锻压机械对金属坯料施加压力获得具有一定的力学性能、形状和尺寸锻件的加工方法不同，增材制造工艺则是通过分层制造在同质基板上逐点扫描、逐线搭接、逐层熔化凝固堆积打印成形三维复杂结构零件。这种逐层材料堆积的成形工艺，每一层的厚度都很薄, 在零件成形过程中工艺参数、外部环境、熔池熔体状态的变化以及扫描轨迹的不连续和不稳定, 都可能在成形零件内部熔道与熔道之间、熔覆层与熔覆层之间、单一熔覆层的内部等局部区域引入不连续性特征, 产生各种特殊的内部冶金缺陷, 比如气孔、层间或道间局部未熔合、夹杂, 以及内部热应力演化导致的变形、开裂及微裂纹等。这种特殊的冶金缺陷类型, 在传统的铸件和锻件中是不会形成的, 其缺陷的大小、分布和取向等特征与传统铸锻件的缺陷类型也有较大差异。同时, 由于增材制造基于 "离散-堆积" 的物料工艺特点, 一些增材制造零件外部的表面粗糙度过大, 内部则表现出材料组织的非均匀性、打印方向带来的材料各向异性, 以及未熔合孔洞内的残存粉末等问题。这给质量检测尤其是常规无损检测的应用带来了新的限制和挑战。为了确保增材制造零件产品的结构完整性, 就需要结合其材料组织、缺陷特征、结构形状及表面状态等特殊性, 研发适用的质量检测方法, 使之具备对所生产零件进行高质量检查的能力。

7.2 增材制造典型缺陷特征分析

增材制造技术对结构零件进行分层制造和快速成形, 涉及能量源与原材料之间复杂的熔池金属冶金和热物理交互作用。在原材料加热熔化、熔池流动、冷却凝固的循环往复过程中, 由于原材料特性、能量源及工艺参数、扫描策略、熔池熔体状态、同质基板温度以及成形舱环境等因素的不稳定和不连续, 制造中在成形件内部产生的气孔、熔合不良及微裂纹等冶金缺陷, 内应力演化及非稳态耦合交互作用和应力集中导致的翘曲变形及开裂等行为, 都会影响增材制造零件的产品质量、力学性能和服役使用安全。从增材制造技术的物料特性和工艺过程特点出发, 采用适当的缺陷分析手段, 研究增材制造典型缺陷特征及其形成机理, 进而对典型缺陷进行分类与表征, 评估缺陷对增材制造零件性能的影响, 对增材制造零件的质量检测、改进制造工艺和保证产品质量具有重要意义。

增材制造缺陷的理化检验分析, 通常会使用电火花线切割从成形块体中不同方向或截面的局部位置剖切出材料试样, 清洗抛光后进行金相分析或者在光学显微镜、扫描电子显微镜下观察缺陷的宏观形貌、数量特征、分布位置及显微组织等; 有时也会借助计算机层析扫描成像 (CT) 等无损检测技术进行缺陷的定性或定量分析。增材制造典型缺陷类型主要包括气孔、未熔合和裂纹。缺陷的类型、大小、取向、数量及分布等几何特征随着原材料特性、制造工艺及参数和零件结构形状不同而有所区别。下面以航空航天领域钛合金、铝合金材料为例, 分析增材制造典型缺陷特征及其形成机理。

(1) 气孔: 在粉末床熔融或送粉工艺中通常会出现气孔缺陷, 其形貌呈规则球状或类球状, 直径约为 $50\sim100\mu m$, 在成形件内部的分布具有随机性。气孔缺陷主要取决于粉末原材料的特性, 一般来源于粉末本身的气体元素、空心粉、粉末吸附或者随粉末卷入熔池内的气体。在铺粉工艺中，粉末床较为松散，受颗粒形貌、粒度及分布、粉末表面孔隙等影响，粉末之间会存在部分气体；而对于送粉工艺，成形过程中受送粉气体流速影响，保护气体容易卷入熔池，成为熔池内气体的来源。由于能量输入过多或工艺过程不稳定，在熔池快速冷却及凝固过程中气泡来不及逸出，留在凝固组织内形成气孔。在铺粉过程中若局部存在细颗粒粉末堆积，由于细颗粒粉末熔化吸收的能量与粗颗粒比相对较小，熔化细颗粒粉末聚集区时产生局部气化给熔池带来反冲力，也会使得熔池处产生凹陷或气孔。另外，电子束或电弧熔丝工艺中由于丝材表面不清洁、送丝不稳定、能量源波动及路径变化等工艺因素，会在成形件内部产生内壁光滑或不规则的球状气孔缺陷。通过严格控制原材料粉末或丝材的加工质量，优化成形工艺参数以及在后处理中引入热等静压工艺，能够有效减少或消除成形件内部气孔缺陷。

（2）未熔合：金属增材制造中最为普遍的一种内部冶金缺陷，局部未熔合的缺陷形貌不规则，且尺寸大小不一，一般具有"近似二维"几何特征，呈平面状或层状分布在熔覆层间或道间。未熔合缺陷的最大尺寸方向通常与打印构建方向垂直或近似垂直，一般不会在打印构建方向上具有显著高度。在铺粉或送粉工艺中，有些未熔合缺陷处包含较多的未熔化粉末颗粒，这是由于零件成形过程中工艺参数控制不当，能量输入不足，粉末材料未完全熔化或者熔覆层间或道间的熔融金属搭接不足，难以形成致密冶金结合导致的。由于未熔合缺陷处表面质量和熔融金属流动性较差，随着逐层材料堆积，有时会使得缺陷沿打印构建方向逐渐向上扩展，形成尺寸较大的体积型跨层缺陷。另外，电弧等熔丝工艺中，未熔合会产生不规则形状孔洞或细长空腔，造成熔覆层间或道间结合不良、层间分离以及材料组织不均匀或致密度不足等问题。熔化能量高低是影响未熔合缺陷形成的重要因素，主要由熔池温度、搭接率、z 轴单层行程等成形特征参量体现。理解成形过程中的传热行为，合理控制能量源功率密度、光斑直径、扫描速度及间距等工艺参数，能够有效预防或消除未熔合缺陷。

（3）裂纹：金属增材制造中最具有破坏性的一种缺陷，裂纹产生是材料物理性能，成形件内部温度梯度、应力演化及集中和残余应力综合作用的结果。通常分为微观裂纹和宏观裂纹两种。成形件内部的微观裂纹一般是凝固裂纹且尺寸相对较小，是由于熔池凝固过程中冷却速率过快引起的较大温度梯度在熔覆层中产生局部残余应力超过材料屈服强度所导致，会降低零件的疲劳性能和使用寿命。宏观裂纹大多表现为层间粗裂纹，是由于材料组织缺陷、残余应力过大、性能不均匀、同质基板及成形舱预热温度不足等因素共同导致，会影响零件使用性能，冷却引起的残余应力还会导致零件与同质基板分层，特别是大尺寸零件中残余应力引起的严重开裂甚至会导致零件直接报废。通常在传热系数较低且热膨胀系数较高的金属材料中更易出现裂纹，而塑性性能好和屈服强度高的材料一般较少产生裂纹。通过适当预热基板，提高成形舱环境温度，从而降低成形时熔池冷却速度和成形件内部温度梯度，可以有效减少裂纹缺陷的发生。

增材制造的其他特殊类型缺陷还包括球化现象、搭接不良、夹杂物、翘曲变形及残余应力等，有些成形件还存在致密度不足、表面粗糙度过大、尺寸精度较差等问题。由以上分析可知，增材制造零件的产品质量主要取决于原材料、制造工艺及参数和成形后的热处理或热等静压等因素，影响增材制造缺陷形成的具体因素包括能量输入、粉末或丝材质量、扫描速度、扫描间距及路径、z 轴单层行程以及基板预热和成形舱环境温度等成形参量的控制，通常成形件截面积越大、熔覆层间或道间搭接区域越多，产生内部冶金缺陷的风险也就越高。如图 7-2 所示，增材制造的典型缺陷特征形貌。

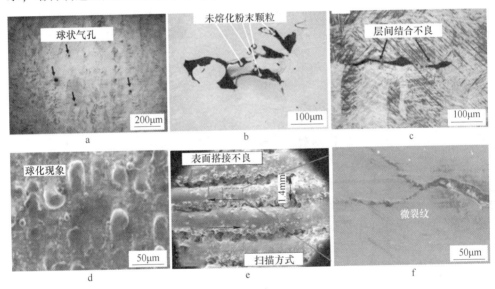

图 7-2　增材制造典型缺陷特征形貌

a—球状气孔；b—未熔合；c—层间结合不良；d—球化现象；e—搭接不良；f—裂纹

相比于传统铸造和锻造工艺，增材制造工艺成形零件的缺陷特征具有特殊性，逐层材料堆积成形的制造方式使得平面状未熔合、层状裂纹、链状孔洞等层状或线状缺陷在熔覆层间或道间生长扩展，而在打印构建方向即 z 轴方向通常不具有显著高度；有些未熔化粉末存在于部分未熔合孔洞缺陷内部，影响成形件的材料组织均匀性和致密度；气孔在成形件中随机分布，表现为单个或簇状密集气孔，散布在材料表面及内部，孔隙率大会导致材料致密度不足；球化现象或搭接不良等会引起表面粗糙度较大，影响成形件表面质量；残余应力及翘曲变形则会影响悬垂、薄壁、点阵及内腔结构的尺寸精度和形位公差等。

7.3　增材制造零件的质量检测方法

　　为了鉴别并剔除不合格品，保证增材制造零件的产品质量，需要围绕增材制造零件制造前、制造中和制造后的各环节进行产品质量检测与控制，这里主要介绍增材制造零件制造后的无损检测方法和制造中的过程在线监测方法。

7.3.1　增材制造零件无损检测方法

　　采用制造与检测过程相对独立的离线检测方式，对成形后增材制造零件的外观及表面质量、尺寸精度、内部冶金缺陷及材料组织性能等进行有效的检验测试，是实现增材制造零件产品质量检测评价与控制必不可少的关键环节。目前，应用于增材制造零件的无损检测方法包括但不仅限于目视、渗透、射线、计算机层析扫描成像（工业 CT）、超声波、电磁涡流和光学几何测量，其他还有红外热成像、过程补偿共振检测等新技术。

7.3.1.1　目视检测（VT）

　　通过检测人员的眼睛或者借助透镜、内窥镜或光导纤维等视觉辅助设备直接或间接观察零件外观及表面质量。适用于检测成形件和最终零件的表面不连续及其他异常，主要检测的增材制造缺陷类型包括零件表面的孔隙、孔洞及未熔合，表面粗糙度，表面的裂纹、腐蚀和翘曲变形，变色及夹杂物等。

　　目视检测应根据检测部位结构形状特点，进行系统检查，以防止漏检。但拓扑、仿生、点阵嵌入等优化设计后增材制造零件的复杂结构形状特点，确实给目视检测带来挑战。使用目测与标准件比较的方法能够确定外观质量及表面粗糙度是否符合零件工程图纸要求。增材制造零件内部通道或空腔表面的可达区域，可借助内窥镜检查。目视检测时，要求增材制造零件的表面质量状态应均匀一致，连续表面上不允许有孔隙、空洞及未熔合，不允许有表面裂纹、翘曲变形或者穿透性的不连续性缺陷，不允许有外来异物、夹杂物以及有损于产品使用的残缺类缺陷。目视检测观察到异常后，必要时应采用其他无损检测方法验证。

7.3.1.2　渗透检测（PT）

　　渗透检测基于毛细管作用，先将渗透剂施加在零件表面检测区域，使之渗入表面开口不连续内，适当的渗透时间后再去除表面多余的渗透剂并施加显像剂，从而吸出渗入不连续内的渗透剂，通过表面清晰的不连续显示来识别缺陷。适用于检测非多孔性的成形件、后处理及机加工后最终零件表面开口的不连续缺陷，主要检测的增材制造缺陷类型包括零件表面的开口孔隙、裂纹和未熔合等。

　　渗透检测通过浸渍或喷涂渗透剂，能够检查复杂结构增材制件的所有外表面，对表面不连续检测灵敏度较高，显示表面不连续的位置、取向和近似长度等特征。航空领域增材制造零件一般应采用荧光渗透检测方法。根据零件类型及检测要求选取合适的渗透剂，通常要求灵敏度级别不低于2级。将渗透检测用于增材制造零件的主要挑战是成形件的表面粗糙度和复杂结构形状影响视线问题，钛合金增材成形件表面状态引起渗透检测显示的背景噪声较高，如图7-3所示。粗糙的增材制造成形态零件表面会降低渗透检测显示的对比度并掩盖目标缺陷显示。若增材制造零件表面太粗糙、不规则或者多孔，则不利于实施渗透检测及缺陷判别，必要时要对制件表面机加工或抛光处理。渗透剂通常仅限于外表面检测，若渗透剂能够充分处理内表面借助内窥镜等则可以检测增材制造零件的内部空腔。在具体实践中，需要确定表面粗糙度对渗透检测响应的影响，并通过已知缺陷和具有不同粗糙度表面的对比试块来解决增材制造零件表面状态的影响。

a   b

图7-3　钛合金增材制件表面渗透检测显示背景噪声较高

a—面板表面渗透显示；b—结构件表面渗透显示

7.3.1.3　射线检测（RT）

射线检测是利用X射线穿过材料与零件时的衰减变化，在射线照相胶片上记录显示，来评判被检测零件内部是否存在缺陷。适用于检测成形件、后处理和最终零件全厚度的体积不连续，主要检测的增材制造缺陷类型包括材料与零件内部的孔洞、未熔合、裂纹、层状缺陷、跨层缺陷、内部特征缺失和夹杂物等。

射线检测应在生产过程中易于发现不连续的工序中实施，其对气孔、未熔合孔洞及夹杂物等体积型缺陷的检出率较高。但是受射线透照方向和缺陷取向的影响，其对闭合的裂纹缺陷、熔覆层间及道间的层状或面积型缺陷检测能力差。将射线检测用于增材制造零件的主要挑战是零件的复杂结构形状和层状面积型缺陷的识别问题，例如受变截面或异形零件复杂结构形状的影响，不同部位有缺陷叠加效应，难以准确识别缺陷的部位和尺寸，如图 7-4 所示。在检测层状面积型缺陷时，需要考虑射线束的方向，当射线束与缺陷平面夹角较大时容易发生漏检。需要在不同方向上进行多次射线透照，且应结合其他无损检测方法辅助验证。若非胶片射线照相技术（例如，数字射线照相 DR 等）的灵敏度足以达到要求的射线质量水平，则也是允许使用其对增材制造零件内部缺陷进行检测。利用 X 射线衍射方法还可以测量零件内部的残余应力等。

　　　　　　a　　　　　　　　　　　　　　　　　　　　b

图 7-4　复杂结构仿生支架零件的射线检测
a—射线下的零件；b—零件中的缺陷分布

7.3.1.4　计算机层析扫描成像（工业 CT）检测

随着增材制造趋向于复杂化和精细化发展，传统的渗透和射线检测技术难以满足复杂结构增材制造零件的质量检测要求，工业 CT 检测技术在复杂结构零件质量检测方面的优势逐渐凸显。该技术是一种射线照相检测，其依据 X 射线在零件材料中的衰减和吸收特性，沿多路径拍摄零件的多个射线辐射投影，并使用计算机算法以二维层析图像或三维立体图像的方式清晰、准确、直观地展示零件的内部结构、材质及缺陷情况，如图 7-5 所示。适用于检测零件的内部和嵌入式缺陷或内部几何偏差，主要检测的增材制造缺陷类型包括零件的孔洞、未熔合、裂纹、层状缺陷、跨层缺陷和夹杂物等。工业 CT 还可用于筛选粉末原材料质量、制件密度和体积孔隙率、外部和内部几何特征测量。

工业 CT 技术的优点是非破坏性的检测，通过零件横截面的量化密度分布和几何图像，能观察到显示的深度和体积特征。使用 CT 检测时，CT 扫描方向应尽可能垂直于零件打印构建（z 轴）方向，这将为沿成形平面产生的层状或平面状缺陷提供尽可能高的检测分辨率。CT 检测适用于复杂结构增材制造零件内部的三维体积细节测量，将 CT 扫描切片堆叠与 CAD 模型或其他测量数据比较，可以用于增材制造零件尺寸轮廓及内部结构特征的检测评估。CT 检测的局限性首先体现在被测物体尺寸，限制了可实现的分辨率，物体尺寸与其密度相关，这也限制了 X 射线穿透量；其次是数据采集时间，扫描质量比如分辨率越高，扫描所需的时间就越长；然后是成本，CT 检测系统及使用非常昂贵，增材制造零件的批量生产可能需要使用多个 CT 系统或者专用的 CT 检测服务提供商。

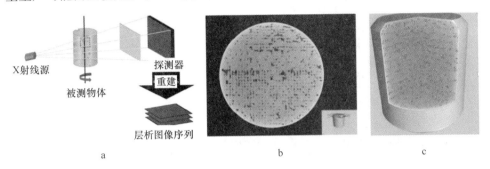

图 7-5　增材制造零件工业 CT 检测技术

a—工业 CT 检测原理图；b—二维层图像；c—三维立体图像

7.3.1.5　超声检测（UT）

超声检测利用超声波在材料中传播遇到不同界面时的不同反射信号响应检测零件内部缺陷。适用于零件的壁厚测量，并根据零件几何复杂性程度用于体积材料验证和内部缺陷检测，主要检测的增材制造缺陷类型包括零件的孔洞、未熔合、层间分离、裂纹和夹杂物等。

超声检测应用于增材制造零件，应首先检查增材制造材料的超声波衰减和速度响应，充分了解增材制造零件与任何参考材料的差异。同时，还需要考虑增材制造零件的几何形状、表面质量和打印构建层的取向等因素。由于增材制造零件的几何形状多样复杂，要充分考虑零件复杂性程度分析超声检测对增材制造零件表面或体积的可达性。增材制造零件表面的粗糙度及纹理存在声学耦合问题，可能会抑制超声波束的进入，尤其是高频超声波传输，可能与超声波的应用不兼容。超声检测前，可能要对增材成形件表面处理，这取决于检测灵敏度和分辨率要求。超声检测可用于几何形状相对简单的大型整体增材制造结构件的内部缺陷检测，也可以与相控阵超声、激光超声、机器人等技术结合以提高检测效率。

增材制件超声波检测的底波损失、声速与锻件相当，噪声幅度略大于锻件，不同方向之间声速、底波衰减差异明显，增材制件超声波检测的噪声水平总体较高且杂波较多，这是由于打印层构建方向、材料组织及内部晶粒等特性等因素的影响，典型增材制造件的超声回波响应，如图 7-6 所示。由于增材制造零件层间未熔合面积型缺陷一般与打印构建方向垂直，且沿某一深度层状分布，因此检测时声束入射方向沿打印构建方向有利于缺陷的检出。

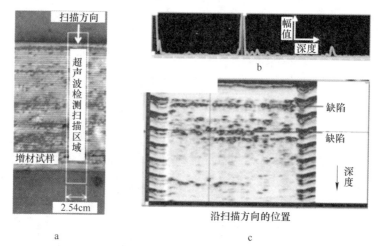

图 7-6　电子束自由成形铝合金增材制造件的超声波检测
a—超声波扫描检测；b—超声波 A 扫描结果；c—超声波 B 扫描结果

7.3.1.6　电磁涡流检测（ECT）

电磁涡流检测通过基于材料局部位置的电导率和磁导率变化来检测零件表面和近表面缺陷。适用于检测导电金属材料表面和近表面缺陷，只要缺陷、不连续或材料状态具有与基材不同的电特性，就能够实现缺陷检测，主要检测的增材制造缺陷类型包括零件的表面开裂和近表面不连续，例如孔洞、裂纹、未熔合和夹杂物等，也可以检测表面和近表面的材料组织异常和残余应力等。增材制造熔覆层间未熔合及电导率分布，如图 7-7 所示。

图 7-7　增材制造熔覆层间未熔合及电导率分布
a—金属熔覆层之间熔合不良；b—金属熔覆层之间电导率分布

涡流检测可用于增材制造过程中、成形后、后处理和机加工的增材制造零件。通常使用相对较高的激励频率，使得零件中感应的电涡流保持在表面附近以对表面损伤敏感；使用相对较低的激励频率，在零件中感应的电涡流可以穿透表面区域以允许检测近表面缺陷。涡流传感器在零件表面快速扫描，不需要与被测材料表面接触，既可以在柔性基板上制备涡流阵列检查复杂几何形状的增材制件，也可以将涡流探头配置扫描夹具以便自动检测零件表面和近表面是否存在缺陷。但是，由于感应电涡流通常平行于被测材料表面，该方法对于增材制造零件层间平面状缺陷的检测灵敏度有限，表面粗糙度也会降低涡流检测的灵敏度。

7.3.1.7 光学几何测量（MET）

通过三维激光扫描、结构光扫描及摄影测量法，可以获得被测三维结构零件的几何形状信息。适用于增材制造零件的几何测量，并允许将成形态零件几何与其原始数模设计进行比较，用于检测零件尺寸精度、翘曲变形和各种表面异常（例如粗糙度、凹坑）等。激光扫描系统将激光线投射到物体表面，扫描仪捕获激光线上的点，并通过三角测量算法计算激光线上表面点的位置，以生成 3D 点云用于创建物体的表面模型。结构光扫描仪采用光源投影仪以相移方式将已知的光图案（例如线和网格）投射到物体上，用相机捕获物体上投射图案的图像，由相机捕获图案的失真和位移计算线/网格上表面点的位置确定深度特征，以生成 3D 点云用于创建物体的表面模型。摄影测量系统则由一个或多个用于图像捕获的高分辨率相机组成，应用三角测量原理计算参考图像中像素的表面点位置，允许组合 2D 图像以创建 3D 图像。

用于增材制造零件的其他无损检测方法还包括红外热成像检测（IRT）、过程补偿共振检测（PCRT），以及适于残余应力检测的中子衍射（ND），声发射检测（AE）、激光超声（LUT）、泄漏检测（LT）等。

7.3.2 增材制造过程在线监测方法

增材制造零件成形工艺与传统铸锻造不同，原材料、工艺参数及后处理加工等都可能导致废品产生从而带来浪费，比如成形过程中由于误差累积导致成形精度下降使得成形件的尺寸精度不合格。通过实时监控成形过程中零件的材料组织变化、缺陷产生等异常，随时做出工艺参数调整以控制成形误差、减少废品产生并有助于实现制造过程的闭环控制，实现高质量的增材制造。

增材制造过程在线监测的目的是及时发现异常、调整工艺参数、保证加工过程的稳定性，还可以通过在线监测数据对增材制造缺陷进行分析。过程监测要解决的主要问题是增材制造设备或激光与材料的相互作用所具有的多变性，后者反过来会影响金属的微观结构或宏观力学性能。过程监测所关注的关键因素包括构建平台和成形舱温度、保护室的氧气浓度、惰性气体流速等环境因素，激光扫描过程中的激光功率、焦斑大小和 Z 轴方向的功率密度变化，扫描速度和间距、层厚的均匀性以及每层的可重复性是否保持高度一致等。成形零件的结构形状也会影响热传递过程，比如材料悬垂或尖锐棱角处的热传递不同，会引起应力集中、变形或者微裂纹。增材制造过程中实现在线实时质量监测的方法主要分为三类：传感器监测与控制设备状态；粉末床表面或层厚监测；激光与材料的相互作用区域即熔池的直接传感监测。以下介绍光学层析成像、红外热成像、声学、电磁和原位 X 射线成像等增材制造过程在线监测方法。

A　光学层析成像在线监测

光学层析成像方法通过高分辨率光学相机在线记录增材制造过程中每层的光学图像，将其与零件模型切片比较，识别差异及缺陷发生的可疑层。EOS 设备 EOSTATE PowdeBed 模块把每一层粉末床的光学图像记录下来以备线下检查。SLM Solutions 的 Layer Control System 模块在每次粉末床涂覆和每次激光照射后获取分层表面图像，在构建多个相同零件时对图像子区域局部分析显示构建过程中的误差，以停止构建有缺陷的零件，同时继续构建其他无缺陷的零件，从而节省时间和材料。Concept Laser 的 QMcoating 模块能对分层涂覆过程进行控制，在粉末铺放时监测层的表面并对每层的层厚变化进行补偿。德国 MTU 公司 Zenzinger 等在 EOS M280 型设备上安装了高分辨率光学相机，采用"光学层析成像技术（如图 7-8 所示）"在线监测成形过程，可检测出最小尺寸 0.2mm 的孔型缺陷，横向分辨率 0.1mm，能清晰显示未熔合缺陷尺寸和位置。

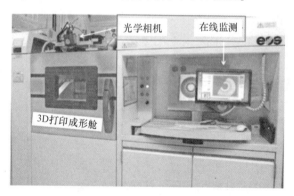

图 7-8　光学层析成像在线检测技术

B　红外热成像熔池监测

红外热成像熔池监测技术通过高分辨率红外热成像仪在线监测熔池的加热熔融、热传导和冷却情况，理解成形过程以及在线检测成形过程中的熔池状态和材料不连续等问题，反馈控制工艺参数以确保增材制造零件的成形质量。在 EOS M270 型成形设备上安装红外摄像机，可以监控成形过程中沉积层厚度分布和瞬态演变，监测制件内部可能的气孔或其他异常，可检最小缺陷尺寸为 $100\mu m$。英国诺丁汉大学 Everton 等综述了采用高速光学相机和红外热成像仪的增材制造在线检测技术，以实现成形过程中对熔池状态的数据采集、工艺参数闭环控制和材料不连续性检测，如图 7-9 所示。红外热成像在增材制造在线检测中速度快、对粗糙表面不敏感、适于复杂构件表面缺陷检测，能够实时监测成形过程中逐层的熔覆质量及材料不连续。红外热成像在电子束熔融过程监测中进行热发射率校正，可以提高缺陷及熔池状态在线检测的准确性。粉末床熔融激光成形中，通过对熔池状态的温度成像可以实现对成形过程中显微组织及缺陷的在线监测。

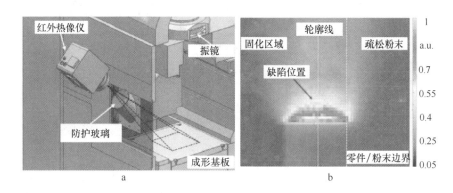

图 7-9　红外热成像熔池监测技术
a—原理图；b—熔池热成像

C　声学在线检测

通过超声、激光超声、声发射等声学特性在线监测增材制造过程中的冶金缺陷等异常，可以避免零件成形后因形状复杂带来的检测盲区等问题。德国 Fraunhofer 无损检测研究所 Rieder 等与 MTU 公司合作，在 EOS 打印机基板下固定超声波探头，对成形过程中厚度、声速及超声信号频谱等变化进行在线监控，分析激光功率对成形件质量与超声信号的影响。将声发射传感器固定在基板底面通过获取材料失效时能量释放导致的突发声信号，还可以监测成形过程中裂纹的产生及扩展。激光超声技术在检测分辨率和灵敏度上的优势可以应用在选区熔化成形过程中实现缺陷在线监测。Knezovic 等研究了超声技术在线监测增材制造过程中的未熔合、气孔等缺陷，以改进工艺参数。王晓等提出了利用激光激励的超声表面波幅度的变化在线监测增材制造过程中的冶金缺陷。上海材料研究所凌松等在增材制造检测技术进展中论述了在制备过程中超声检测实时监控构件中的残余应力分布，以防止其翘曲和开裂。

D　电磁涡流在线检测

通过金属材料的电磁特性在线监测增材制造过程中熔覆层表面和近表面的缺陷等异常。张璧等研究了一种基于亚表面缺陷涡流检测的增材/减材复合制造技术，如图 7-10 所示，使用涡流方法在线检测成形过程中的近表面缺陷并通过反馈控制及切削修正的方法提高增材制造的成形质量，仿真和试验验证了涡流技术能检测距离表面 1.2mm，宽度 0.2~0.8mm 近表面裂纹及未熔合缺陷。

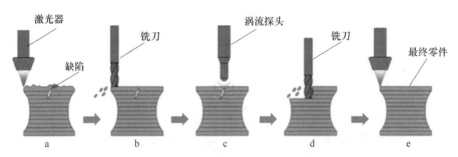

图 7-10　基于涡流检测的增材/减材复合制造技术

E　原位 X 射线成像在线检测

通过原位高速同步 X 射线成像技术可以在线监测增材制造过程中的缺陷和熔池状态，以理解激光与物质之间的相互作用和凝固现象背后的物理机制。英国曼彻斯特大学 Leung 等基于原位高速同步 X 射线成像技术采用激光增材制造设备中的在线监测装置研究了增材制造过程中的缺陷形成和熔池动力学机制，揭示了 3D 打印过程中的熔道、飞溅和孔隙形成的机制，包括孔隙的迁移、溶解、扩散和爆裂等行为，这有助于理解增材制造的工艺过程，以改进工艺参数减少增材制造过程中的缺陷发生。目前金属增材制造过程的在线监测方法研究仍处于探索阶段，检测对象多局限于形状简单的人工试样，距离实现增材制造复杂结构形状零件的在线过程监测应用还有一定差距。

7.4　增材制造零件质量检测的标准规范和适航要求

7.4.1　增材制造零件质量检测的标准规范

在增材制造无损检测标准规范方面，国外的标准化组织 ASTM、ISO、SAE 等和国内的全国增材制造标准化技术委员会等均在开展相关工作。

国外 SAE 协会 2002 年发布的 AMS4999A《退火 Ti-6Al-4V 钛合金直接沉积产品》规定了增材制件的超声检测、射线检测方法及其无损检测验收要求，但是无损检测实施引用了 AMS2631 和 ASTM E1742 等通用金属件检测方法。ASTM F2924 标准《增材制造 Ti-6Al-4V 粉末床熔融标准规范》规定了渗透检测和射线检测标准分别参照 ASTM E1417 和 ASTM F629 执行，验收标准需要由供需双方协商确定。ASTM F3302 标准《增材制造 最终件性能 粉末床熔融钛合金标准规范》规定了增材制造零件参照 ASTM E1417 进行渗透检测，参照 ASTM E1742 进行射线检测。ISO 17296-3《增材制造 通则 第 3 部分：主要特性及测试方法》中规定了增材制造零件的射线检测、渗透检测、层析成像、磁粉检测及其参照标准。ASTM 和 ISO 合作仍在编制中的增材制造无损检测相关标准还包括 ISO/ASTM FDIS 52905《增材制造 通则 增材制造产品无损检测》、ISO/ASTM CD TR 52906《增材制造 无损检测与评估 增材制造零件预置损伤标准指南》、WK47031《航空航天增材制造金属零件无损检测指南》、WK56649《增材制造 零件预置损伤标准实践/指南》、WK62181《航空航天增材制造金属零件在线监测标准指南》。美国增材制造标准化协会（AMSC）2018 年发布了增材制造标准化路线图 2.0 版本，其中 2.4 章节专门介绍了无损评估内容，讨论了增材制造缺陷术语、无损检测能力验证增材制造样件、无损检测应用标准规范指南、内部特征的尺寸测量、数据融合，以及聚合物或其他非金属材料的无损检测等 5 个方面的差距，另外讨论了增材制造零件伪造品以及断裂关键增材制件的无损检测。

国内的全国增材制造标准化技术委员会 2018 年发布的 GB/T 35022《增材制造 主要特性和测试方法 零件和粉末原材料》规定了增材制造零件的显微组织、应力检测、射线检测、渗透检测、层析成像（CT）检测、磁粉检测以及参照的相关国家标准。中国航空航天工具协会 2019 年组织相关单位编制增材制造团体标准，其中包括《增材制造 金属增材制造制件无损检测指南》《增材制造 测试标样 系统几何成形能力评估指南》等文件。

对于形成增材制造零件无损检测相关的标准规范，需要重点关注的是适用于增材制造零件的无损检测方法、抽样计划和验收准则等。无损检测应用中，需要明确待检测的损伤类型以及增材制造零件的检测要求。无损检测方法的选择与实施需要考虑一系列的实际、材料和工艺因素，以及特殊特备和/或设施资格、检测人员资质和检测机构资质、检测费用等因素。需要通过对比试块校正无损检测仪器参数并进行增材制造零件检测能力验证。必要时，需要应用多种无损检测方法或者基于抽样的破坏性解剖检验进行辅助验证。适当的接收/拒收准则取决于零件设计要求和预期用途的重要性。增材制造零件的验收准则和结果解释，通常需要依据损伤对零件性能的影响效应分析来建立。

7.4.2 增材制造零件质量检测的适航要求

确保飞行安全是民航安全的重中之重，推动增材制造技术在民用飞机中的创新应用与发展，面临的首要问题就是要确保增材制造零件产品的质量与可靠性，使其符合适航性要求。制造符合性检查要求鉴定产品对验收标准的符合性，即最终检测或成品检测。应当向制造符合性检查代表证明所用无损检验方法有能力判定工程图纸规定的允许缺陷尺寸和部位，检测结果是可以重复的，并且完成检测所要求的设备能够满足规范中的验收要求。

美国 FAA 备忘录 AIR 100-16-130-GM18 中介绍了增材制造零件的检测方法注意事项：增材制造零件可能需要使用多种无损检测技术来实现完全覆盖。可以在单个零件上使用射线检测、渗透检测、涡流或超声技术的组合。分层增材制造工艺的物理特性通常不会在成形方向上产生显著高度的缺陷。平面状缺陷容易沿着成形平面形成，例如链状孔隙或裂纹。成形后的表面是粗糙的并可能掩盖了通常不允许存在的表面缺陷。应考虑以下问题：

（1）在成形后的零件上使用哪些 NDI 方法？

（2）在最终零件上使用哪些 NDI 方法？

（3）使用的每种 NDI 方法的具体目标是什么？

（4）哪种缺陷类型是每种 NDI 方法都要检测的？

（5）每种 NDI 方法和缺陷类型的检测阈值是多少？

（6）每种 NDI 方法和缺陷类型的检测概率（POD）假设是什么？

（7）在生产中，对于每种 NDI 检测方法，检测频率及抽样计划？

（8）在生产工序中，如何对零件进行微观切片，并评估指定位置的显微组织结构？

7.5　面临的关键挑战和未来发展趋势

增材制造零件的无损检测要考虑零件的几何复杂性程度以选取适用的无损检测方法；逐层材料堆积的薄层构造厚度通常为 $30\sim70\mu m$；熔覆层及熔道间的气孔、未熔合等平面状或层状特殊类型损伤、跨层损伤；成形态零件的残余应力、表面粗糙度影响；以及材料显微组织、3D 打印构建方向及各向异性等，都给增材制造零件的无损检测带来挑战。尽管无损检测可以在零件的全生命周期中使用，但增材制造零件质量检测的主要目的是检测制造过程中的缺陷，以实现增材制造零件的产品质量控制并确保其完整性。

增材制造过程在线监测技术目前仍处于探索研究阶段，研究内容主要集中在对熔池物理参数的在线检测和反馈控制以减少零件的宏观缺陷上。随着光、热、声、电磁、射线等在线检测及反馈控制技术的不断进步，在线检测熔池中的缺陷是可能的，但是对于熔道冷却中以及熔覆层之间形成的微裂纹、未熔合等缺陷仍然面临挑战。另外，基于增材制造在线检测中获取的大量数据未来有望通过人工智能技术搭建 3D 打印物理过程和数字模拟过程的桥梁，通过过程监测、机器学习来调整工艺参数，避免气孔、裂纹等缺陷问题，实现 3D 打印过程中的每一层都实现 100% 的可见性和质量控制。

　　在航空制造领域增材制造零件的质量检测，应当以检测需求为牵引，围绕适于增材制造的飞机功能件、承力件以及大部段复杂结构的质量检测需求，分析增材制造零件相比于传统铸件和锻件无损检测的区别和特殊性，研究适用于增材制造零件不同结构构型、材料属性、成形工艺和缺陷特征的多种无损检测方法以及多种方法的组合检测方式，探索增材制造过程中的在线检测及反馈控制，形成检测方法、流程、工具和标准规范等并满足适航符合性要求，实现增材制造零件制造前、制造中、制造后和服役使用中的产品质量检测与控制。

8　民机增材制造技术应用标准

8.1　增材制造标准化重要作用及现状

8.1.1　国内增材制造标准化现状

我国增材制造技术标准的发展远落后于国外，尤其在国家标准方面，仍处于空白状态，很难反映国内增材制造技术发展水平。但我国增材制造技术现处于快速发展过程中，并取得了显著的成果，如：在金属直接沉积工艺方面，钛合金激光快速成形大型关键、重要承力部件已经在飞机上使用，工艺和应用技术整体上处于国际领先水平；在铺粉熔覆工艺方面，采用激光精密增材成形工艺研制出了飞机用复杂、大型空间曲面多孔钛合金构件。

虽然我国前期已经开展了大量的技术科研工作，部分技术已经与国外水平相当甚至处于领先水平，但就标准化而言，与国际相比还存在很大差距。我国相关工作最早开始于 2002 年，在近十余年中，仅在增材制造设备（特种加工机床）标准化方面取得了一定研究成果，形成了国家标准 8 项、机械行业标准 5 项，内容比较单一，关键共性、设计、工艺和方法、检验与测试等方面标准化工作基本处于空白状态。覆盖增材制造技术全产业链的标准化工作滞后，从一定程度上阻碍了我国增材制造技术的产业化发展，对传统制造向智能制造的转型升级造成了一定影响。

面对我国增材制造技术产业化发展过程中对标准化的迫切需求，在国内相关技术和标准化部门的共同努力下，2014 年 7 月，国家标准化管理委员会批复中机生产促进中心作为国际标准化组织 ISO/TC261 的国内技术对口单位，并推动我国成为 ISO/TC261 的成员国。以此为契机，有关单位组织提出了适应我国增材制造技术发展、涵盖增材制造技术全产业链的标准体系，相关领域专业标准化技术委员会也在申请筹建。与此同时，还推动了《增材制造技术术语》《增材制造技术文件格式》两项国家标准顺利立项，并得到了 20 余家企业、高校和科研院所的支持和响应，成立了标准起草组，实现了本领域重要基础标准的突破。

截至 2018 年 12 月，已经发布的增材制造国家标准包括：

（1）GB/T 35352—2017《增材制造文件格式》。

（2）GB/T 35351—2017《增材制造术语》。

（3）GB/T 35021—2018《增材制造工艺分类及原材料》。

（4）GB/T 35022—2018《增材制造主要特性和测试方法零件和粉末原材料》。

计划发布的增材制造国家标准包括：

（1）增材制造设计要求、指南和建议。

（2）增材制造塑料材料粉末床熔融工艺规范。

（3）增材制造云服务平台模式规范。

（4）增材制造数据处理。

（5）增材制造金属件热处理规范。

（6）增材制造金属材料定向能量沉积工艺规范。

（7）增材制造材料挤出成形工艺规范。

（8）增材制造金属材料粉末床熔融工艺规范。

8.1.2 国外增材制造标准化现状

国际/国外主要的增材制造标准是由标准化组织（例如国际标准化组织（ISO）、美国测试与材料协会（ASTM）、德国标准化研究院（DIN）等）与相关行业合作伙伴共同制定的正式文件，用来建立、验证和认证技术和安全要求。标准通过对产品或市场绩效的可靠验证，满足消费者、贸易和工业等不同行业日益增长的需求。在增材制造技术的背景下，人们普遍认为增材制造技术标准的缺乏导致了增材制造技术系统在工业过程中的应用缓慢。

由于在增材制造技术中，零部件是分层制造的，这导致了零部件的各向异性特性；增材制造技术制造的零部件与锻造零部件相比，具有不同的微观结构和机械性能；没有经过任何后处理的增材制造技术零件的表面比机加工或锻造零件更加粗糙；另外，增材制造技术的不同工艺也会影响零部件的微观结构、机械性能和精加工等方面性能。例如，由 SLM 制造的金属零部件具有与由 EBM 制造的金属零部件类似但却有着不同的特性。所以，尽管目前有大量的标准文件在传统制造行业（例如铸造、挤压、机械加工、注塑等）中应用，但由于多种因素，这些标准并不适用于增材制造技术行业。没有适当的标准，就不可能在增材制造技术工艺与传统制造工艺，以及不同的增材制造技术工艺之间进行比较。因此，标准化对增材制造技术行业来说非常重要。由于缺乏标准，导致增材制造技术的应用进程缓慢，特别对于如航空航天、医疗、汽车等需要认证的行业，增材制造技术标准的缺乏严重影响其应用。目前，世界各地的标准机构正在应对这一问题，例如 ASTM 开始与工业界伙伴密切合作制定一系列增材制造技术基本标准。

2011 年，国际标准化组织（ISO）成立了增材制造技术委员会 ISO/TC 261，下设术语、方法、工艺和材料、试验方法、数据处理等分委会或工作组，并与美国材料与试验协会签署协议，联合开展增材制造技术标准的制定。目前，ASTM

F42 和 ISO/TC 261 共发布增材制造技术标准近 20 项，内容主要集中在术语和定义、文件格式、工艺和材料分类，以及材料特性及测试方法等方面，另外还有 40 余项标准正在制定过程中。其他西方发达国家政府和行业组织也非常重视增材制造技术的标准化工作。

2002 年，美国汽车工程师协会（SAE）发布了增材制造领域第一项标准 AMS 4999《退火 Ti-6Al-4V 钛合金激光沉积制品》，预示着增材制造标准化工作的开始。该标准于 2011 年 9 月进行了修订，更名为 AMS 4999A《退火 Ti-6Al-4V 钛合金直接沉积制品》，不规定所使用的高能束流的种类，仅对最终制件的性能指标提出了要求，并结合现有的测试技术，提出了相应的推荐性检测指标。该标准规定了 Ti-6Al-4V 增材制造的原材料、前处理、制造工艺、后处理、检验检测要求及方法等相关内容，其材料对应于国内 TC4 钛合金，适用于能量直接沉积制件的验收。

2009 年美国材料与试验协会（ASTM）组建了 F42 增材制造技术委员会。F42 下设 8 个分技术委员会，主要由 F42 01 检测方法、F42 04 设计、F42 05 材料与工艺以及 F42 91 术语等 4 个分技术委员会起草发布标准。

8.2 主要标准化组织及其增材制造标准

8.2.1 国际标准化组织

国际标准化组织（International Organization for Standardization，ISO）是国际标准化领域中一个十分重要的全球性非政府组织，负责目前绝大部分领域（包括军工、石油、船舶等垄断行业）的标准化活动，现有 117 个成员，包括 117 个国家和地区。ISO 国际标准组织成立于 1946 年，中国是 ISO 的正式成员，代表中国参加 ISO 的国家机构是中国国家技术监督局（CSBTS）。

ISO/TC 261 是 ISO 增材制造委员会。其指定标准的范围是："增材制造（AM）领域的标准化，涉及其工艺、术语和定义、工艺链（硬件和软件）、测试程序、质量参数、供应协议和各种基础。"任何涉及增材制造的 ISO 级标准化工作都应与 ISO/TC 261 合作完成，最好由其完成。ISO/TC 261 创建于 2011 年。几个月后，与美国材料试验协会的合作协议最终敲定。因此，ISO/TC 261 和 ASTM F42 在 AM 标准（即 ISO/ASTM 标准）的制定和维护方面密切合作。2013 年制定了一项关于增材制造标准制定的联合计划，其中包括 AM 标准的总体结构/层次结构，以实现一个合作伙伴启动所有项目的一致性。该结构于 2016 年进行了修订。

最初，ISO/TC 261 和 ASTM F42 之间的协议是通过确定高优先级和建立四个联合小组（JGS）来实现的，其中 ASTM 和 ISO 将制定标准，随后又创建了额外的 JG. ISO/TC 261 和 ASTM F42 进行阐述。通常一个组织不会"单独"开发标准，而是邀请另一个组织组成 JG，除非其他组织对开发标准不感兴趣。

迄今为止已成立的联合小组有许多，如表 8-1 所示。

表 8-1 已成立的联合小组

ISO/TC 261/JG 51	联合 ISO/TC 261-ASTM F42 小组：术语
ISO/TC 261/JG 52	联合 ISO/TC 261-ASTM F42 小组：标准测试工件
ISO/TC 261/JG 55	联合 ISO/TC 261-ASTM F42 小组：塑料材料挤压基增材制造的标准规范
ISO/TC 261/JG 56	联合 ISO/TC 261-ASTM F42 小组：满足刚性质量要求的金属粉末床熔合的标准实施规程
ISO/TC 261/JG 57	联合 ISO/TC 261-ASTM F42 小组：具体的粉末床设计指南
ISO/TC 261/JG 58	联合 ISO/TC 261-ASTM F42 小组：粉末床熔合金属零件的质量保证及后处理
ISO/TC 261/JG 59	联合 ISO/TC 261-ASTM F42 小组：AM 零件无损检测
ISO/TC 261/JG 60	Joint ISO/TC 261-ASTM F42 小组：在增材制造（AM）零件中植入缺陷的指南
ISO/TC 261/JG 61	联合 ISO/TC 261-ASTM F42 小组：AM 零件机械性能各向异性效应指南
ISO/TC 261/JG 62	联合 ISO/TC 261-ASTM F42 小组：增材制造循环研究指南
ISO/TC 261/JG 63	联合 ISO/TC 261-ASTM F42 小组：AM 用粉末流动特性的试验方法
ISO/TC 261/JG 64	联合 ISO/TC 261-ASTM F42 小组：实体模型支撑
ISO/TC 261/JG 66	联合 ISO/TC 261-ASTM F42 小组：金属粉末技术条件功能梯度增材制造件设计技术报告
ISO/TC 261/JG 67	联合 ISO/TC 261-ASTM F42 小组：3D 打印机的 EH&S
ISO/TC 261/JG 68	联合 ISO/TC 261-ASTM F42 小组：使用金属材料的 EH&S
ISO/TC 261/JG 69	联合 ISO/TC 261-ASTM F42 小组：优化的医学图像数据
ISO/TC 261/JG 70	联合 ISO/TC 261-ASTM F42 小组：粉末
ISO/TC 261/JG 71	联合 ISO/TC 261-ASTM F42 小组：设备
ISO/TC 261/JG 72	联合 ISO/TC 261-ASTM F42 小组：数字化产品定义和数据管理
ISO/TC 261/JG 73	联合 ISO/TC 261-ASTM F42 小组：人员培训
ISO/TC 261/JG 74	联合 ISO/TC 261 – ISO/TC 44/SC 14 WG：增材制造航空航天应用
ISO/TC 261/JWG 5	联合 ISO/TC 261-ASTM F42 小组：在增材制造（AM）零件中植入缺陷的指南

8.2.2 美国汽车工程师协会

美国汽车工程师协会（Society of Automotive Engineers，SAE）是一个超过 127000 名工程师和技术专家组成的全球协会，是机械工程专业的最终知识来源。作为世界上最大的航空航天共识标准制定组织，美国汽车工程师学会保持着 8500 多个军用和民用航空业、政府和研究利益相关者使用的主动航空航天技术标准。

SAE AMS-AM 成立于 2015 年 7 月，是 SAE 国际航空航天材料系统集团的技术委员会，负责制定和维护航空航天材料和工艺规范以及其他有关增材制造的 SAE 技术报告，包括前体材料、增材制造工艺、系统要求和建造后材料、预处理和后处理、无损检测和质量保证。AMS-AM 委员会的目标是：

（1）制定航空航天材料规范（AMS），用于采购增材制造前体和制造材料，包括金属、塑料、陶瓷、复合材料和增材制造技术制造的混合物。适用时，材料规范与相应的共享材料属性数据库相关联。

（2）发布增材制造材料航空航天最终产品加工和制造的推荐规程、规范和标准。

（3）通过与金属材料性能开发和标准化（MMPDS）手册、复合材料手册（CMH-17）、ASTM 委员会 F42 增材制造、AWS D20、ASTM 委员会 E07.10 专业无损检测方法、Nadcap 焊接任务组的及其他 AMS 委员会和相关组织的协调，进一步采用行业赞助的材料规范。

（4）与新金属材料的 MMPDS 新兴技术工作组和新聚合物及复合材料的 CMH-17 工作组协调在共享材料属性数据库中发布数据。

（5）建立一个系统，以确保材料规范得到控制，并可追溯到通过文件化程序分析的统计证实数据。

鉴于关键航空应用的独特认证要求，2015 年 10 月，美国联邦航空管理局（FAA）向 SAE 提交了一份任务书，要求制定增材制造技术规范，以支持 FAA 为增材制造认证准备指导材料。SAE 的航空航天材料规范通过保护材料性能数据的完整性和在供应链中提供可追溯性来支持飞机和航天器关键部件的认证。航空航天零件增材制造的行业共识标准是从零件鉴定向材料鉴定过渡的推动力，规范制定的一个组成部分是推导最终增材制造加工材料批量验收的规范最小值。

来自 15 个国家的 300 多名全球参与者代表飞机、航天器和发动机原始设备制造商、材料供应商、运营商、设备/系统供应商、服务提供商、监管机构和国防机构积极参与委员会。目前有六个小组委员会：金属、聚合物、无损检测、综合、数据管理和监管协调。

2002 年，在 AMS-AM 成立之前，SAE 的 AMS-G 钛、铍和耐火材料委员会发布了第一份增材制造材料规范 AMS 4999A《钛合金直接沉积产品 Ti-6Al-4V 退火》。该文件于 2011 年修订，随后于 2017 年转移至 AMS-AM。2018 年 6 月 AMS-AM 发布了四份初始材料和工艺规范，其中包括通过激光粉末床熔接工艺利用镍基合金中增材制造航空航天零件。截至 2018 年 6 月，AMS-AM 已在航空航天金属和非金属材料及工艺规范方面开展了 12 项工作。

8.2.2.1　金属增材制造规范框架/层次

AMS-AM 委员会采用了一个框架来创建航空增材制造金属材料和工艺规范，其结构具有层次性。它以最终产品材料规范为基础，支持增材制造工艺和原料材料，如图 8-1 所示。材料规格以结果为导向，包含化学成分、微观结构、性能和热处理要求。由于增材制造材料是过程密集型的，因此需要额外的支持性过程规范。工艺规范不是规定性的，而是建立必要的控制，以确保增材制造工艺生产的材料的质量和一致性。工艺规范的关键要求是工艺控制文件（PCD），这些文件和程序是固定的，并通过化学、冶金和机械测试协议进行验证和证实，以证明等效性和重复性。其中固定工艺是用来建立批次验收、质量控制规范的最低要求。

SAE AMS-AM 材料和工艺规范旨在共同制定增材制造工艺生产和增材制造材料的典型要求和控制。母材规范在结构和功能上与传统 AMS 材料规范非常相似，并规定了化学成分、微观结构、力学性能、热处理和无损检测的要求。

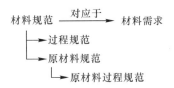

图 8-1 SAE AMS-AM 金属规范层次

原料规格包括原料要求，如化学成分，以及原料的特殊制造要求，如熔化方法和气体环境。工艺规范制定了必要的控制措施，以确保原料及最终增材制造加工材料的质量和一致性。图 8-2 提供了一个示例，说明如何通过采购订单、工作说明书、合同、图纸或其他规范来建立和向下传达需求。

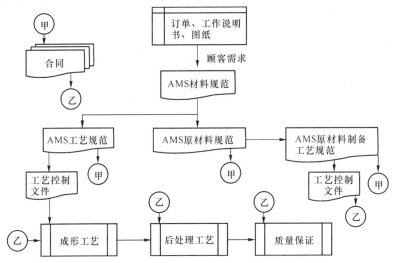

图 8-2 控制文件优先顺序和客户需求向下流动的流程图

8.2.2.2 聚合物 AM 规范框架/层次

美国汽车工程师协会（SAE International）的 AMS AM-P 是应国际航空运输

协会（IATA）要求于2017年1月成立的AMS-AM小组委员会，负责协助航空公司采用增材制造机舱零件。小组委员会的文件还将支持更广泛的航空航天行业对合格聚合物增材制造零件产生兴趣。正在开发的最初三个规范为使用Stratasys UltemTM 9085和UltemTM 1010生产航空应用高质量零件所需的熔融沉积建模工艺和材料原料特性提供了技术要求和质量保证规定。

同时，AMS AM-P正在开发一个独特的规范框架，适用于填充和未填充聚合物。其与美国国家航空研究所（NIAR）FAA资助的项目密切合作，开发聚合物基增材制造材料鉴定框架，AMS AM-P行业规范将帮助测试数据转换为共享数据库，如CMH-17。正在开发的框架包括基本规范，例如选定机械性能的估计值，在某些情况下还包括详细规范（或斜线图），例如统计得出的规范最小值。

8.2.2.3　航空材料

与任何其他常规材料一样，通过对制造工艺建立控制，可以在材料化学和微观结构中获得和预测的结果一致，从而预测的特性和性能与实际可以产生一致。现行的SAE AMS-AM增材制造规范策略建立了对输入原料和增材制造工艺的控制，但同时也依赖于现有的商品工艺标准和规范，如热处理和无损检测（NDI），如图8-3所示。增材制造材料涵盖了广泛的材料形式：具有各向同性特性的商品金属、具有各向异性特性的商品金属、具有各向异性特性的定制材料以及具有各向异性特性的复合材料。AMS-AM委员会的初始项目将侧重于具有各向同性特性的商品材料，随着对定制微观结构的复合材料经验积累，将为这些更复杂的材料制定AMS规范。

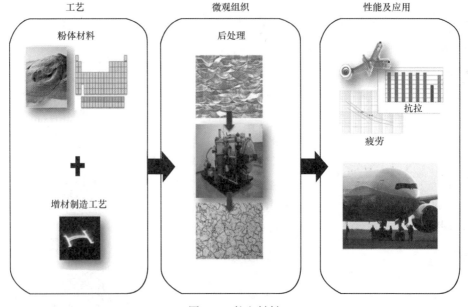

图8-3　航空材料

8.2.2.4　数据管理

数据管理小组委员会最终确定增材制造金属数据提交指南，并正在制定增材制造聚合物数据提交指南。本指南将用于在增材制造材料规范中包含规定性能（例如，拉伸屈服和极限强度、伸长率、压缩屈服强度、断裂韧性、弹性模量、泊松比、弯曲强度）时，统计力学性能确定的最小值，但这些值不用于设计实际零件。金属规范和详细聚合物规范中的最小值将用作最终增材制造加工材料的批次验收。由于规范最小值的目的是评估按照 SAE AM 工艺规范生产的增材制造材料的一致性，因此测试要求取决于所考虑的实际材料和工艺规范。规格最小值是根据满足规定的 SAE AMS-AM 原料规格要求的试样以及根据既定工艺控制文件生产的符合公认的 SAE AMS-AM 工艺规范要求的试样确定的。同时，本指南规定了每台机器制造商的批量发布质量控制规范的最低数据要求。

8.2.2.5　目前 SAE AMS-AM 发布的标准列表

目前公布的金属增材制造标准包括：

（1）AMS7000 激光粉末床熔合（L-PBF）生产零件，镍合金，耐腐蚀和耐高温，62Ni-21.5Cr-9.0Mo-3.65Nb 应力消除、热等静压和固溶退火。

（2）AMS7001 镍合金，耐腐蚀和耐高温，增材制造用粉末，62Ni-21.5Cr-9.0Mo-3.65Nb。

（3）AMS7002 航空航天零件激光粉末床增材制造用粉末原料生产工艺要求。

（4）AMS7003 激光粉末床熔接工艺。

8.2.3　美国机械工程师协会

美国机械工程师协会（ASME）（American Society of Mechanical Engineers）成立于 1880 年。现今已成为一家拥有全球超过 125000 会员的国际性非盈利教育和技术组织。由于工程领域各学科间交叉性不断增长，ASME 出版物也相应提供了跨学科前沿科技的资讯，涵盖的学科内容包括：基础工程、制造、系统设计等方面。ASME 关于增材制造的工作成果如下：

（1）ASME Y14 小组委员会 46 "增材制造产品定义"。开发和规范化系统和指示，以促进增材制造产品定义的统一做法；创建一个广泛接受的标准，该标准包括、扩展或完善国际惯例和符号，以使增材制造产品定义数据集能够在全球基础上创建、解释和使用。主要的文件为 ASME Y14.46—2017，Product Definition for Additive Manufacturing ［Draft Standard for Trial Use］，该文件阐述了特定于增材制造的产品定义要求。本标准涵盖了增材制造技术特有的术语和特征的定义，并在产品定义数据集和相关文件中对其统一规范提出了建议。

（2）ASME Y14 小组委员会 41.1 "3D 模型数据组织模式"。正在编制的标准文件是 ASME Y14.47—201×，Model Organization Schema Practices，该标准建立了一个模式，用于在数字产品定义数据集的上下文中组织 3D 模型和其他相关信息，以传递支持基于模型的企业（MBE）的产品定义，但不包含与图纸相关的要求。该模式定义了一种常见的实践，以提高设计效率，并向数据的使用者提供一致的数据内容和结构。只要数字产品定义数据的生产者将 3D 模型的内容映射到模式中，就不需要逐字遵循此特定模式。

（3）ASME Y14 小组委员会 48 "通用方向和负载指示"。在产品定义数据集中明确定义和指定方向、方向要求、负载和负载要求的方法标准化，标准提供了在产品定义数据中明确描述方向、方向要求、载荷和载荷要求的符号方法。它将定义指定线性和非线性方向、重力方向、点荷载、压差和其他类型的方向和荷载要求的标准方法，以及方向和荷载与产品相关基准参考框架的关系。

（4）ASME B46 "增材制造项目组"。该部分解释了如何找到能够描述增材制造零件形貌的参数，以便它们能够与加工参数和性能参数相关联和区分。表面形貌图的规格应反映其对性能的影响，并能与工艺参数相关联。增材制造所产生的表面与传统方法所产生的表面明显不同，关于使用传统制造指定加工和性能的形貌图，在增材制造中对于推荐表面纹理特征参数几乎没有帮助，但这些参数对产品和工艺设计很有价值。

（5）ASME V&V 小组委员会 50 "先进制造计算模型的验证与确认"。该部分提供验证和确认程序，以及量化先进制造计算机建模和仿真的不确定性。增材制造的 V&V 是该领域的一个中心话题。这一新生群体可以参与，并在一定程度上取得进展，并有真正的机会与软件行业合作，创造第一个增材制造商业模型，并根据之前的 ASME 验证与确认工作中的经验，帮助定义最佳实践。

（6）ASME 新委员会 "先进的生产监控、诊断和预测技术"。美国机械工程师协会正在建立一个新的委员会，以解决先进的监测、诊断和预测技术的制造。编制的指南将使制造商能够确定：从生产操作中收集最合适的数据；收集已识别数据的有效策略；组织、存储和连接数据的建议方法；适用于数据的理想分析；分析的验证与确认；评估整个制造厂的这些结果，以促进更新控制和维护策略的更有效决策。

（7）ASME Y14 小组委员会 41 "数字产品定义数据实践"。相关标准为 ASME Y14.41—2012，Digital Product Definition Data Practices，该标准规定了适用于编制和修订数字产品定义数据（以下简称数据集）的要求和参考文件，规定了使用产品定义数字数据集或数字格式图纸图表（以下简称图纸图表）的现有 ASME 标准的例外情况和附加要求。

（8）ASME B89 项目组 4.23 "CT 测量设备"。正在编制的标准为 ASME

B89.4.23—201×，X – ray Computed Tomography（CT）Performance Evaluation Standard，该标准规定了用于均匀材料点对点长度测量的工业 X 射线计算机断层扫描（CT）系统的尺寸测量精度，医用 CT 仪器不在本标准范围内。本标准适用于在工件表面，即在工件材料–空气界面，包括内腔表面进行的尺寸测量，对由多种材料或"密度梯度"测量组成的工件的评估，而材料内的密度逐渐变化，不在本标准的范围内。

（9）ASME Y14.5—2009，尺寸与公差。该标准规定了用于工程图纸、数字数据文件和相关文件中定义的模型的规定和解释尺寸、公差和相关要求的规则、定义、要求、默认值和推荐做法。Y14.5 提供了传达设计意图的基本几何尺寸和公差（GD&T）语言，确保技术图纸中的零件具有所需的形状、配合、功能和互换性。

8.2.4 美国材料与试验协会

美国材料与试验协会（American Society for Testing and Materials，ASTM）是全球公认的制定和执行自愿共识标准的领导者。如今，全世界使用了 13000 多个 ASTM 标准来提高产品质量、增强健康和安全、加强市场准入和贸易以及建立消费者信心。ASTM 在国际标准制定方面的领导地位是由其成员的贡献所推动的：来自 140 个国家的超过 30000 名世界顶级技术专家和商务专家，在一个开放和透明的过程中工作，使用美国材料试验协会先进的 IT 基础设施，创建了支持世界各地工业和政府的试验方法、规范、分类、指南和实践。

2009 年美国材料与试验协会（ASTM）组建了 F42 增材制造技术委员会。F42 下设 8 个分技术委员会，目前已发布标准 11 项，还有 11 项标准正在制定中，主要由 F42 01 检测方法、F42 04 设计、F42 05 材料与工艺以及 F42 91 术语等 4 个分技术委员会起草发布。目前，F42 05 主要针对于粉末床烧结/熔融（对应于 SLS 和 SLM）技术的钛合金、镍基合金及塑料成形零件开展了相应的标准制定，在标准中规定了相关工艺的原材料要求、前处理、制造过程中质量控制、后处理、检验检测要求及方法等方面的要求，适用于粉末床熔化制件的验收。主要的标准及其摘要如下文所述。

8.2.4.1 测试方法

关于测试方法，ISO/ASTM 已经发布了几个标准，对不同的增材制造零部件进行比较时，基本的测试方法和原则是很重要的。

（1）ISO/ASTM 52921-13：增材制造的标准术语 坐标系和测试方法。该标准包括增材制造技术中的术语、术语的定义、术语的描述、有关坐标系统和测试方法的命名法以及缩写形式，以此来标准化增材制造过程中使用的术语。涵盖的术语包括两部分：第一部分是机器/系统及其坐标系统的定义，例如构建平台、建造表面、机器的正面、坐标系、原点、x、y、z 轴等；第二部分是零件的位置和方向，包括任意方向的最小边界框、几何中心、初始构建方向、正交定位符号、零件位置和零件重新定位，如图 8-4 所示。

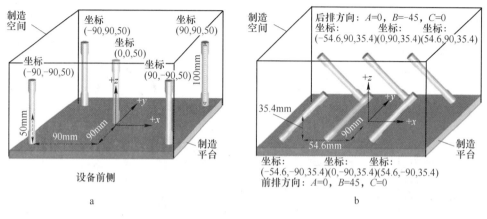

图 8-4　增材制造坐标系

a—零件位置和初始建造方向；b—零件位置和再定位

（2）ASTM F2971-13：增材制造试样制备报告数据的标准操作指南。该标准的主要目的是将测试样本的描述和测试报告标准化；将增材制造材料数据库标准化以协助设计师；通过测试和评估来增加材料的可追溯性；获取增材制造样本性能关系的属性参数，使预测模型和其他计算方法成为可能。

该指南描述了一个标准程序，用于报告通过测试或评估增材制造生产样本产生的结果，这种做法为展示增材制造样本的数据提供了一个通用格式，目的是为报告需求建立进一步的数据和为材料属性数字库的设计提供信息。

该标准的设立是因为每种增材制造方法和每种设备拥有独特的变量，因而该报告对于测试、评估的样本在准备、加工和后处理过程中的标准描述至关重要。为了保证与每个测试或评估的样本相关的材料和加工历史文档保持一致性，文件的细节级别和应用相匹配。这种做法为材料和加工数据报告建立了最低数据元素需求。

（3）ASTM F3122-14：增材制造工艺制造的金属材料力学性能评估标准指南。该标准作为现有标准或现有标准变化形式提供一个指导，这种变化可能适用于确定增材制造材料具体的力学性能。一些标准中指出，由于有一些因素可能会影响到报告的属性，包括材料、材料各向异性、材料制备方法、孔隙度、样品制备方法、测试环境、样品校准和选取、测试速度和测试温度，因而需要根据实践 F2971 和引用的标准指导方针把这些因素记录下来。本标准不包括安全相关的任何内容，在使用之前，用户应根据监管要求负责建立安全的相应措施。

8.2.4.2　设计

关于设计的标准目前已发布了两项，其中包括增材制造文件格式（AMF）的开放性标准，不同于以往采用的 STL 文件，AMF 文件会包括颜色、材料、制格线等信息。

（1）ISO/ASTM 52915-16：增材制造文件格式标准规范1.2版。AMF 是一种用来解决当前以及未来增材制造技术需要的交换格式。该标准指定了增材制造文件格式（AMF）的规范，一旦满足了本规范的要求，AMF 就可以被编写、显示并进行传输。虽然 STL 是如今在使用的标准格式，但其只包含了网格信息，如图8-5 所示，没有其他规定提供其他有用的数据，如颜色、纹理、材料和其他属性。随着增材制造技术的发展，STL 将无法支持信息数据库，因此这个标准规范是设置框架来建立一个新的格式来替代 STL，并满足增材制造技术不断增长的需求以支持更新的功能。

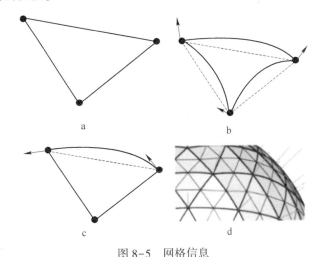

图 8-5　网格信息

a—缺省（平）三角形贴片；b—使用顶点法线的三角形曲线；
c—使用边切线的三角形曲线；d—将曲面三角形贴片细分为四曲面子斑块

新的文件格式将遵循可扩展标记语言（XML），并且必须能够支持符合标准的互操作性。文件格式将以一般的方式来描述一个对象，使得所有的机器都可以制造出最好的零部件；在需要时也必须易于调试，对具有复杂性和较大文件有着良好扩展性，对文件的读写操作具有合理的持续时间。

（2）ISO/ASTM 52910-18：增材制造　设计　要求标准指南。该标准提供了在产品设计中采用增材制造的要求、指南和建议。适用于由任何类型的增材制造系统制造的所有类型的产品、设备、系统，组件或部件，有助于确定设计所需的注意事项或利用增材制造的功能。预期需求用户包括三类：增材制造系统中产品的设计人员及其管理人员，学习机械设计和计算机辅助设计的学生和设计增材制造指南和设计指导系统的开发人员。

8.2.4.3　材料与加工工艺

材料及其标准化对增材制造生产过程的可靠性以及生产组件的可靠性是非常重要的。作为原材料，金属粉末需要经过专门的处理和加工，粉末性能的偏差对加工出的零部件的性能会有着很大的影响。

（1）ISO/ASTM 52901-16：购买增材制造零件要求的一般原则标准指南。该标准定义并规定了通过增材制造生产的采购零件的要求，为下订单的客户和零件供应商之间交换的要素提供了指导，主要内容包括零件订购信息，待加工零件的定义，零件特征、功能和性能，以及验收四大部分。该标准是根据世界贸易组织技术性贸易壁垒（TBT）委员会发布的"国际标准、指南和建议发展原则决定"中确立的国际公认标准化原则制定的，适用于获得满足最低验收要求的增材制造零件，可以通过在订单时添加一个或多个补充要求，指定更严格的部件要求。

（2）ASTM F2924-14：通过粉末床熔合增材制造 Ti-6Al-4V 的标准规范。该标准适用于 Ti-6Al-4V 增材制造技术产品的购买者和生产者，用于定义要求和确保产品性能，其中产品采用全熔粉体熔化成形技术制造，例如电子束熔化和激光熔化。该规范还涵盖了适用于原材料的粉末分类、测试方法、术语等相关标准，以及针对所有性能要求的最终产品的测试。此外，为了达到最终尺寸和表面要求，需要进行机加工、抛光、研磨等后处理工艺。

（3）ASTM F3001-14：通过粉末床熔合的增材制造 Ti-6Al-4V ELI（超低间隙）的标准规范。该标准提出了 Ti-6Al-4V 组件增材制造的超低间隙要求，Ti-6Al-4V ELI 组件采用全熔粉体熔化成形技术制造，例如电子束熔化和激光熔化，适用于作为委员会成员协商一致建立和修订的最低验收要求部分的基础。该标准涵盖了材料、分类排序信息、生产计划、原料、工艺、化学成分、显微组织、力学性能、热处理、热等静压、尺寸和质量、允许偏差、二次测试、检查、废弃物、产品标识、包装和质量计划要求。

（4）ASTM F3049-14：用于增材制造工艺的金属粉末特性表征的标准指南。该标准介绍了金属粉末表征技术，可用于黏结剂喷射、定向能量沉积和粉末床熔合等基于粉末的增材制造方法，也可将读者引导至其他适用于在增材制造系统中处理原始和使用金属粉末表征的现有标准。该标准将会是未来形成一套专门标准测试方法的起点，将记录下每个单独的属性或属性类别，这对金属增材制造系统和组件的性能来说很重要。虽然这个标准关注的是金属粉末，但涉及的方法也可能适用于非金属粉末。

（5）ASTM F3055-14A：通过粉末床熔合的增材制造镍合金（UNS N07718）的标准规范。该标准适用于增材制造生产 UNS N07718（2.4668-NiCr19NbMo）组件的购买者或生产者，它规定了组件的要求并确保了组件的性能，组件采用全熔粉体熔化成形技术制造，例如电子束熔化和激光熔化。使用这些工艺生产的组件通常用于需要的力学性能类似于机械加工锻件和粗加工产品的应用中。此外，根据本规范制造的零件通常会通过机械加工、磨削、电火花加工、抛光等加工方式来达到预期的表面粗糙度和尺寸。

（6）ASTM F3091/F3091M-14：塑料粉末床熔合的标准规范。该标准适用于使用粉末床熔合的塑料零部件制造商以及采购此类零部件的客户；涵盖了通过粉末床熔融工艺制造任何塑料零部件的要求和零部件完整性，包括未填充的配方和含填料的配方、功能性添加剂如阻燃剂、增强材料或其组合，但不包括不需要使用粉末的过程（SLA、FDM、LOM 等）；其中粉末床融合的过程可以参照 ASTM F2792。

（7）ASTM F3318-18：通过激光束粉末床熔合的 AlSi10Mg 增材制造成品部件性能的标准规范。该标准是根据世界贸易组织技术性贸易壁垒（TBT）委员会发布的"国际标准，指南和建议发展原则决定"中确立的国际公认的标准化原则制定的，包括使用粉末床熔合（例如激光熔化）增材制造的 AlSi10Mg 零部件（类似于 DIN EN 1706：2013-12 EN AC-43000），通常采用该方法生产的零部件具有类似或超过铸铝产品的机械性能。此外，根据该规范制造的零部件通常需要经过机械加工、研磨、放电加工（EDM）、抛光等后处理，以获得所需的表面粗糙度和临界尺寸，但并不是必须的。该标准适用于增材制造 AlSi10Mg 零部件的购买者或生产者，用于定义要求和确保零件属性，同时建议用户使用本规范作为委员会成员协商一致建立和修订的最低验收要求。

（8）ASTM F3301-18：通过粉末床熔合增材制造的热处理金属零件的标准规范。该标准规定了通过金属粉末床熔合生产的零件的热处理要求，以达到所需的材料性能和微观结构，以满足工程要求。该标准旨在参考粉末床熔合的材料零件属性规范。目前，该标准包括钛合金、Co-28Cr-6Mo、UNS N07718 合金、UNS N06625 合金、UNS 31603 合金和 AlSi10Mg 等材料的热后处理。

该标准中涉及的适用部件包括但不限于医疗植入物、航空航天部件、用于发电的关键部件以及石油和天然气生产的制造部件，通过列出所需条件（例如 SR/HIP，用于消除应力和热等静压），可以对工程或采购订单强制执行多次热处理。此外，该标准还适用于生成零件材料属性设计数据的试样，并且随着新的粉末床熔融材料热处理的发展，该规范将会更新。

（9）ASTM F3184-16：通过粉末床熔合增材制造不锈钢合金（UNS S31603）的标准规范。该标准适用于增材制造的 UNS S31603 组件的购买者和生产者，用于定义要求和确保组件性能；规定了基于激光和电子束的全熔融粉末床熔融工艺对 UNS S31603 组件进行增材制造的要求。通常采用这些方法生产的组件用于机械性能与机加工锻件和锻造产品相当的应用中。根据该标准制造的零部件通常需要但不是必须经过机械加工、研磨、放电加工（EDM）、抛光等后处理，以获得所需的表面粗糙度和临界尺寸。此外，建议用户使用本规范作为获得符合委员会成员协商一致建立和修订的最低验收要求组件的基础。

（10）ASTM F3187-16：金属定向能量沉积的标准指南。该指南针对定向能量沉积（DED）用于修复、快速成形和小体积零件制造，为用户提供有用的技术规范或使用的定向能量沉积技术信息。包括定义技术应用和限制、DED 系统设置注意事项、机器操作、过程文件、工作实践，以及可用的系统和过程监控技术。DED 系统包括使用激光束（LB）、电子束（EB）或电弧等离子体能源的多种类型的机器，原料通常包括粉末或金属丝，沉积通常发生在惰性气体（电弧系统或激光）或真空（EB 系统）中。此外，虽然在实践中主要采用这些方法，但是使用其他能源、原料和大气也可能属于这一类。

（11）ASTM F3056-14E1：通过粉末床熔合增材制造镍合金（UNS N06625）的标准规范。该标准适用于增材制造的 UNS N06625 零件的购买者和生产者，用于定义要求和确保组件性能；包括了使用全熔融粉末床熔合（例如电子束熔化和激光熔化）增材制造的 UNS N06625 零件。通过这些方法生产的零件的力学性能通常与机加工锻件和锻造产品相当。根据该标准制造的零件通常通过机械加工、研磨、放电加工（EDM）、抛光等后处理，以获得所需的表面粗糙度和临界尺寸，但并不是必须的。此外，建议用户使用本规范作为委员会成员协商一致建立和修订的最低验收要求。

（12）ASTM F3213-17：通过粉末床熔合增材制造 Co-28Cr-6Mo 成品部件性能的标准规范。该标准是根据世界贸易组织技术性贸易壁垒（TBT）委员会发布的"国际标准，指南和建议发展原则决定"中确立的国际公认的标准化原则制定的；包括基于激光和电子束全熔融粉末床熔融工艺增材制造的 Co-28Cr-6Mo合金，其化学成分与 UNS R30075 相似。通过这些方法生产的零件的力学性能通常与机加工锻件和锻造产品相当。根据本规范制造的零件通常通过机械加工、研磨、放电加工（EDM）、抛光等后处理，以获得所需的表面粗糙度和临界尺寸，但并不是必须的。该标准适用于添加剂制造的 Co-28Cr-6Mo 合金部件的购买者和生产者，用于确定要求和确保部件性能。此外，建议用户使用本规范作为委员会成员协商一致建立和修订的最低验收要求。

（13）ASTM F3302-18：通过粉末床熔合的钛合金增材制造成品部件性能的

标准规范。该标准是根据世界贸易组织技术性贸易壁垒（TBT）委员会发布的"国际标准，指南和建议发展原则决定"中确立的国际公认的标准化原则制定的；包括基于钛合金的全熔融粉末床熔融加工增材制造零件；采用这些方法生产的零件的机械性能通常与机加工锻件和锻造产品相当。根据该标准制造的产品可能需要以机械加工、抛光等形式进行额外的后处理，以满足必要的表面粗糙度和尺寸要求。该标准适用于增材制造的钛组件的购买者和生产者，用于定义要求和确保组件性能。此外，建议用户使用本规范作为委员会成员协商一致建立和修订的最低验收要求。

（14）ASTM F3303-18：满足关键应用的金属粉末床熔合工艺特性和性能的增材制造标准。该标准是根据世界贸易组织技术性贸易壁垒（TBT）委员会发布的"国际标准，指南和建议发展原则决定"中确立的国际公认的标准化原则制定的；描述了金属粉末床熔接（PBF）机器的工艺操作和生产控制，以满足诸如商业航空航天部件和医疗植入物的关键应用；包含的要求适用于使用激光束和电子束的粉末床熔合（PBF）的生产零件和机械试样。

8.2.4.4 术语

ISO/ASTM52900-15：增材制造的标准术语 通用原则 术语。该标准规定并定义了增材制造技术中使用的术语，这些术语已被分类为特定的应用领域。ISO/TC 261 和 ASTM F42 未来产生的新术语将包含在即将修订的国际标准概述中。

其中关于增材制造单步工艺和多步工艺原理如图8-6所示，金属材料增材制造单步加工原理概况如图8-7所示，聚合物材料单步加工原理概况如图8-8所示。

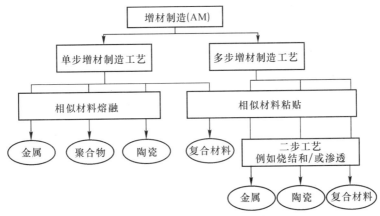

图 8-6 增材制造单步和多步工艺原理

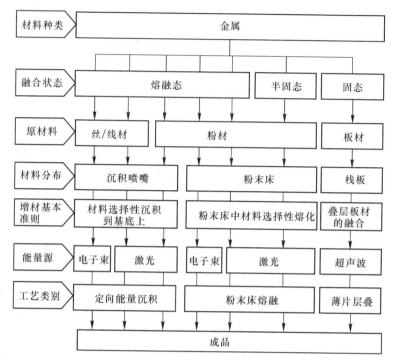

图 8-7　金属材料增材制造单步加工原理概况

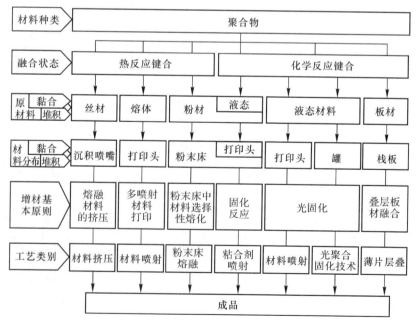

图 8-8　聚合物材料单步加工原理概况

8.2.5 美国国家航空航天局

美国国家航空航天局（National Aeronautics and Space Administration，NASA）了解到增材制造技术带来的诸多优势，将增材制造技术应用得十分深入。对于现有的设计，增材制造技术提供了一种独特的能力，可以显著降低制造复杂金属制品的成本，特别是在航天应用中数量普遍有限的情况下。与传统加工中开发生产复杂金属制品所需的高成本和长交付周期相比，新的设计使该行业可以近乎完全依靠精细分析来减轻测试失败的程序化影响。随着增材制造技的出现，金属制品原型的设计将以最小的成本和影响进行迭代，从而凸显航空航天体系系统工程"以最少的代价（人力、物力、财力和时间）、最有效地利用最新科学技术成就、获得最高的经济效益，并达到预期的目的"的根本出发点。

增材制造技术的独特优势促使其在航天业的应用。在航空航天系统中实施增材制造技术所面临的最大挑战不在于改变设计格式，而在于安全实施新的和快速变化的技术。与大多数结构材料工艺相比，增材制造技术从发明到商业化到关键应用的快速发展历程是前所未有的。粉末床熔融（PBF）是生产航空航天金属制品增材制造工艺中的佼佼者，然而多种因素会影响到PBF零件的质量，例如粉末颗粒形状、激光功率、粉末床中的热条件、残余应力发展和工作环境，因此需要明确要求并建立一个严格的方法，以控制这些变量并管理与该过程相关的风险。

为规范设计和确保安全，NASA形成了航天增材制造金属制品的技术标准和规范，马歇尔太空飞行中心（Marshall Space Flight Center，MSFC）于2017年10月发布了MSFC-STD-3716《通过金属激光粉末床熔融增材制造航天制品技术标准》和MSFC-SPEC-3717《激光粉末床熔融工艺的控制和鉴定规范》，旨在为MSFC计划和项目认可的流程、程序、实践和方法提供统一的工程和技术要求，该技术标准和规范的主要内容如图8-9所示。

（1）MSFC-STD-3716《通过金属激光粉末床熔融增材制造航天制品技术标准》。MSFC-STD-3716为使用激光粉末床熔融（L-PBF）工艺制造的金属制品的研制与生产提供了顶层框架，如图8-10所示，以满足美国航空管理局设计管理与安全标准的要求，并为安全实施L-PBF技术提供必要的控制。该技术标准给出了产品控制的关键点和工艺流程，并形象地说明了每个过程的相关性。

MSFC-STD-3716技术标准的目的有两个：首先是提供一个明确的基础和零件生产控制系统，以管理与当前L-PBF技术相关的风险；其次，提供一组一致的认知工程组织（Cognizant Engineering Organization，CEO），代理机构可以用它来衡量每个L-PBF零件控制的风险和充分性。

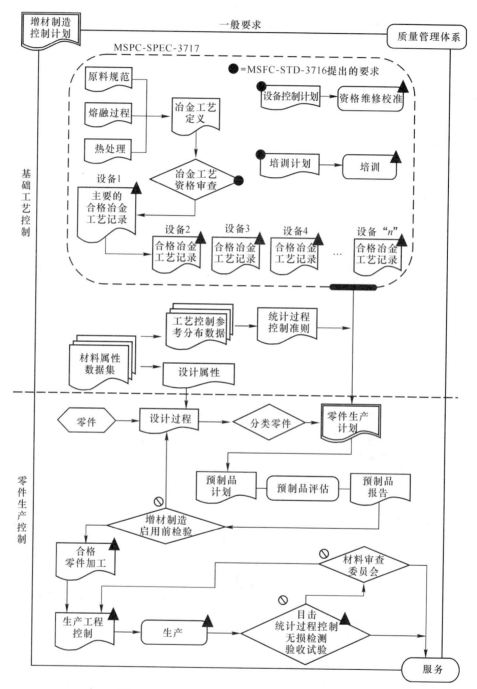

图 8-9　NASA 标准规范中的关键内容和过程

（图中符号和缩写含义见标准原文）

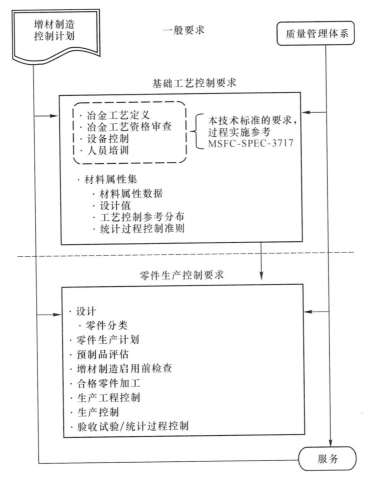

图 8-10 MSFC-STD-3716 的大体内容

MSFC-STD-3716 技术标准的内容结构从增材制造控制计划（Additive Manufacturing Control Plan，AMCP）的一般要求开始，由管理工程、生产实践及一个有效的质量管理体系（QMS）并行提供质量保证，从建立基本流程到零件投入服务的全过程要求。

1）基本工艺控制要求。

L-PBF 的基本工艺控制要求为可靠的零件设计和生产奠定了基础。主要内容包括合格冶金工艺、设备控制、人员培训、材料性能要求，其中前三项都在 MSFC-STD-3717 中具体介绍。材料性能方面对物料开发中的过程控制、在 L-PBF 材料表征中引入可变性来源、确定设计值、材料特性库（Material Property Suite，MPS）中使用外部数据标准、过程控制参考分配等做了具体要求。

2) 零件生产控制要求。

零件生产控制包括从规划 L-PBF 构建开始到最终零件验收的所有零件生产过程。该标准规范重点对零件的设计和生产控制做了规定，提供了管理 L-PBF 硬件的设计、开发、评估、测试和验收的要求，包括零件分类、结构评估、裂纹控制、综合结构完整性原理、零件生产计划（Part Production Plan，PPP）、合格零件工艺（Qualified Part Process，QPP）以及控制模型质量、构建执行和构建后操作的策略。

同时，该技术标准对材料性能设计值的确定做出了相应的规定，提供了与建立 L-PBF 材料设计值方法相关的要求和指导。为了满足这些要求，物理或力学性能的材料测试须基于适用的测试标准（例如，ASTM E8/E8M 用于拉伸测试，ASTM E466，Standard Practice for Conducting Force Controlled Constant Amplitude Axial Fatigue Tests of Metallic Materials 用于疲劳试验，或 ASTM E1820，Standard Test Method for Measurement of Fracture Toughness 用于断裂韧性试验）；测试由通过 Nadcap™ 认可的测试实验室，或美国实验室认可协会（A2LA），以及其他国家认可的认可机构或 CEO 的直接批准执行。

（2）MSFC-SPEC-3717《激光粉末床熔融工艺的控制和鉴定规范》。MSFC-SPEC-3717 适用于 MSFC-STD-3716 技术标准。它定义了对 L-PBF 工艺控制基本内容的程序要求：L-PBF 冶金工艺过程的定义和鉴定；L-PBF 设备和设施的维护，校准和鉴定；L-PBF 操作人员的培训。

该 MSFC 规范的主要内容是对 L-PBF 工艺的鉴定和控制流程。在任何候选 L-PBF 冶金工艺鉴定之前，都必须对其进行充分定义。此 MSFC 规范主要对粉末原料的生产和采购、粉末的回收利用、熔化过程中的影响因素、工艺过程的重启程序、热处理过程等给出了管理要求，给出了 QMP（合格冶金工艺）的定义，为设定零件的材料水平提供了理论基础，并提供了量化指标以监测冶金过程的质量变化。

该规范提出建立一套 QMP 的标准化资格认证体系，给出 L-PBF 工艺的鉴定要求，包括微观结构的质量、演变和验收，顶层熔池的特征，表面纹理和细节分辨率度量标准和验收标准。鉴定过程可确保在任何给定机器上实施 L-PBF 工艺，实现与在材料特性库（Material Properties Suite）中与设计值相称的机械特性。

此外，该规范还定义了对 L-PBF 设备和设施控制的最低要求。这些控制由 L-PBF 过程供应商通过对 L-PBF 设备特有的设备和设施控制计划来定义和实施。该计划定义了生产操作的程序和作业指导书，如粉末原料管理、污染控制、计算机安全，以及 L-PBF 设备的维护、校准和鉴定。

8.3　民用航空增材制造技术应用标准化重点方向解析

8.3.1　增材制造标准对于民用航空的重要意义及需求

增材制造标准会让航空航天领域的认证和审批成为可能（类似 FDA），虽然没有标准，这类认证和审评也能够完成，但会非常复杂。标准化对这些特定领域的设备发展应用起到促进作用，对商业中股东的利益而言是显而易见的，并且标准化过程中的时间花费有限，这对节能产品的应用质量非常有好处。

8.3.1.1　主要意义

总体来讲，标准化的目的和意义是：

（1）通过定义那些产品的特征和品质来提高产品、过程和服务的质量，以满足需求。

（2）促进提高生活质量，安全系数，健康因素，以及环境保护的品质。

（3）在生产和流通环节提供材料，能源人力资源的经济性。

（4）一种适合参考或者具有法律约束力的文件，使得各个利益攸关方之间的交流变得清晰明确。

（5）消除国际贸易中，由于不同地区经验差别带来的障碍。

（6）通过多种控制渠道提升工业效率。

8.3.1.2　需求分析

对增材制造与传统等材（铸、锻、焊）、减材（车、铣、刨、磨）制造方式构成完整制造体系，与等材和减材制造方式对比，增材制造表现出更大的创造灵活性和应用宽泛性，为创新设计、快速制造、快速验证开拓了巨大空间，为制造业的转型升级和绿色经济生态的形成带来重大的机遇，将会促进新材料、新科学领域的跨越式发展。

（1）创新设计需求。采用增材制造技术，实现三维设计、三维检验与优化，甚至三维直接制造，可以摆脱二维制造思想的束缚，使飞机结构设计师将精力集中在如何更好地实现功能优化，直接面向零件的三维属性进行设计与生产，大大简化设计流程，从而促进产品技术更新与性能优化。在以往的大量实践中，利用增材制造技术，快速准确地制造并验证设计思想在飞机关键零部件的研制过程中已经发挥了重要的作用。如今，该技术在飞机"轻量化结构"和"仿生学"方面的突出表现，让这一趋势更加显而易见。运用"轻量化"设计方法，3D 打印技术可以帮助设计人员快速生产出新的设计结构，并且部件重量要比常规件轻 30% 以上。

未来的飞机部件将是"仿生"的，采用金属 3D 打印可制造出极为精细的结构，甚至是骨状的多孔结构。自然界在数百万年间优化发展了各种功能原理和轻量化原理，巧妙地将资源投入最小化，空客公司如今正在有组织地对这些自然解决方案的适用性进行分析，通过"智能曝光策略"，可以有针对性地往部件投射激光，让其结构、强度和表面质量达到要求，实现仿生学的应用。拓扑优化加上仿生法的设计，将有效实现产品轻量化和提高使用寿命，其中"仿生"机舱隔离结构在 A320 的投入使用就是典型的应用实例。

3D 打印技术正在改变我们的设计思维，其在设计自主性和环保方面的优势，使其在飞机制造业中的地位日益重要。更短的交付周期、更轻量的部件和前所未有的成形自由度，这些都是选择这一技术的重要依据。从国外民机应用的发展来看，在完成大量的基础研究和技术储备后，不管是空客还是波音，对于 3D 打印技术应用于航空领域，已经不再局限于是便宜还是快的讨论层面，而是研究这一技术获得的整体性能和经济效益的极大提升，从而带来竞争力的提升。

（2）快速制造需求。随着技术的进步，为了减轻机体重量，提高机体寿命，降低制造成本，飞机结构中大型整体金属构件的使用越来越多，其中大型整体钛合金结构制造技术已经成为现代飞机制造工艺先进性的重要标志之一。大型金属结构传统制造方法是锻造再机械加工，但能用于制造大型或超大型金属锻坯的装备较为稀缺，高昂的模具费用和较长的制造周期仍难满足新型号的快速低成本研制的需求；另外，一些大型结构还具有复杂的形状或特殊规格，用锻造方法难以制造。增材制造技术对零件结构尺寸不敏感，可以制造超大、超厚、复杂型腔等特殊结构；除了大型结构，还有一些具有极其复杂外形的中小型零件，如带有空间曲面及密集复杂孔道结构等，用其他方法很难制造，而用高能束流选区制造技术可以实现零件的净成形，仅需抛光即可装机使用。传统制造行业中，单件、小批量的超规格产品往往成为制约整机生产的瓶颈，通过增量制造技术能够实现以相对较低的成本提供这类产品。

通过大量使用基于金属粉末和丝材的高能束流增材制造技术生产飞机零件，从而实现结构的整体化，降低生产成本和周期，达到"快速反应，无模敏捷制造"的目的。随着我国综合国力的提升和科学技术的进步，为了缩小与发达国家的差距，保证研制速度、加快装备更新速度，急需这种新型无模敏捷制造技术——金属结构快速成形直接制造技术。

（3）快速设计验证需求。增材制造技术应用于"设计-验证"环节的优点显而易见。即利用增材制造技术无模具的特点，在民机论证阶段进行原型制造（构建模型），用于设计评估，如风洞模型，通过增材制造迅速生产出模型，可以大大加快"设计-验证"迭代循环。在早期研制阶段即可制造出具有接近量产部件特性的原型件，极大节省成本和周期，因此采用该技术在设计早期就可发现错误原因并优化项目流程。目前，能够用于快速设计验证的增材制造技术已经很成熟了，直接进行应用即可。

（4）快速响应客户需求

传统的厂家紧急订货（AOG）航材服务，需要航材的原始设备制造商（OEM）或分销商在附近拥有相应的备件，或能在很短的时间内将航材运抵现场，但往往客户的 AOG 航材需求无法得到满足，造成飞机长时间停场。如果能够利用 3D 打印的快速加工特性，在现场或附近快速制造出所需航材，那么客户的 AOG 航材需求将能够迅速满足。另外，运输飞机或公务机上都存在一些特制件，由于其具有特殊性，一般很少拥有航材储备，一旦需要更换，其备件加工生产的周期较长；运用 3D 打印技术，则可以快速加工特制件，满足客户需求。

3D 打印不仅可用于批量制造飞机零部件、生产飞机维修所需的航材；还可利用其快速加工的特性，对现场缺少而又无法短期内采购到位的航材进行现场制造，保障航材紧急需求。此外，针对飞机上使用的一些高价件、易耗件，客服中心可利用 3D 打印技术进行低成本、批量加工，并申请相应的适航证书（如 PMA（航空器零部件制造人批准书）、DMDOR（民用航空器改装设计委任单位代表）授权证书），将这些零部件应用到相应的飞机型号上，拓展客服公司业务范围，降低客户航材采购成本。此外，一些特制的 3D 打印机，可根据所存储的零件形状和尺寸，对飞机蒙皮、发动机叶片损伤部分进行喷印修复，从而使飞机无需长时间停场修复后即可重新投入运行。对于一些磨损的轴承、轮胎等，如果磨损程度较轻、不值得更换新件，也可以通过 3D 打印技术进行修补，降低维修成本。

8.3.2 民用航空增材制造技术应用标准体系分析

增材制造技术的应用不但涉及设计、制造、试验、客服服务及通用等技术标准，基本覆盖了零件产品的全生命周期，也包含管理标准和工作标准，所以增材制造技术应用标准规范体系的构建应综合考虑公司（企业）标准规范体系架构、标准规范层面、专业面等因素来建立，如图 8-11 所示。

因为增材制造技术具有信息网络技术与先进材料技术、数字制造技术的密切结合的特点，所以增材制造技术的应用涉及材料、设计、直接成形、后处理等专业，为了推动民机大型/复杂结构的优化设计和快速制造，研究和构建增材制造技术应用标准规范体系是前提和基础。

8.3.2.1 应用需求为导向

以改进现有 ARJ21 和 C919 型号研制、服务宽体客机和未来新型民机产品应

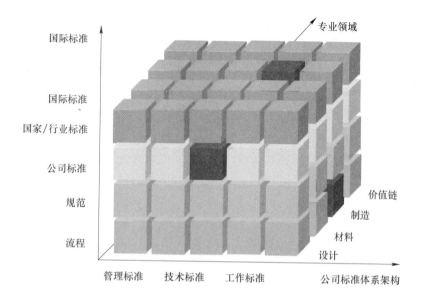

图 8-11　公司增材制造技术应用标准体系框架因素

用为导向，以民机零部件直接制造和维修制造为核心，研究和形成公司增材制造技术应用标准规范体系，如图 8-12 所示。

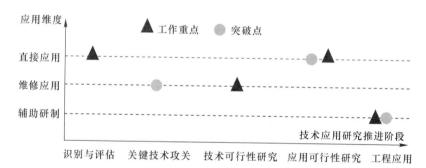

图 8-12　以应用需求为导向因素分析

8.3.2.2　技术基础为前提

技术维度是增材制造技术的核心部分，主要从增材制造技术的一般工艺过程需求出发，分为设备、设计、材料、工艺等。民机企业应重点考虑突破结构拓扑优化设计、工艺控制、材料、制件等技术，如图 8-13 所示。

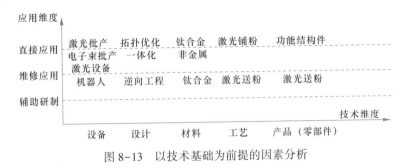

图 8-13　以技术基础为前提的因素分析

8.3.2.3　保障手段为基础

保障维度是增材制造技术的基本保障，主要从增材制造技术全生命周期的保障技术需求出发，建立各环节、各阶段、各类事物及人员的基础性、检测、认证、基础数据格式等标准，如图 8-14 所示。

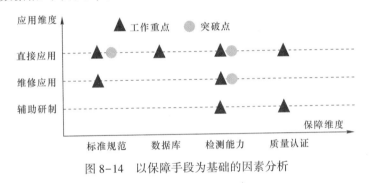

图 8-14　以保障手段为基础的因素分析

8.3.2.4　广泛采用各层次标准资源

总之，增材制造标准体系的建立需要在国家层面、行业层面开展顶层设计，综合规划，以确保标准间能够协同，高效地发挥作用，如图 8-15 所示。

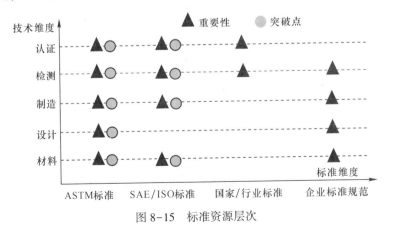

图 8-15　标准资源层次

8.3.3　民用航空增材制造技术应用标准体系架构

增材制造技术是一项新技术，目前公司的主要工作也是进行增材制造技术应用等关键技术攻关与验证，逐步形成增材制造技术应用基础。所以研究所形成的标准体系架构以学习专业能力为首要考虑因素，引领未来型号应用的推进，给出每个标准规范（包括可用的现有标准和待编制的标准规范）所对应的公司标准体系架构。参考 ASTM F42 和 ISO 标准化组织发布的增材制造标准架构、美国增材制造标准化技术路线，结合中国商飞公司增材制造技术应用研究、验证与推广工作实际，形成公司增材制造技术应用标准体系架构，如图 8-16 所示。

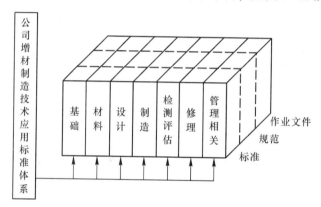

图 8-16　公司增材制造技术应用标准体系架构

体系架构包括专业能力维度和文件体系维度，此外还隐含公司标准体系维度。其中专业能力维度基于增材制造技术的民用飞机零部件选材、设计、制造、试验评估等过程，归结为基础、材料、设计、制造、检测评估、维修、管理相关等专业（或领域）的标准规范。文件体系据标准内容详细程度、适用范围和管理权限，公司增材制造技术应用标准体系文件可划分为标准、规范和作业文件三个层次。

（1）标准。标准是为在一定范围内获得最佳秩序，经协商一致制定并由公认机构批准，共同使用和重复使用的一种规范性文件。纳入公司增材制造技术应用标准体系内容的标准包括国内外权威机构（如国家政府、专业协会、行业归口机构）发布的标准，以及公司编制和发布的型号间通用的公司级标准。主要的标准化组织包括：

1）国际标准化组织（ISO，International Organization for Standardization）。

2）美国汽车工程师协会（SAE，American Association of Automotive Engineers）。

3) 美国材料试验协会 (ASTM, American Society of Testing Materials)。

(2) 规范。规范是指规定产品、过程或服务应满足的技术要求的文件。公司规范包括如下几类:

1) 通用规范:规定一类或几类产品 (飞机、系统/部段、子系统/组件、设备/零部件) 共性要求和验证方法的规范。规定特定零部件、元器件、材料或设备等的通用要求和检验方法的详细规范属于通用规范。

2) 设计规范:规定产品设计过程中应遵循的技术准则、方法和基本要求的一类规范,是企业组织设计工作和控制设计质量的依据。

3) 试验规范:规定产品试验工作中应遵循的技术要求、程序和方法的一类规范。

4) 工艺规范:规定产品加工环节和加工对象的制造技术及制造要求的一类规范。

5) 客服规范:规定产品的工程研制客户服务和产品交付后客户服务过程的一类规范。

6) 材料规范:规定产品所使用材料的性能、形状和试验要求的一类规范。

(3) 作业文件。作业文件 (也可称为作业指导书) 是为了完成一项或同一类型工作而专门编写的指导性文件,重点在于规定工作的实施操作要求、流程及条件等。

8.3.4 民机增材制造技术应用标准化重点

(1) 设计领域标准化工作重点。设计是驱动增材制造技术应用的原始动力,能否解决、改进设计中存在的具体问题是检验增材制造技术应用必要性以及相应专业能力水平和实力唯一标准,所以增材制造设计标准的研究与编制是公司增材制造技术应用标准化工作的重中之重。其标准化工作的重要方向包括:

1) 通过对优化设计工具性能的对比和验证,选择、完善或开发 (二次开发) 增材制造设计工具和软件,实现公司范围内优化工具的型号和版本的一致性,促进单位之间的协同优化设计。

2) 积累和形成增材制造材料、工艺数据库,在设计工具和软件中集成增材制造材料数据、工艺数据 (制造约束) 等,以提高设计效率及智能化。

3) 建立增材制造设计/零部件知识库,实现增材制造知识的积累与重复率利用,逐步创建 3D 设计标准、综合规则和通用规范,以指导在数字环境下增材制造的设计。

4) 总结增材制造相关的经验教训,在此基础上制定增材制造原则与指导方针。形成面向功能设计能力,建立增材制造材料和工艺选择的指导方针,指出如何按照要求选择材料和工艺。

（2）材料领域标准化工作重点。增材制造材料标准是实现增材制造零部件型号工程应用与适航认证的前提，如要实现增材制造技术最终的型号批产应用，建立稳定性（包括性能稳定性和供应稳定性）是关键。其标准化工作的重要方向包括：

1）建立可接受的增材制造原料属性（材料标准），确定能实现工艺优化并达到设计要求的原料必须具备的关键特性。

2）了解不同属性和工艺参数下材料性能的变化，并建立模型，确定表征材料属性和工艺对性能的影响。

3）制定原料规格和标准，包括运输、存储、加工、再利用、回收和废弃等标准，并形成文件。

4）建立供应商资格认证程序并鼓励扩大材料供应源。制定增材制造材料供货商资质认定标准，透明化认证流程。确认合格的增材制造材料供货商/货源，鼓励开发新货源，确保稳定与价格合理的材料供应。

（3）制造领域标准化工作重点。以促进公司形成钛合金的激光选区熔融、激光熔覆沉积加工制造能力为目标，标准化工作重点如下：

1）以形成小型复杂结构零件激光选区熔融制造加工能力为目标，形成稳定可靠的增材制造工艺。

① 了解关键工艺参数以及如何加以控制，减少不稳定性。

② 建立设备认证和校验流程，保持工艺稳定性。

③ 完善和优化现有增材制造工艺，在生产工艺中实现渐进式的技术研发。解决生产能力的短板，例如，紧急用零部件制造、较小特征、提高速度、空间精度和准确性等。

2）改进现有工艺或开发新工艺。

① 改进现有增材制造能力或开发增材制造新工艺，用于（非增材制造零部件）维修应用。评价和解决增材制造零部件的可修复性问题。

② 开发增材制造/传统制造混合工艺，例如，结合增材制造和传统技术的工艺。

③ 开发大型零部件的加工能力，包括连续建造和多激光设备，用于相应的行业。

④ 了解增材制造用于不同尺寸的工艺知识，开发多尺寸方法，实现不同尺寸零部件的整体加工，例如整合功能结构的零部件。

⑤ 开发多种材料加工能力，包括多材料给料，后处理能力和多材料建模。

（4）检测评估领域的标准化工作重点包括：

1）开发各种无损检测方法，既涵盖后处理阶段，也包含建造中阶段，用于检验材料质量和加工能力的无损检测技术。

2）原材料的性能表征方法（空心粉、流动性等）、回收再利用要求、抽样要求等。

3）制件产品的力学性能测试试样、部件级测试方法与要求、无损检测方法等。

4）无损评估如常见缺陷图谱、无损评估指南、内部结构特征度量等相关标准规范。

（5）维修领域标准化工作重点包括：

1）创建全套逆向工程流程和文档，包括工具、软件和设备，实现逆向工程流程的标准化。

2）基于模型的检验、检测方法与缺陷评估、修理流程与要求、修理工艺等。

9 增材制造的民用航空适航符合性

民用飞机由于长寿命、高可靠性的要求，对材料的审核和适航认证要求更高，必须提高增材制造工艺水平以满足行业的严格要求，确保产品能够达到传统制造方法的稳定性能水平，还需符合相应的适航规章。为促进增材制造在航空航天领域的应用，美国联邦航空局（Federal Aviation Administration，FAA）成立了专门的增材制造团队开始逐步开展增材制造的政策法规、标准规范、人员培训等方面工作。欧洲航空安全局（European Union Aviation Safety Agency，EASA）也组织了多次研讨会，并形成了增材制造认证备忘录（CM-S-008），用于指导航空增材制造技术的应用和认证。

本章对增材制造零件所需要满足的适航规章体系进行了分析阐述，在对零件关键性等级分类的基础之上，提出了增材制造零件的应用思路。

9.1 民机增材制造技术应用思路

适航即适航性的简称，是民用航空器的一种属性，指在预期运行环境和使用限制下，航空器（包括其部件和子系统、性能和操纵特点）的安全性和物理完整性，适航性是确保公众利益的需要，也是航空工业发展的需要。适航标准是保证民用航空器适航性的最低安全标准。民用飞机的设计制造必须符合相关型号所采用的适航标准（审定基础）中每一条款的要求，通过适航审查并获得适航当局颁发的型号合格证，这是许可民用飞机设计用于生产的前提之一。

通过解读 EASA 于 2017 年 4 月发布的 CM-S-008 增材制造适航认证备忘录，对于大型客机/民用飞机适用的基本适航条款列举如下：

（1）材料 §25.603：已经制定了针对增材制造技术的专用材料规范。这些规范是建立在经验和测试的基础之上。材料的适用性和耐久性考虑了服役中预期的环境条件。

（2）制造方法 §25.605：所用的制造工艺根据批准的工艺规范进行鉴定。通过鉴定测试程序和这些规范中定义的检查程序，确保对所有生产部件和结构一致性的密切控制。

（3）材料设计值 §25.613：材料的强度性能必须以足够的材料试验为依据（材料应符合经批准的标准），在试验统计的基础上制定设计值。考虑到数据是从不同设备、粉末和材料方向获得，设计值需要根据统计处理得出。经批准的材料设计值可用于静力、疲劳和损伤容差评估，还需与传统工艺相同材料（板材，锻件，铸件）的数据进行比较。

除了上述的三个条款外，根据零件的应用位置和特点，还需满足其他相应的条款。传统上，飞机零部件的资质和认证要求水平与部分关键程度有关，并定义了不同的特殊性等级。在 FAA 适航规章制度中，适航规章定义了三个级别的失效状况，对于民用飞机可表示为：

（1）轻度：其失效不会显著降低飞机安全，或影响机组人员的工作。轻微的故障情况可能包括飞机安全裕度或功能的轻微降低、机组工作量的轻微增加、常规飞行计划的改变或对乘客的一些不便，其主要包括内饰件。

（2）严重：其失效可能对安全产生不利影响。例如飞机安全裕度或功能显著降低，机组人员工作量显著增加同时效率降低，或乘客感到不适。在更严重的情况下，会导致机组人员无法准确执行飞行任务，或对乘客造成不利影响，其主要是功能件和次承力结构件。

（3）灾难性：一旦失效就无法继续安全飞行和着陆。主要为飞机主承力结构件，包括所有易受疲劳开裂影响的结构。

增材制造技术的早期使用者，包括飞机和发动机主制造商在应用增材制造技术时一般采用非常谨慎的方法，优先选择关键程度低和设计余量较大的零件，例如装饰件和部分功能件。这种方法思路可以显著降低增材制造技术在最初应用时发生故障的可能性。随着增材制造技术的应用与发展，减重、减少零件数量、增加零件复杂性、节约时间等优势逐渐显现，主制造商会逐步提高增材制造零件的复杂程度和关键性。在下一阶段，增材制造的应用会逐渐向重要件和关键件发展，如图 9-1 所示。

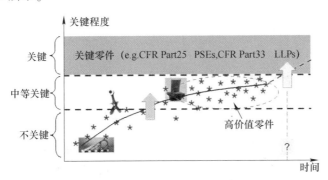

图 9-1　增材制造零件的关键程度发展趋势

除 FAA 外，美国国家航空航天局（National Aeronautics and Space Administration，NASA）和美国食品药品监督局（Food and Drug Administration，FDA）等其他政府机构已发布文件，解决质量标准和初级技术问题，以便为更高关键程度的零件应用部署增材制造技术。考虑的因素包括设计、过程控制、后处理、零件/部件测试、检验以及材料和工艺鉴定等。

9.2　民机增材制造技术应用分析

9.2.1　装饰件

非金属装饰件对飞行安全影响较小，目前已经率先实现了装机应用。波音公司自从1997年就已经开始增材制造的工作，积累了大量的数据，并累计应用超过30000个零部件，这其中绝大多数都是非金属。非金属材料已大量应用于对飞机安全影响较小的增材制造产品，如原型件、生产工具、内饰件。原型件可以在概念设计阶段快速实现功能测试、风洞测试等；生产工具可用于增材制造夹具、铸造模具、吸塑成形模具、复合材料成形模具等；装饰件可通过增材制造方法实现定制化部件，轻量化、一体化的组件。

飞机装饰件一般使用非金属材料，为保证乘客安全，还需满足§25.853（座舱和内部实施）条款中关于烟雾和燃烧要求。Stratasys公司的ULTEM 9085材料，满足FAA烟雾和燃烧的规定，其通过熔融沉积成形（Fused Deposition Modeling，FDM）制备的增材制造零件已在民机得到了应用。比如中国东方航空技术有限公司成立了增材制造实验室，通过使用ULTEM 9085材料搭配Stratasys的Fortus 450mc工业级3D打印机，开发了很多客舱内饰件，包括座椅扶手、门把手盖板、行李架锁扣、电子飞行包支架和报刊架，如图9-2所示。东航由此成为国内第一家将3D打印的客舱内饰件应用到商用客机中的航空公司。通过3D打印小批量零件，东航解决了过去易损零件订货周期长、成本高的问题，同时保障了公司机队的安全飞行，提高了旅客的乘坐体验。阿联酋联合航空公司获得了EASA的授权，可以对飞机内饰件进行设计制造和改装，其为波音777客机显示器保护罩获得了EASA认证。

图9-2　东航3D打印的电子飞行包支撑装置

9.2.2 功能件及次承力件

金属增材制造零件可应用于飞机的功能件及次承力件，此类零件对飞行安全具有较大的影响，因此对材料及工艺的要求更为严格。根据对§25.603，§25.605及§25.613条款的分析，标准规范在适航认证中具有非常重要的作用。美国材料与试验协会（American Society for Testing Materials，ASTM）、国际标准化组织（International Organization for Standardization，ISO）、美国机动工程师协会（Society of Automotive Engineers，SAE）等国际标准化组织成立了专门的增材制造工作委员会，进行增材制造标准规范编制工作。目前已发布了一些针对增材制造的标准，这些标准并不是专门针对航空航天，而是为了建立通用技术基础。航空航天业处于增材制造研究的最前沿，对标准化具有强烈需求。空客和波音都在尝试通过金属3D打印技术直接制造钛合金飞机零部件，并在实践过程中形成了公司级的材料、工艺规范。依据这些规范，才能进一步开展适航认证工作。尽管目前的规定是适用的，但适航当局和增材制造设备制造商正在努力制定专门针对增材制造技术的工业标准。

对于民机次承力构件，除了需满足上述材料工艺相关条款外，还需满足§25.303（安全系数），§25.305（强度和变形）及§25.307（结构符合性的证明）等条款，这些条款一般是通过计算或试验的方式进行认证的。

目前，民机主制造商对非关键增材制造零件的适航思路是分阶段进行验证。第一阶段是单件认证，民机主制造商提供零件图纸和技术要求，增材制造生产商进行制造工艺测试，再针对单个零件进行试验验证，同时对制造此零件的材料、场地、设备及操作规程进行严格的控制。第二阶段是更通用的方法，通过技术积累形成一系列材料、工艺和粉末的标准规范，增材制造生产商通过对标准规范和工艺过程的严格控制，以保证产品的稳定性和可重复性。一旦工艺过程通过认证，则在同样的工艺控制下生产的零件都可以得到认证。

图9-3所示为B-787客机的3D打印厨房配件，该零件是由波音公司设计的，通过Norsk Titanium公司的快速等离子沉积技术制造，在零件研发的过程中，双方共同改进工艺，并进行了一系列严格的测试，最终在2017年2月获得了针对此单个零件的FAA认证。通过快速等离子沉积技术3D打印钛合金结构件，将最终为每架B787飞机节省200万~300万美元的成本。Norsk Titanium公司表示FAA正在对其打印材料和生产工艺进行认证。如果认证通过，将来就能够实现3D打印钛合金结构件的批量生产，无需每一个零件都逐一走FAA认证的流程。

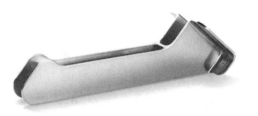

图 9-3　波音 787 飞机钛合金增材零件

9.2.3　主承力件

　　增材制造关键件的适航认证，除了要满足-25.603，-25.605，-25.613 等条款外，还需要满足-25.571 条款（结构的损伤容限和疲劳评估）。根据对飞机部件常见机械故障的分析研究，超过一半的此类故障归因于疲劳，对于金属零件，这种趋势在今后并不会改变。此外，疲劳和损伤容限认证要求被证明是历史上最具挑战性的要求，特别是对新型制造技术和材料系统。尽管增材制造金属材料的静强度已达到甚至超过锻件水平，但在不同循环载荷条件下却表现出了性能的差异性，使其在医疗、航空航天、国防等关键部件的应用受到了巨大挑战。增材制造工艺过程中产生的缺陷不仅会影响部件的低周疲劳和高周疲劳性能，也使疲劳性能的数据具有更大的分散性。为了使增材制造得到更广泛应用，在微观结构特征和缺陷统计数据的基础上，对部件特定部位使用概率统计方法，以达到疲劳寿命和失效风险评估的目的。

　　增材制造结构的损伤容限和疲劳评估需要考虑的因素包括：缺陷、各向异性、表面粗糙度和试片级试验件性能和零件真实性能的一致性。详述如下：

　　（1）缺陷：材料缺陷会引起潜在的疲劳性能下降，并可作为裂纹萌生点，由此对疲劳性能的影响需要更深入地了解。

　　（2）各向异性：层取向可能影响增材制造零件的力学性能，并在静强度和疲劳性能方面产生各向异性。疲劳和断裂行为的各向异性可以使用传统的测试方法进行表征，然而主要挑战是如何将这些信息用于设计和认证中。

　　（3）表面粗糙度：断裂和疲劳行为受原材料、显微组织、表面粗糙度等因素的显著影响，降低表面粗糙度可提高材料的抗疲劳性。与表面抛光过的增材制造部件相比，未加工件的疲劳性能（特别是高周疲劳性能）会显著降低，如图9-4所示。未来需要在表面粗糙度对性能的影响方面投入更多的研究，特别是对于不同增材制造工艺及机械加工等消除粗糙表面的研究不容忽视。

　　（4）试片级试验件性能和零件真实性能的一致性：用于测试的试样和实际部件的一致性问题很复杂，但其对增材制造工艺和零件鉴定具有重要影响，常用的试样类型包括直接从增材部件中截取的试样或专用试样。其主要的技术挑战在于：对于增材制造零件而言，局部材料特性可能取决于具体的打印参数，一般而言，该部件与切取试样及专用试样可能不同。残余应力水平是另一个重要的考虑因素，并且可能会根据增材制造工艺类型的不同而有显著区别。

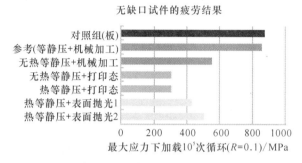

图 9-4　不同加工条件下的疲劳应力许用值

9.3　增材制造适航工程技术要求

9.3.1　材料设计值

9.3.1.1　基本原则

增材制造零件和维修件的力学性能应通过测试结合分析建立。用于测试的试样必须与增材制造零件或维修件的原材料及工艺参数（含后处理）一致。测试试样必须代表多个试块、打印位置、取样方向（相对于打印平台和 Z 轴方向）和原材料批次。试样必须符合增材制造零件和维修件的材料规范和工艺规范。

9.3.1.2　试片级试样测试

在建立足够的工艺和质量控制以始终如一地生产增材制造零件和维修件之后，可以通过零件解剖取样或者直接打印试样的方法验证材料性能。在任何一种情况下，申请人必须证明这些试样能够充分代表增材制造生产和维修过程中零件的差异性和相应的性能。

（1）工艺窗口验证。用于打印力学性能的试样必须证明固化的工艺规范中允许的工艺变化范围，包括但不限于以下内容：

1）作为购买的材料化学成分窗口。

2）激光或电子束参数窗口。

3）气体纯度窗口。

4）能量源性能窗口。

5）粉末再利用窗口。

（2）特殊考虑因素。用于建立力学性能的试样必须准确反映零件和维修件在增材制造工艺下的实际情况，包括各向异性、内部孔隙度、熔合不足、微裂纹、表面粗糙度、悬垂或无支撑表面、去除支撑后的应力集中情况、材料夹杂物、薄壁和晶粒尺寸的变化等。

（3）测试和实验室程序。用于证明增材制造金属材料生产能力的测试和实验室程序必须满足以下要求：用于此目的的实验室和测试程序必须由符合技术协会提供的公认标准的合格实验室执行，例如 ASTM、SAE、NADCAP（国家航空航天和国防合同方授信项目，National Aerospace and Defense Contractors Accreditation Program）或同等标准。测试设施必须通过国际标准化组织/国际电工委员会（ISO/IEC）17025 认证或同等认证或认可的机构证明其能力。申请人必须确定用于执行每个测试程序的标准和规范，包括当时的增材制造特定考虑因素，并为进行测试的实验室提供认证证据。

9.3.1.3　积木式验证方法

应将设计值作为整体计划的一部分，以确定组件满足设计目标的能力。应通过分析程序和使用不同复杂程度的样本进行一系列测试，可靠地建立设计值。在工业中通常称为"积木式"验证方法，这些在试样件、元件和零部件级别的测试和分析，可用于量化可能存在于最终增材制造零件中的变化。从初始测试中汲取的经验教训有助于避免更复杂的零件级测试的失败（这些测试的实施成本更高，并且通常在认证计划时间表中后期发生）。

9.3.1.4　材料设计值的考虑因素

（1）用于增材制造零件和维修件的材料强度和材料的设计值需要考虑由用于制造或维修的零件原材料和制造方法引起的差异性。一般而言，最终零件中材料的差异性通过使用统计工具来分析从实际零件和专用试样中提取的试样测试所获得的数据来解决。

（2）用于推导设计值的数据必须从按受控材料规范采购的稳定且可重复的原料获得。根据具有代表性的制造或维修工艺规范，必须使用稳定且可重复的工艺处理材料。该方法确保在用于推导设计值的统计分析中捕获制造或修复材料中允许的差异性。在原料和增材制造零件生产过程成熟并且证明稳定之前，在材料开发阶段过早得出的设计值可能不满足 §25.613/603 的要求。与传统制造工艺一样，包括热效应、环境影响和材料几何特征的影响等实际零件设计特征和工艺特点必须考虑在内。

（3）表征材料各向异性：根据工艺参数所得部件可能表现出各向异性的材

料行为。试样测试必须使用表示 XY 和 Z 方向的试样，以及用于生产零件的完整打印高度。如果此测试的结果表明性能在各方向上不同，则在确定最小基准设计值时必须考虑产生最低性能的方向。

（4）建立材料最小设计值：使用具有机加工外表面的实体试样建立最小基准材料设计值。从这些试样产生的材料性能代表基准材料性能，这些试样使用规定的原料材料及固化的增材制造工艺参数（如需要应包括如应力消除循环、热等静压等热循环在内的后处理操作）制造。必须建立增材制造材料的设计最小值，其严格性和要求与常规加工材料的最小设计值相同。材料最小基准设计值仅适用于所有表面完全机械加工的增材制造固体零件，并且不具有额外降低基准材料设计值的几何特征。

（5）建立零件特征对性能的降低：根据零件的复杂程度，增材制造零件可能包含独特的结构特征，这些特征可能会导致材料实际值低于测试所确定的最小基准设计值。可影响材料值的零件特征包括：孔、内流道和悬空表面以及薄壁截面、移除支撑后及原始沉积表面的应力集中。必须使用代表最终零件中实际特征的典型特征进行试样测试。例如，如果最终部件包含原始表面，则测试试样应使用原始的表面，以便评估实际零件表面状况对整体零件能的影响。

（6）建立最终材料设计值：最终材料设计值是通过将测试获得的性能降低程度应用于最小基准材料设计值来确定的。

9.3.2 设计适航符合性

（1）零件设计适航符合性。增材制造零件或维修件需要考虑与传统制造技术不相关的特殊因素。对于同一种材料，增材制造所得微观结构可以与铸造或锻造微观结构明显不同。逐层累积过程产生定向取向的微观结构，可以导致其局部性能差异以及各向异性。与其他熔合工艺一样，增材制造工艺可能会出现诸如孔隙、未熔化颗粒和熔合不足等异常现象，因此必须加以理解产生这些缺陷的原因和控制它们的出现。此外，逐层增材制造过程的物理性能使得各向异性倾向于沿着打印平面形成，并且在打印方向上可能不具有明显的高度，使检测变得困难。

（2）零件方向。零件相对于打印平台的方向可能会对最终零件或维修件的材料性能产生重大影响。制造过程中的零件定位考虑应包括：

1）各向异性：对于产生各向异性的增材制造工艺/材料组合，需要优化零件与打印平台的方向以最小化性能的方向变化。

2）残余应力：需要优化零件和支撑与打印平台的方向，以最大限度地减少残余热应力。

3）无支撑/悬垂的曲面：需要优化打印平面的特定特征的方向，以最小化不支持和悬垂的曲面。

（3）尺寸控制。不同的增材制造工艺/参数组合提供不同的尺寸控制能力。在设计过程中，必须考虑所选增材制造工艺/参数组合创建基本零件特征的能力，例如最小和最大壁厚和圆角半径。与金属材料一起使用的增材制造工艺相关的局部热输入可导致在制造的部件或维修件中产生显著的残余应力。在设计过程和相关的力学性能分析中必须考虑这些应力和潜在的后加工翘曲。如果采用后处理热循环，例如应力消除热循环或 HIP 循环，则必须在所有后处理热循环完成后证明最终部件的尺寸控制。

（4）表面状态。与增材制造工艺相关的表面状态可能与传统的减材制造方法产生的表面状态明显不同。

1）表面处理：在同一组机器参数下，表面光洁度根据给定表面对打印平台和被熔融合金的取向变化而显著不同。

2）与特征相关的表面状态：由于在增材制造工艺中逐层添加材料，在特征形成期间可以产生变化的表面状态，例如无支撑的拱形、悬垂表面和自支撑结构。

3）表面状况影响——力学性能：对表面状况敏感的力学性能将需要详细表征以建立与表面状况相关的力学性能损失。

4）表面状态的影响——可检测性限制：与增材制造过程相关的表面状况也会影响与传统无损检测过程相关的可检查性限制，根据选定加工产生的表面状况，需要使用更复杂的检查方法检测传统无损检测工艺可能无法检查的零件表面。

5）表面加工考虑因素：传统及非传统的表面加工方法，都可以应用于增材制造部件的外表面，但是增材制造部件和维修件的内部几何形状的复杂表面可能无法加工，因此零件设计必须考虑打印后的表面状态及相关力学性能的降低。

6）防护涂层考虑因素：标准保护涂层，例如用于解决腐蚀、氧化的涂层，通常可应用于经过表面精加工处理的增材制造部件的外表面，由于制造的表面状态，内部通道的表面可能难以涂覆。

（5）支撑结构。支撑结构可满足无支撑拱和悬垂表面的成形。此外，支撑结构可用于在添加新层时帮助将热量从局部区域传递出去，并有助于保持零件的形状。

注：在增材制造期间使用支撑结构可能存在缺陷。部件制造后，部件内部形成的支撑件无法拆除。从外表面去除支撑可能导致产生局部应力集中，这可能对最终部件或维修件的力学性能产生有害影响。

（6）粉末去除。当增材制造工艺用于生产具有内部特征的零件和维修件时，未熔化的粉末可能在打印过程中被困在零件内部。必须定义在打印过程中的零件设计和零件定向，以便可以完成松散粉末的去除。应确定有效的粉末去除程序，并且可能需要进行功能测试以验证任何潜在的残余粉末不会干扰部件的预期功能。在施加后处理热循环之前未能除去松散的粉末将导致松散的粉末烧结到部件内表面，使得不再能够除去松散的粉末。

9.3.3 材料和制造方法

9.3.3.1 材料和制造开发

（1）申请人必须了解增材制造原料材料和用于制造零件或维修件的制造工艺的变化来源，并采用适当的控制措施，以尽量减少材料性能的变化。对于相同化学成分的合金，增材制造可以产生与传统制造工艺明显不同的力学性能，尤其是对表面粗糙度敏感的性能和当通过增材制造加工时导致各向异性的材料。

（2）通过增材制造生产的材料的最终力学性能可能会有很大差异，具体取决于增材制造参数以及用于制造零件或维修件的相关操作。为了表明符合§25.603，申请人必须证明所选的制造方法在使用批准的规范时可始终如一地生产符合设计的零件。如果涉及多台机器和/或设施，申请人必须证明每台增材制造机器生产或修理的部件包括最终的材料性能均符合设计要求。

（3）如果使用后固结热处理在增材制造材料中获得所需的尺寸稳定性和/或力学性能，申请人必须证明在应用所有热工艺后力学性能符合设计要求。对于使用增材制造的修复，申请人必须证明在所有热处理工序之后，修复部件的未增材区域的力学性能仍满足设计要求。为证明生产的可重复性及性能的可靠性，所有材料和工艺必须通过统计上显著数量的试验和测试进行验证。

9.3.3.2 材料和工艺控制

根据所选择的增材制造工艺，可以使用超过100个参数来控制熔合过程。例如，需要控制的熔融工艺参数有：定向能量功率、扫描速度、层厚度、填充图案、腔室气氛、腔室温度、原材料和原材料的再利用等。必须确定对最终增材制造部件和维修件的化学、物理、冶金、尺寸或力学性能有直接影响的工艺参数，定义其重要性，并进行严格控制。必须建立涵盖增材制造原材料的规范（包括原材料的再利用、材料加工和制造程序），从根本上确保原材料可保质保量的提供。

（1）原料材料规范。对于使用粉末作为原材料的增材制造工艺，粉末原料的控制对于高质量的熔融过程至关重要。粉末床中的粉末形状和粒度的统计分布影响粉末是否可以沿粉末床均匀铺展，并具有恰当的密度以支持高质量的熔合过程。粉末化学成分、颗粒形状、粒度分布（包括尺寸限制）、清洁度和粉末流动性能等因素应在材料规范中与验收测试要求一起定义，这对于零件质量至关重要。

基于材料性能敏感性研究，原料材料的规范限制了原材料的固有特性，诸如化学成分、微量元素、杂质、成分分布和其他特性的变化。需要这些规范以确保采购材料的一致性。原料材料规范还必须定义批次验收测试或统计过程控制，以确保材料性能不会随时间变化。采购规范中确定的材料要求应基于使用相关工艺规范生产的试样的鉴定测试结果。质量鉴定数据必须涵盖对于增材制造材料和工艺控制有重要作用的所有特性。每种材料规范中定义的加工鉴定和验收试验的方法应能代表预期的制造工艺。原料材料规范的开发需要了解预期的增材制造工艺和部件性能要求。

（2）原料的再利用。如果允许重复使用或回收粉末，申请人必须证明重复使用的粉末仍符合原材料规范的要求。如果允许混合再利用粉末和原始粉末，申请人必须说明如何完成粉末的混合。无论是100%使用再利用粉末还是使用再利用粉末和原始粉末的混合物，申请人必须确定粉末再利用的限制条件。这些限制条件可能包括打印周期数、打印小时数、机器中的小时数或粉末氧含量。最后，申请人必须证明最终部件性能（包括材料性能）在粉末再利用的限制下仍符合所有设计要求。粉末的再利用必须通过规范来控制。

（3）工艺规范。工艺规范规定了很多与最终增材制造零部件所需的性能密切相关的工艺特性，例如机械、物理、冶金或化学性能。工艺规范必须将这些工艺特征标记为重要特征并固化这些特征的设定或特征值，在更改这些重要工艺特征中的一个或多个时重新认证。在固化这些重要的工艺特征之前，应完成相关参数研究，以便在工艺规范中定义其临界公差值。工艺规范应规定：

1）设备操作程序；

2）设备校准和预防性维护；

3）功率级别验证；

4）软件控制；

5）操作人员培训；

6）打印中断和设备重启；

7）环境控制；

8）污染控制计划；

9）粉末处理和再利用要求；

10）质量保证要求。

（4）零件材料规范。零件材料规范确定了增材制造的零件和维修件的验收要求。零件材料规范必须确保在已建立的工艺性能范围内的强度和其他性能的变化满足与设计意图一致的设计允许性能。材料规范允许的材料异常，如孔隙度和夹杂物，应通过试样或零件层面的试验证据予以认证。零件材料规范应包括化学、力学性能、微观结构、孔隙率、表面粗糙度、热处理、质量保证和测试证书。这些规范必须规定任何所需的增材制造后处理操作。此外，零件材料规范必须规定与原材料规范一致的认证（包括输入粉末化学、粉末再利用次数、打印参数）。

9.3.4 后处理

（1）后处理实施。在完成打印周期后，增材制造部件将经历一个或多个后处理操作。这些操作的顺序和细节可能影响最终部件的微观结构、材料性能、残余应力和尺寸控制。必须在控制计划中记录后处理操作（包括这些操作的顺序）。后处理操作的实例包括从打印平台移除增材制造部件、移除支撑结构、从增材制造部件移除残余粉末、使增材制造部件经受一个或多个热循环，以及使用表面增强处理来改善表面状况。

（2）残余粉末去除。必须从增材制造零件中除去残留粉末，还应包括确认已除去所有残留粉末的步骤。

（3）残余应力。与增材制造工艺相关的多个局部熔化和再凝固循环可导致在增材制造部件中产生显著的残余应力，可能导致在后期发生零件变形。必须定义用于解决与打印过程相关联的增材制造部件中的残余应力的方法。

（4）从打印基板上移除零件。必须定义从打印平台上移除零件的方法以及何时移除零件。

（5）去除支撑。必须定义用于从增材制造零件去除支撑结构的方法和移除支撑结构的时间。

（6）热处理。增材制造零件将需要热加工操作来改善微观结构，从而产生适当且可预测的材料性能。如果使用热循环来改善材料微观结构，例如降低各向异性和/或改善均匀性，则必须充分控制每个热循环以确保可重复且可靠的结果。必须定义最终微观结构性能的一些特定要求，例如可接受的各向异性水平和用于确认可接受的微结构性能的方法。

（7）热等静压（Hot Isostatic Pressing，HIP）。如果增材制造件需要经 HIP 处理，则必须定义此操作的工艺过程参数。任何关于最终微观结构以及用于确认微结构验收方法的技术要求必须进行定义。

（8）表面强化。为了解决与"生产的"增材制造部件和维修件相关的表面粗糙度，可以应用表面强化处理。必须定义应用于零件的表面强化类型。

（9）表面防护。环保涂料可用于增材制造零件和维修件。必须规定应用于部件的保护涂层的类型，并且必须明确对基底材料性能的潜在影响。

9.3.5 检测方法

（1）检测方法注意事项。虽然增材制造零部件和维修件可能会出现铸造和锻造产品中不存在的检查挑战，但从无损检测的角度来看，成品部件是必须要检验的。用于铸造和锻造产品的无损检测开发和验证过程可以应用于这些新制造工艺生产的零件。

（2）与铸造和锻造产品的无损检测对比。与传统的铸造和锻造产品相比，分层增材制造工艺的物理性能产生了不同类型的材料异常。在增材制造过程中使用的逐层沉积方法可能产生在打印方向上不具有显著高度的异常，其中平面异常，如缺乏熔合，倾向于沿着打印平面成形、并且仅一到两层厚。此外，在打印过程中没有良好支撑的打印表面可能很粗糙并且掩盖了表面异常的存在。绝大多数检验过程通常用于铸造和锻造产品；但诸如射线照相术、染料渗透剂、涡流（EC）或超声波测试（UT）也同样适用于增材制造部件，它们可能需要以新的或组合的方式应用以检测增材制造工艺产生的异常。

（3）检测在增材制造零件质量认证中的作用。在制定确保增材制造零件完整性的规定时，不应孤立地看待无损检测。无损检测应被视为确保零件完整性以及过程监控，验证测试，定期破坏性评估和其他既定质量控制方法的一种选择。检验应与其他方法相互补充，以确保零件质量。

（4）检测标准的确定。与任何传统零件一样，开发检测技术的第一步是了解零件的检验要求。必须确定所选增材制造加工参数、材料系统和零件设计固有的材料异常。可能的材料异常的实例包括孔隙率、缺乏熔合、表面过度粗糙和夹杂物。除了增材制造过程产生的异常类型之外，还必须指定设计允许的异常的最大值。类似于铸件的处理，如果申请人能够证明这种方法符合工程和设计要求，则可以接受不同区域具有不同的验收标准（例如，缺陷的允许值）。无损检测专业人员可以使用此信息选择和验证适当的无损检测技术。

（5）在制造过程中实施无损检测。按照检查标准在零件的操作顺序中正确定位检查非常重要。例如，如果零件经过 HIP 操作以消除孔隙率，则在 HIP 操作之前检查孔隙率是不合适的。HIP 之前的检查可能产生不允许的标示，这些标示将在随后的操作中愈合。同样，如果可能发生加工损坏，则应在所有加工操作完成后检查是否存在损坏。

（6）无损检测技术的选择。一旦确定了异常类型、这些异常的允许尺寸以及无损检测在制造工序中的位置，就可以评估和选择无损检测技术。为了评估无损检测技术，需要制造具有异常示例的组件或被认为代表异常的人工特征。由于增材制造工艺的特点，用于生产这些部件的参数应尽可能与最终的制造工艺参数一致。

1）零件材料规范射线照相测试（Radiology Testing，RT）和计算机断层扫描（Computed Tomography，CT）

RT 和 CT 过程能力取决于零件几何形状。增材制造过程的一个优点是通过消除创建模具或工具的需要而快速进行设计迭代。如果在设计过程中过早确定 CT 能力，则最终设计迭代中零件几何形状的变化可能会改变关键区域的能力。

2）超声波测试（Ultrasonic Testing，UT）和渗透测试（Penetrating Testing，PT）

UT 和 PT 的能力受表面状态的影响。增材制造零件的表面状况可以根据打印参数和支撑结构放置而显著改变。如果未对代表最终制造过程的试样评估检验能力，则结果可能不具有代表性。

（7）粗糙表面的检查。增材制造部件的原始表面状况与传统制造方法不同，通常比通过铸造或锻造工艺生产的表面更粗糙并且具有更多变化。在选择用于评估零件或维修的无损检测方法时，必须考虑需要检查的原始表面的状况。应选取试样对典型的零件原始表面的影响进行研究，以确保有足够的检测能力。

对于因表面粗糙度而降低无损检测能力的表面，应考虑额外的制造步骤以改善表面状况。通常与铸造和锻造产品使用一样的表面精加工工艺可用于改善表面的可检查性。改善表面光洁度优于选择无损检测方法，该方法的能力不受表面粗糙度的影响，但不能找到指定的异常类型。

（8）复杂几何形状的检验。增材制造工艺可以制造出使用传统制造方法无法实现的零件几何形状。虽然这些新几何形状为成本和性能提供了巨大的好处，但它们可能会给传统的无损检测方法带来挑战。新的复杂几何形状将需要新的检查方法，包括多种无损检测方法和新的或新兴的无损检测方法的组合，例如激光超声检测（Laser Ultrasound Detection，LUT）或 CT。

（9）内部特征的检验。增材制造部件的内部特征通常需要检测，但是检测这些表面的路径却被部分或全部阻碍。因此，只有传统方法和无损检测方法是不够的。

1）CT 检查系统。CT 是目前唯一被批准用于检查无法直接访问的内部功能的检查方法。目前，有四种不同类别的 CT 检查系统：纳米焦点（140~200keV）、微焦点（200~300keV）、迷你焦距（300~600keV）、工业（1000~9000keV）。

要使用的 CT 系统类型取决于要检查的零件的尺寸和密度，要测量的特征的大小以及要检测的异常情况。通常，较高功率的系统对于大型或密集部件具有更大的穿透力，但是产生的图像具有较低分辨率。其中千伏电压（keV）是 1000（k）电子伏特（eV）测量的 X 射线系统的功率。

2）CT 数据分析。获取 CT 数据后，必须对其进行分析。复杂零件的 CT 检查产生数百到数千个 2D 图像。如果手动检查，每个部件的 CT 扫描检查可能需要几个小时。定制开发的自动评估软件解决方案，一旦经过适当验证便可以引入使用来缩短分析时间。

3）CT 能力。目前用于尺寸测量的 CT 能力小于传统的计量方法，例如坐标测量机或结构光检测。当 CT 不符合检查内部特征所需的分辨率和精度时，必须与其他传统的零件验证方法相结合。破坏性评估的采样频率由增材制造过程的统计能力决定。对于材料异常，可以将验证或寿命测试与 CT 结合起来形成质量保证计划。

9.4　我国适航管理相关规章

适航管理类规章及标准构成如图 9-5 所示，适航管理类规章主要包括：CCAR 21 民用航空产品和零部件合格审定规定、CCAR 39 民用航空器适航指令规定、CCAR 45 民用航空器国籍登记规定、CCAR 53 民用航空用化学产品适航规定、CCAR 55 民用航空油料适航规定、CCAR 183 民用航空器适航委任代表和委任单位代表管理规定。依据 CCAR 21，根据民用航空工业的发展水平及航空产品的使用类别而制定的最低安全标准包括：飞机适航标准（CCAR 23 正常类、实用类、特技类、通勤类飞机适航规定、CCAR 25 运输类飞机适航标准、CCAR 26 运输类飞机的持续适航和安全改进规定）、旋翼航空器适航标准（CCAR 27 正常类旋翼航空器适航规定、CCAR 29 运输类旋翼航空器适航规定）、气球适航标准（CCAR 31 载人自由气球适航规定）、发动机适航标准（CCAR 33 航空发动机适航规定）、螺旋桨适航标准（CCAR 35 螺旋桨适航标准）、机载设备适航标准（CCAR 37 民用航空材料、零部件和机载设备技术标准规定）及环保要求（CCAR 34 涡轮发动机飞机燃油排泄和排气排出物规定、CCAR 36 航空器型号和适航合格审定噪声规定）。

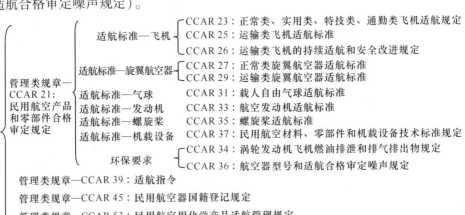

图 9-5　适航管理类规章及标准

9.4.1 管理规章

（1）CCAR 21：民用航空产品和零部件合格审定规定。本规定适用于民用航空产品和零部件的型号合格审定、生产许可审定和适航合格审定，包括下列证件的申请、颁发和管理：型号合格证、补充型号合格证、改装设计批准书、型号认可证、补充型号认可证、零部件设计批准认可证、生产许可、零部件制造人批准书、技术标准规定项目批准书、适航证、出口适航证、外国适航证认可书、特许飞行证和适航批准标签。并通过颁发证件进行相应授权和管理，其核心是适航证管理，目的在于保障民用航空产品和零部件的适航性。

（2）CCAR 39：民用航空器适航指令规定。本规定适用于民用航空器、航空发动机、螺旋桨及机载设备（除非特别指明，以下均简称民用航空产品）。当民用航空产品处于下述情况之一时，颁发适航指令：某一民用航空产品存在不安全的状态，并且这种状态很可能存在于或发生于同型号设计的其他民用航空产品之中；当发现民用航空产品没有按照该产品型号合格证批准的设计标准生产；外国适航当局颁发的适航指令涉及在中国登记注册的民用航空产品。（注：外国适航当局指批准民用航空产品型号合格证或等效文件的国家适航当局。民用航空产品在为满足所有有关适航指令的要求之前，任何人不得使用。）

（3）CCAR 45：民用航空器国籍登记规定。本规定所称航空器是指任何能够凭借空气的反作用力获得在大气中的支承力并由所载人员驾驶的飞行器械，包括固定翼航空器、旋翼航空器、载人气球、飞艇以及中国民用航空总局（以下简称民航总局）认定的其他飞行器械。在中华人民共和国领域内飞行的民用航空器，应当具有规定的国籍标志和登记标志或临时登记标志，并携带国籍登记证书或临时登记证书。

（4）CCAR 53：民用航空用化学产品适航规定。本规定适用于民用航空用化学产品的适航管理。民用航空产品指民用航空器、发动机、螺旋桨、机载设备、零部件及航空材料。民用航空用化学产品指在民用航空产品使用、维护、维修中所用的化学产品，包括除冰/防冰液、厕所卫生剂、清洗剂/蜡/粉、积碳清除蜡/剂、褪漆剂、抛光蜡/剂及除锈剂以及空气清新剂、杀虫剂、消毒剂、除臭剂等。

（5）CCAR 55：民用航空油料适航规定。本规定适用于民用航空油料及其供应企业、民用航空油料检测单位和民用航空油料试验委任单位代表的适航审定和管理。民用航空油料试验委任单位代表指由局方委任的，局方以外的、在委任范围内从事民用航空油料试验的组织或机构。民用航空油料指为民用航空器及其部件提供动力、润滑、能量转换并适应航空器各种性能的特殊油品，包括航空燃油、航空润滑油、航空润滑脂、航空特种液及添加剂等。民用航空油料检测单位指为民用航空油料提供检测服务的组织或机构。

（6）CCAR 183：民用航空器适航委任代表和委任单位代表管理规定。本规定适用于民航行政机关委派的适航委任代表和适航委任单位代表（以下简称"委任代表"和"委任单位代表"），包括其权限和行使权限的规定。

委任代表：指民航行政机关委派的民航行政机关以外、在授权范围内从事适航管理中有关审定、检验工作的个人。委任代表为民航行政机关颁发适航证件进行技术检查所出具的技术检查结果，作为民航行政机关颁发适航证件的依据。

委任单位代表：指民航行政机关委派的民航行政机关以外、在授权范围内从事适航管理中有关审定、检验工作的单位或者机构。委任单位代表为民航行政机关颁发适航证件进行技术检查所出具的技术检查结果，作为民航行政机关颁发适航证件的依据。

9.4.2　适航标准

（1）CCAR 23：正常类、实用类、特技类、通勤类飞机适航规定。本规章是通用航空飞机适用的适航规章，本规定颁发和更改正常类、实用类、特技类和通勤类飞机型号合格证的适航标准。按照中国民用航空规章第 21 部的规定申请正常类、实用类、特技类和通勤类飞机型号合格证或申请对该合格证进行更改的法人，必须符合本规定中适用的要求。

（2）CCAR 25：运输类飞机适航标准。本规章是用于颁发和更改运输类飞机型号合格证的适航标准。根据中国民用航空规章的规定申请或更改运输类飞机型号合格证的申请人，必须表明符合本规定中适用的要求。标准包括 9 个分部：总则、飞行、结构、设计与构造、动力装置、设备、使用限制和资料、电气线路互连系统及附则。

（3）CCAR 26：运输类飞机的持续适航和安全改进规定。本规章为支持运输类飞机的持续适航和安全改进指定要求，包括实施评估、制定设计更改、编制持续适航文件修订版，并向相关人提供必要的文件资料。本规章为设计更改和持续适航文件修订而制定的标准应被视为适航要求。

（4）CCAR 27：正常类旋翼航空器适航规定。本规章规定颁发和更改最大重量不大于 3180kg（7000 磅）且其乘客座位数不大于 9 座的正常类旋翼航空器型号合格证使用的适航标准。按照中国民用航空规章《民用航空产品和零部件合格审定规定》（CCAR 21）的规定申请正常类旋翼航空器型号合格证或申请对该合格证进行更改的法人，必须表明符合本规章中适用的要求。

（5）CCAR 29：运输类旋翼航空器适航规定。本规章规定颁发和更改运输类旋翼航空器型号合格证用的适航标准，包括不同规格的运输类旋翼航空器及多发旋翼航空器的合格审定要求。按照中国民用航空规章《民用航空产品和零部件合格审定规定》（CCAR 21）申请运输类旋翼航空器合格证或申请对该合格证进行更改的法人，必须表明符合本规章中适用的要求。

（6）CCAR 31：载人自由气球适航规定。本规章规定颁发载人自由气球型号合格证及其更改的适航标准。本规定中：轻气球是靠轻于空气的气体产生升力的气球；热气球是靠热空气产生升力的气球；球囊是用于包容升力物质的包壳；吊篮是吊于球囊下用于载人的容器；吊架是悬挂于球囊下用于载人的索带或者有水平扶杆或平板的座椅；最大设计重量是气球的最大总重量减去升力气体或者空气的重量。

（7）CCAR 33：航空发动机适航规定。本规章规定颁发和更改航空发动机型号合格证用的适航标准。发动机使用说明：中国民用航空局认定的使用限制；功率和推力的额定值及在非标准大气条件下的修正程序；在一般和极端环境条件下，对下列情况的荐用程序，如启动、地面运转和飞行中的运转等；对于有一个或多个一台发动机不工作（OEI）额定功率的旋翼航空器发动机，申请人必须提供发动机性能特性和变化的数据，以使飞机制造商能够建立飞机功率保证程序；发动机控制系统的主模式、所有可选模式和任何备份系统及其相关限制的描述，以及发动机控制系统及其与飞机系统、螺旋桨（如适用）之间的界面描述。

（8）CCAR 34：涡轮发动机飞机燃油排泄和排气排出物规定。本规章规定了涡轮发动机飞机燃油排泄和排气排出物。航空燃气涡轮发动机是指涡桨、涡扇或涡喷航空发动机，具体有：TP 类，航空涡轮发动机；TFJ 类，在亚音速航空器上的所有涡扇和涡喷发动机；TSS 类，在超音速航空器上的所有航空燃气涡轮发动机。排气排出物指由航空器或航空器发动机排气管排放到大气中的物质。燃油排出物指航空燃气涡轮发动机在所有正常的地面和飞行中排出的原始状态的燃油，不包括排气中的碳氢化合物。

（9）CCAR 35：螺旋桨适航标准。本规章规定颁发和更改螺旋桨型号合格证用的适航标准。按照中国民用航空规章第 21 部的规定申请或更改型号合格证的法人，必须符合本规章中适用的要求。申请人必须根据本规章附录 A 编制民航局可接受的持续适航文件。

（10）CCAR 36：航空器型号和适航合格审定噪声规定。本规定为以下证书的颁发和更改规定了噪声标准：亚音速运输类大飞机和亚音速喷气式飞机的型号合格证、补充型号合格证和改装设计批准书的颁发和更改，以及标准适航证的颁发，中国民用航空局另有规定的除外；螺旋桨小飞机及螺旋桨通勤类飞机的型号合格证、补充型号合格证和改装设计批准书的颁发和更改，以及标准适航证和限用类特殊适航证的颁发，其中设计用于农业作业运行和喷洒灭火材料的螺旋桨小飞机和螺旋桨通勤类飞机以及中国民用航空局另有规定的除外；直升机的型号合格证、补充型号合格证和改装设计批准书的颁发和更改，以及标准适航证和限用类特殊适航证的颁发，其中专门用于农业作业、喷洒灭火材料或者机外载荷作业飞行的直升机以及中国民用航空局另有规定的除外。

（11）CCAR 37：民用航空材料、零部件和机载设备技术标准规定。本规章规定了民用航空材料、零部件和机载设备技术标准。为使用于民用航空器上指定的航空材料、零部件或机载设备（以下简称"项目"）符合适航要求，能够在规定的条件下，满足工作的需要或完成预定目的，中国民用航空局制定并颁发"项目"技术标准规定。根据本规定制定的每份技术标准规定，是指定"项目"接受适航审查时必须遵守的准则。技术标准规定是对指定"项目"最低性能标准的规定，每一份技术标准规定均统一编号，并成为本规定的一部分，每一份技术标准至少由以下几部分内容完成：适用性、标记、资料要求、溯及力、引用资料和附有关标准（或引用标准）。

9.5　关于增材制造在民机上应用的思考和建议

目前，增材制造在民用飞机上的应用具有很多优势，同时也面临很多挑战。通过上述分析可给出如下建议：

（1）加强民机增材制造的应用实践，对飞行安全影响较小的零部件可率先应用，如内饰件和部分功能件。

（2）大力发展行业标准规范，用于指导增材制造材料和工艺的质量控制，促进金属增材制造次承力件的适航认证。

（3）持续提高增材制造的材料和工艺水平，同时开发与性能测试和质量检测有关的标准，突破关键零件的装机应用所面临的若干技术挑战。

10　增材制造在航空航天领域的应用与发展趋势

10.1　增材制造概述

近年来，全球增材制造产业呈现出高速增长的态势，从 2012 年的 22 亿美元增长到 2016 年的 60.6 亿美元，五年来已经翻了三番。Wohlers 报告统计金属增材制造产业在 2017 年获得 21% 的大幅增长，2017 年，全球大约共 1768 个金属增材制造设备被售出，相比于 2016 年的 983 个，增长近 80%，如图 10-1 所示，表明增材制造的前景广阔。金属增材制造设备系统配置急剧增加，同时金属增材制造工艺不断改进，制造过程监控和质量保证体系稳定发展，越来越多的制造商开始意识到通过增材制造生产零件可以极大地降低成本，提高效益。2015 年，增材制造技术在工业机械、航空航天、汽车领域、消费品/电子、医疗/牙科领域的应用量位居前五，占应用的 75.6%，如图 10-2 所示（赛迪科技）。全球增材制造产业预计在未来 20 年内将从 15 亿美元增长到 1000 亿美元，其中大部分增长来自航空航天领域。

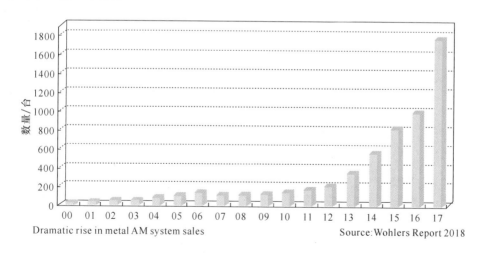

图 10-1　全球金属增材制造设备销售趋势

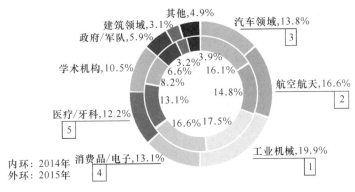

图 10-2　全球增材技术应用行业分布

现代增材制造技术发展的起源最早可追溯到 20 世纪 60 年代末，美国俄亥俄州的巴特尔纪念研究所第一次尝试使用 Dupont 公司发明的光聚合物树脂，利用两束不同波长的激光束，在交点处聚合（凝固）材料从而获得固体。增材制造初期，1981 年名古屋市工业研究所的 Hideo Kodama 发表了关于使用光聚合物的功能性快速原型系统的说明。1986 年，美国科学家查尔斯·胡尔（Charles Hull）获得立体光刻 SLA 技术发明专利，并成立全球首家增材制造公司 3D Systems，成为增材制造技术起始的标志性里程碑，立体光刻基于设计师创建的 3D 模型来进行制造，在打印制造前，设计师可以先从理论上对产品进行原型开发和测试，节省了大量的前期投入。1992 年 DTM 公司生产出世界上第一台选择性激光烧结（Selective Laser Sintering，SLS）设备。2006 年，第一台 SLS 增材设备成功应用于商业领域，为工业零件的按需制造打开了大门。此外，Object 公司推出可以打印多种材料的增材设备，使得同一结构的零件可以拥有不同的材料属性。

随着一大批企业进入增材制造领域，全球范围内的产业竞争加剧。Stratasys 通过全球并购提升竞争力：2012 年，Stratasys 与 Object 公司合并，奠定了 Stratasys 公司行业领导者的地位。2013 年，Stratasys 收购消费级增材制造市场著名厂商 MakerBot，继续扩张势力版图。2014 年，Stratasys 出资 1 亿美元收购全球最大的 3D 设计分享网站 GrabCAD，开始布局上游产业。2015 年，Stratasys 合并 RedEye、Harvest Technologies 和 Solid Concepts，布局按需制造服务。同年，Stratasys 收购增材制造咨询公司 Econolyst，并成立 Stratasys Strategic Consulting 公司，正式涉足增材制造咨询行业。3D Systems 通过全球并购打造完整产业链条，自成立以来，收购了数十家增材制造领域相关企业，仅在 2009 年到 2013 年的 5 年间，3D Systems 收购增材制造设备制造商、专用材料生产商、设计公司、软件开发商、3D 扫描仪制造商、服务提供商等近 30 家企业，涵盖了增材制造的全产业链。GE 通过全球并购实现了从增材制造应用向增材制造装备及服务供应商的转变。

各国增材制造研究机构及战略规划：随着增材制造技术在航空领域应用，欧美发达国家出台了推动增材制造技术的战略规划并成立了诸多研究机构。美国率先将增材制造产业上升到国家战略发展高度，从而引领技术创新和产业化。2012年3月，美国白宫宣布了振兴美国制造的新举措，将投资10亿美元帮助美国制造体系的改革。其中，白宫提出实现该项计划的三大背景技术包括了增材制造，强调通过改善增材制造材料、装备及标准，实现创新设计的小批量、低成本数字化制造。2012年8月，美国成立增材制造创新研究所，参与机构包括宾夕法尼亚州西部、俄亥俄州东部和弗吉尼亚州西部的14所大学、40余家企业、11家非营利机构和专业协会。

英国政府自2011年开始持续增加对增材制造技术的研发经费，以前仅有拉夫堡大学一个增材制造研究中心，此后诺丁汉大学、谢菲尔德大学、埃克塞特大学和曼彻斯特大学等相继建立了增材制造研究中心。英国工程与物理科学研究委员会中设有增材制造研究中心，参与机构包括拉夫堡大学、伯明翰大学、英国国家物理实验室、Boeing公司以及德国EOS公司等15所知名大学、研究机构及企业。德国建立了直接制造研究中心，主要研究和推动增材制造技术在航空航天领域结构轻量化方面的应用；法国增材制造协会致力于增材制造技术标准的研究；西班牙在政府资助下启动了一项发展增材制造的专项，研究内容包括增材制造共性技术、材料、技术交流及商业模式等四方面内容。俄罗斯利用其在激光领域具备的技术优势，大力推动激光增材制造技术研发及应用；澳大利亚政府于2012年2月宣布支持一项航空航天领域革命性的项目"微型发动机增材制造技术"，该项目使用增材制造技术制造航空航天领域微型发动机零部件；日本政府也很重视增材制造技术的发展，通过优惠政策和大量资金鼓励产学研紧密结合，大力促进该技术在航空航天等领域的应用。

20世纪80年代末，中国便启动开展增材制造技术研究，随着近年来增材制造技术的迅速发展，2015年2月《国家增材制造产业发展推进计划（2015—2016年)》发布，2015年5月国务院发布了《中国制造2025》战略任务书，2016年10月中国增材制造产业联盟正式成立，2016年12月国家增材制造创新中心批复筹建，2017年工业和信息化部联合发展改革委、教育部、公安部、财政部、商务部、文化部、卫计委、国资委、海关总署、质量监总局、知识产权局等11部门印发《增材制造产业发展行动计划（2017—2020年)》。

10.2 增材制造在航空航天领域研究进展

航空航天部件往往结构复杂、工作环境苛刻、可靠性高，并且相比其他行业需要更坚固、轻便和耐用。传统工艺制造生产航空零部件，由于加工成品的结构复杂度，原材料利用率低，一些难加工金属的加工成本高昂，导致高的研发成本和更长的研发周期。增材制造技术为应对这些挑战创造了新的可能性，根据设计需求，增材制造技术可以灵活地加工不规则型面，实现无模具小余量加工，设计调节不同的形状、成分、结构和性能，革新传统制造和多个部件的装配设计，以改善结构性能，提高使用寿命，降低开发周期和减轻结构重量，同时实现设计引导制造、功能性优化设计。增材制造技术在航空领域的发展从最开始的概念设计应用逐步扩展到面向最终零部件产品和多方案维修的开发，应用领域涵盖设计阶段使用塑料和金属对组件进行快速原型设计、制造模具/工具，用于批量生产和直接制造复杂形状的零部件和修复损坏的零部件。目前，世界知名的航空企业 GE、Rolls-Royce、Boeing、Airbus 等公司都已将目光锁定在增材技术上，并增加在增材制造方面的研制投入。

10.2.1 GE 公司

GE 公司对增材技术的研究一直在 GRC 和航空、医疗、动力板块开展，2010年开始布局增材市场，通过不断并购实现从增材制造应用方到全流程服务商的转变。2012 年 11 月 GE 收购 MORRIS Technologies 以及其兄弟公司 Rapid Quality Manufacturing（RQM）。2013 年 8 月 GE 完成了对航空航天业务服务商 Avio S. p. A 的收购，该公司是意大利领先的民用与军用航空零部件和系统的供应商，Avio 的航空业务之后更名为 Avio Aero，成为 GE 航空业务体系中的一员。Avio Aero 是通过 EMB 和粉末床金属增材制造技术成为制造航空零部件的领导者，尤其在 3D 的打印涡轮叶片方面积累大量经验。2016 年，GE 公司成功收购瑞典 Arcam公司和德国 Concept Laser 公司。2017 年 7 月，世界上最大的特钢生产商之一美国阿勒格尼技术公司与 GE Aviation 成立一家合资公司，共同开发一种无熔融钛合金粉末制造新技术来用于增材制造。GE 试图通过此举扩大对金属增材制造粉末市场的控制，这家合资公司将利用阿勒格尼的技术、制造和质量管理体系以及 GE Aviation 的工程、开发能力和钛合金粉方面的知识与技术来生产特种金属粉末和优质钛镍基合金。2017 年 11 月，GE 宣布收购仿真软件开发商 GeonX，根据相关业者分析，GeonX 能够模拟 AM 工艺将成为 GE 产品系列中颇有价值的部分。

2015 年 2 月 GE 的 T25 传感器壳体得到了美国联邦航空局的认证，如图10-3 所示。2015 年 4 月 T25 传感器壳体首次用在飞机发动机中，目前已被安装在超过 400 个 GE90-94B 发动机中。该零部件处于飞机发动机高压压缩机的入口处，负责为发动机控制系统提供压力和温度的测量数据。增材制造技术使得 GE 的工程师对传感器外壳的几何形状进行优化设计和生产，使外壳能够更好地保护传感器上的电子器件不受具有潜在破坏性的气流和结冰的影响。GE 航空 GE90/GE9X 项目的负责人曾表示，通常使用铸造等传统制造方式研发这样一个零部件需要几年的时间，而增材制造技术的使用让产品开发周期缩短了一年。

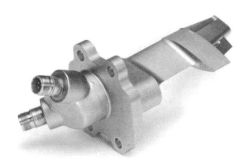

图 10-3 GE T25 传感器外壳

GE 公司还利用增材制造技术制造了 Leap 发动机离心式燃油喷嘴，如图10-4 所示，大大节省了零件的生产成本。燃油喷嘴头内，复杂的流道将燃油与空气高效混合，可以帮助发动机实现优越的性能，设计优化后的燃油喷嘴有 14 条精密的流体通道，这是传统的加工方法不能实现，但增材技术突破了制造限制，并且新的喷嘴重量比传统装配的喷嘴结构轻25%，耐用度是上一代的 5 倍，成本效益比上一代提高 30%。

图 10-4 CFM 的 LEAP 增材制造燃油喷嘴

2018 年 10 月 4 日，美国 GE 公司位于亚拉巴马州奥本市的工厂庆祝达到一个里程碑工程：该工厂的增材制造设备上完成了第 30000 个增材制造的航空发动机燃油喷嘴，该工厂也是航空工业界首次采用增材制造工艺进行零部件批量生产的工厂。预计到 2020 年，GE 将利用该技术生产超过 100000 个燃油喷嘴零部件。

2018 年 11 月 6 日，联邦航空管理局（FAA）已经给予 GE "设计变更" 批准，增材制造电动门开启系统（PDOS）支架，如图 10-5 所示，PDOS 用于打开和关闭发动机的风扇罩，以便进行发动机风扇机匣部件维护。该支架用于 Boeing747-8 的 GEnx-2B 发动机上。GEnx-2B 发动机上的原始 PDOS 支架是由固体金属块研磨而成，导致大约 50% 的材料浪费。现在使用直接金属激光熔化增材制造技术来制造新的支架，材料利用率达到了 95%，零件重量减少了 10%。增材制造的 PDOS 支架将在 GE 航空公司位于亚拉巴马州奥本市的工厂大规模生产。

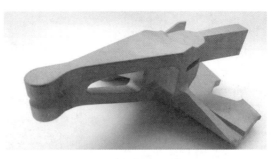

图 10-5　GE 增材制造 PDOS 支架

增材制造实现了全新涡轮螺旋桨发动机 GE Catalyst 的制造，如图 10-6 所示，通过增材制造技术，工程师们将 855 个零件整合成了 12 个部件，极大地增强了 Catalyst 的竞争力。Catalyst 是全球应用增材制造技术最为纯熟的首款发动机，约 35% 发动机零部件采用了增材制造技术，该技术将 Catalyst 发动机中原先应用传统制造技术制造的所有零件中的 855 个减少为 12 个增材制造零件，其中包括封严、轴承座、发动机机匣、排气管、燃烧室衬套、热交换器和气路静子部件。Catalyst 发动机重量也因而得以 "减负" 5%，同时在燃油效率上提高一个百分点。Catalyst 发动机还推出了 79 项全新技术及设计工艺，使得这款发动机的空中功率增加 10%，燃油消耗率降低 20%，首飞时间延长 33%。依靠增材制造技术和数字分析，GE 在两年内完成了十年的任务量。

图 10-6　GE 全新涡轮螺旋桨发动机 Catalyst

10.2.2　Rolls-Royce 公司

1994 年起，Rolls-Royce 探索航空发动机增材制造技术，并进行了发动机零部件的相关试制，包括机匣零件、蜂窝结构件、异型管等零件，并进行了可行性验证。

Rolls-Royce 发动机 Trent XWB-97 采用了增材制造部件，如一件直径 1.5m、厚 0.5m 的前轴承座，含有 48 个翼面的镍基金属结构件。空客 A350-1000 采用 XWB-97 发动机，可产生 97000 磅的推力，提升的推力主要通过新型高温涡轮技术，结合更新的发动机的核心技术以及更大风量的风扇来实现的。这一切的实现归根结底是使用了先进的空气动力学技术，以及增材制造的零部件。

10.2.3　Boeing 公司

2003 年，Boeing 通过美国空军研究实验室验证一个增材制造的金属零件，这个零件是用于 F-15 战斗机上的备件，由于零件传统加工的时间过长，增材制造零件能够在短期内交付成品备件，通过增材制造加工钛合金，替代了原先的铝锻件，增强了零件的抗腐蚀疲劳性能。

美国空军研究实验室（AFRL）制造和工业技术部（ManTech）正在与 Boeing 公司和位于印第安纳州的机械制造商 Thermwood 合作，利用增材制造技术生产低成本的航空零件。Boeing 公司采用了 LSAM 工艺，使用垂直层打印（VLP）技术，3D 打印了一个 12 英尺长的波音 777x 机翼夹具，耗时 43h20min。由于之前的合作，Boeing 公司为 LCAAT 项目与 Thermwood 公司签订了 3D 打印机身外壳工具部分的合同，以评估 LSAM 的功能。如图 10-7 所示，该高压釜材料为 25% 碳纤维增强聚醚砜（PESU），打印时间为 5h15min。这个模具重 165kg，在刀具加工完成后，对其表面形貌进行了检测，并对其真空完整性进行了测试。据 Thermwood 称，这款全尺寸工具预计重约 635kg，需要 18h 打印。目前，Boeing 公司和 AFRL 正在仔细记录该项目的所有操作参数，以将该技术转化为生产计划。

图 10-7　高压釜

2017 年 8 月，Boeing 宣布组建了新的增材制造（BAM）业务单元，以简化和加速增材制造在整个 Boeing 内的应用。Boeing 为 787 Dreamliner 飞机启动了增材制造钛合金结构件的生产，如图 9-3 所示。这个增材制造钛合金结构件由 Boeing 设计的，使用的制造工艺为 Norsk Titanium 的快速等离子沉积技术，Norsk Titanium 的快速等离子沉积技术属于 DED 工艺，这种工艺并不适合加工十分复杂的几何形状，通过增材制造近净形部件，然后再通过机加工将其加工到最终所需要的精度，可以缩短加工周期，减少材料浪费并降低成本。2017 年 2 月，Boeing 获得首个增材制造钛合金结构件的 FAA 认证，通过快速等离子沉积技术增材制造的钛合金结构件，将最终为每架 Dreamliner 飞机节省 200 万~300 万美元的成本。

10.2.4　Airbus 公司

2010 年，Airbus 内部成立了一个"创新小组"，是一个跨部门、跨学科的组织，成员来自 Airbus 内部多个部门，其目的是开发创新技术，并在工作实践中运用这些技术。创新小组最初的重点是增材制造和自动化设计，寻找通过增材以促进在工业生产过程中引入增材技术的可能性。平台的具体工作是进行打印材料和工艺的开发，创建新的设计，并审查适合增材制造应用的案例，该平台在欧洲拥有 40 多名员工，他们负责推动增材制造在 Airbus 内部的应用，从最初实现少量可行性高的增材制造零部件的生产，到实现更多核心零部件的批量生产。

2015 年，Airbus 利用增材制造技术制造出了一个仿生隔离结构，如图 10-8 所示，成功为经典机型 A320 减重。它是由 Airbus 与软件巨头 Autodesk 的 Living 设计工作室联合设计，由 Airbus 子公司 APWorks 通过直接金属激光烧结（DMLS）技术，使用其自行研制的新型合金 Scalmallo 制造的，新结构减轻了约 45%重量，因此可能明显降低飞机燃油消耗和碳排放，采用了模块化设计，任一部分损坏后都能迅速修复，这一设计概念获得了德国联邦生态设计奖。

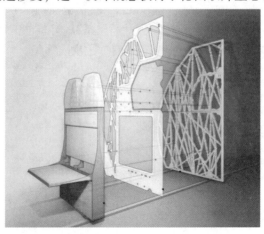

图 10-8　Airbus 增材制造仿生结构

10.2.5 无人机

2007 年美国 CTC 公司领导了一个综合小组，针对海军无人战斗机计划，制定了"无人战机金属制造技术提升计划"（N-UCAS Metallic Manufacturing Technology Transition Program），选定电子束熔丝沉积成形技术作为未来大型结构件低成本高效制造的方案，目标是降低无人机金属结构的重量和成本。

2011 年 8 月 1 日，英国南安普敦大学的工程师设计并试飞了世界上第一架"打印"出来的名为 SULSA 的无人驾驶飞机，SULSA 的诞生标志着无人机制造进入了增材制造时代。虽然在此之前，增材制造技术已经应用到无人机部分零部件的加工制造中，但只是作为传统制造的辅助措施，或者是用来生产玩具、航模一类的非重要用途的无人飞行器。SULSA 之所以能成为一个标志，意义在于它整架飞机都采用了增材制造技术，却不是一个放大版的玩具飞机，SULSA 机身长 3m，翼展 2m，整机质量 5kg，如图 10-9 所示，在无人机家族中只能算得上迷你，一般人都能轻松举起它，但它的确是真正意义上的无人机。

图 10-9　SULSA 无人机

SULSA 的基本设计和配置都参照了目前最新的无人机，并且拥有高达 160km/h 的最高飞行时速。增材制造技术造就了 SULSA，它使得 SULSA 这种高度定制化的无人机从提出设想到首飞，可在短短几天内实现。如果使用复合材料、常规材料和制造技术，这一过程往往需要几个月时间，利用增材制造技术可首先在电脑上完成 SULSA 的设计"蓝图"，再用 EOS INTP730 激光烧结机按"蓝图"逐层打印机身。飞机的其他配件（比如机舱门、发动机和各种仪表）分开打印，再安装到飞机上。飞机上的所有设备之间的连接不需要螺丝和合页，而是使用"卡扣固定"技术连接在一起。因此，整架飞机可在几分钟内完成组装并无需任何工具。

2018 年 9 月，澳大利亚金属增材制造公司 Titomic 宣布与 TAUV 达成协议，使用 Titomic 的增材制造技术生产钛合金的坚固型士兵无人机 UAVs，如图 10-10

所示，这款使用钛合金制造的 3D 打印国防无人机原型机入围了在 Adelaide 举行的 2018 年国际防务博览会的创新奖。由 CSIRO、澳大利亚国家科学机构和 Force Industries 联合开发的新 Titomic Kinetic Fusion 工艺采用冷喷涂技术，用于增材制造钛合金零件。

图 10-10　UAVs 无人机

10. 2. 6　批量生产

在美国辛辛那提 75 号公路旁坐落着 GE 增材技术中心。GE 增材技术中心拥有近 90 台增材制造机，其中包括 6 台全球最大的金属打印机 XLine 2000R，拥有 300 名设计师、机械师和工程师，其中大约一半的员工来自 GE 增材制造部门。由于增材制造是一个新兴领域，在 GE 增材技术中心，没有经验超过 20 年的资深工程师，只有来自不同背景的人，大家重塑思想并进行新的工程实践，生产部门和工程师可以轻松地与技术人员讨论，打印出他们的设计作品，负责开发增材制造设备和粉末材料的人员也可以参与其中。GE 增材技术中心会将完善的生产流程运用到 GE 航空在意大利 Cameri 和阿拉巴马州 Auburn 的增材制造工厂中，GE 增材技术中心的目标是将完成 90% 的增材制造项目交接给这些增材制造工厂。

GE 公司在 2014 年开始对已有 300000 平方英尺的奥本工厂投资 5000 万美元，为该工厂在未来进行增材制造批产工作做准备。该工厂有 230 名员工，GE 公司预计在 2019 年将员工增加到 300 名。GE 公司在亚拉巴马州的工厂自 2015 年开始生产航空发动机燃油喷嘴，自使用增材制造技术制造以来，已经增加了不少增材制造设备，现有约 40 多台增材制造机在使用金属粉末来制造航空发动机零部件。

法国和意大利合资企业泰利斯阿莱尼亚宇航公司将增材制造用于全电动 Space Bus Neo 卫星平台的电信卫星组件批量生产。Space Bus Neo 卫星平台配备 4 个铝制反作用轮支架，16 个天线展开和指向机构（ADPM）支架（其中包含 4 个铝合金支架和 12 个钛合金支架），增材制造技术的应用实现重量减轻了 30%，制造成本减少约 10%，生产周期缩短了一到两个月。该公司采用 Concept Laser Xline 2000R 大型金属增材制造设备生产反作用轮支架，该设备具有 800mm×400mm×500mm 的构建室，可满足尺寸为 466 mm×367mm×403mm 的支架制造需求。金属粉末床增材制造技术的应用可实现高度定制化批量生产，并根据每个零件的确切要求进行定制化设计。目前，首批生产的 4 个零件已经用于 Eutelsat 的 Konnect 卫星，其他 Space Bus Neo 平台未来也将采用更多增材制造部件，为确保满足最严格的质量标准，整个增材制造过程和各个组件都具有可追溯性，并已建立全面的测试和检验过程。泰利斯阿莱尼亚宇航公司于 2015 年 4 月首次应用增材制造技术，从 TurkMenAlem MonacoSat 卫星发射采用增材制造铝制天线支架开始，之后发射的每颗卫星都采用了同样的增材制造天线支架，以及增材制造反射器配件。

中国公布最先进的增材制造技术，已经用于制造中国第五代战斗机歼-20 和歼-31 的关键部位，部分零部件已经小批量生产，所有零部件都可以集中在一个部件上。华中科技大学的研究人员公布了一项不可思议的金属 3D 打印技术——"铸锻"，将改变整个金属加工行业。这项技术将增材制造、铸造和锻造工艺融合在一起，不仅可以加工出高质量的零部件，还可以大幅降低生产成本。该技术还可以打印薄壁金属零件，大幅降低设备投资和原材料成本，以金属丝材为原料，材料利用率达到 80% 以上，这非常具有突破性，因为采用传统技术进行多部件集成生产会产生负面效果。使用新技术，所有零部件都可以在钛合金材料上完成，从而拥有非常出色的拉伸强度、屈服强度、延展性和柔韧性。与传统技术相比，使用新技术生产出来的零部件性能更稳定。使用增材制造技术的歼-20 在 2017 年达到了 12 架，可组成一个飞行中队。

随着飞机和航天器车辆及零部件制造商越来越多地利用增材制造的优势，加利福尼亚州山景城 Frost&Sullivan 的市场分析师分析，"增材制造材料市场将在航空航天工业中实现两位数的高增长，航空航天业正在迅速向生产方向发展，增材制造为零件制造和原型设计提供了无与伦比的设计和材料灵活性，成本和时间只是其中的一小部分，并且随着技术的进步，其优势将进一步提升。"其中功能和性能，以及制造服务全球化是影响航空增材制造市场的关键大趋势；在不影响结构强度和疲劳性能的情况下进行重量优化，以及不影响安全性和功能性是航空主制造商和关键零部件制造商高度关注和研究的。根据 Jabil 最近发起的一项调查显示，目前只有 29% 的制造商将增材制造用于生产零件。但随着增材制造效率的提高和未来材料产品的扩大，这一数字将会攀升。西门子预测，增材制造成本将在未来五年内降低 50%，速度提高 400%，93% 的制造商希望在未来三到五年内将增材制造用于生产零件。

10.3 增材制造技术材料发展趋势

10.3.1 增材制造技术材料的发展

进入 21 世纪，世界各国积极采取措施，以推动增材制造技术的发展，各个国家十分重视增材制造在航天航空的应用，从而降低成本，提高自己在航天航空领域的国际竞争力。增材制造被看作是第三次工业革命的标志，其加工过程可塑性强、质量可以保证、智能化节约化制造，从而可以进一步降低加工成本，缩短制造周期。增材制造技术在高要求、批量小、反映快的产品生产市场中具有很强的竞争力，未来在工业规模生产领域的竞争力中也会逐渐增强，在航空航天方面有所突破，可以制造出复杂形状的零件，推进航空航天事业的发展。目前来说，增材制造在材料方面有着很大的发展前景，成形新材料可以大幅度提高性能，目前主要集中在如下两个方向：

（1）单一材料向复合材料方向发展是增材制造技术材料的发展趋势。单一材料种类较少和性能不足严重制约了增材制造技术应用，将纳米材料、碳纤维材料等与现有材料体系复合，开发多功能纳米复合材料、纤维增强复合材料、无机填料复合材料、金属填料复合材料和高分子合金等复合材料，不仅赋予了材料多功能性特点，而且拓宽了增材制造技术的应用领域。

（2）多材料、多工艺增材制造成为重要方向。多材料增材制造技术可融合多种增材制造工艺，实现全材增材制造等高质量产品的一体化成形，并大幅提升成形效率。增材制造技术与机器人、数控机床、铸锻焊等多种工艺技术的集成，可满足无支撑成形等严苛的工艺要求，不仅实现复杂结构产品的增材制造，还可以实现产品的近净成形。

10.3.2 增材制造技术服务的发展

2019 年 3 月，GE Additive 被选中为 General Atomics Aeronautical Systems, Inc。（GA-ASI）提供其 AddWorksTM 咨询服务，该公司是远程驾驶飞机（RPA）系统、雷达、电光及相关任务系统的领先制造商。在竞争性招标之后，AddWorks 将与 GA-ASI 密切合作，从而加速和加强其产品和工艺中金属添加剂的认证和实施。

增材制造服务获取更加便捷。系统化和数字化正成为增材制造服务的主流方向。西门子与 Stratasys、GE、3D Hubs 公司等行业领军企业合作，推动西门子数字工厂解决方案与增材制造解决方案整合，提升了增材制造产品的全生命周期管理水平。

EOS 从增材制造技术发展趋势，增材制造技术应用需求，以及增材制造人才需求角度，对增材制造技术在 2019 年的发展进行了展望。在展望中 EOS 表示，全球增材制造市场预计将从 2018 年 17.3 亿美元的规模成长至 2023 年 56.6 亿美元，即 5 年内以 27% 左右的年复合增长率成长。尽管各行各业正不断扩大增材制造的应用领域，但由于细分专业知识的不足，技术能力上仍有差距，人才问题亟待解决，使增材制造的发展受阻，最终影响到应用增材制造的相关行业。为了紧随数字化变革的浪潮和业务转型的需要，企业将投入更多资源用于增材制造的人才培养与员工培训。

2018年9月，EOS与新加坡国家增材制造业创新集群建立战略伙伴关系，开发联合产业创新项目，该合作项目旨在提升航空航天领域的增材制造能力，培养精通增材制造技术和零部件设计的专家。随着增材制造技术采用的升级，该项目解决了对当前工作人员的技能更新与升级的需求。在中国，2017年EOS举办"增材制造创新日"活动，以"增材思维"为主题，由德国专家讲解增材制造技术应用的关键问题，与中国商飞、中国航发商用发动机、上海电气、上海大众等不同行业的技术专家共同分享应用经验，帮助企业更好地利用增材制造技术实现创新价值。

10.3.3　增材制造数字化发展

随着信息技术的进一步提升，特别是5G网络商用以后，一个万物互联的时代将会到来，促使制造业向中心化和区域化的方向发展。制造业数字化与增材制造的结合将推动分布式制造的发展。对于企业而言，这是一个利用增材制造实现增长和业务转型的好时机，采用数字化智能增材制造技术打印零部件的企业能够通过零部件重新设计和集成来降低生产成本、简化流程、缩短产品生产周期，从而使得在国内制造比从国外进口更具实用性。

GE正尝试使用区块链验证其供应链中的增材制造部件，该应用将使该公司能够创建基于区块链的数字制造历史，以帮助跟踪和验证增材制造对象，将解决目前增材制造系统中存在的挑战"目前缺乏用于确保由增材制造工艺生产的物体得到适当认证的验证系统"。由于这个问题，如果使用增材制造工艺生产更换部件的时候，任何可以使用增材制造机器的人都可以复制该部件。因此，最终用户无法验证替换零件"是否使用正确的构建文件，使用正确的制造材料以及正确配置的增材制造加工工艺来生产的"。GE指出，需要提供一种系统或方法来实现具有验证和验证功能的增材制造过程中的历史数据记录，这些功能可以集成到增材制造设备中。GE已加入Blockchain in Transport Alliance，这是一个区块链联盟，旨在围绕区块链技术在货运业中的应用制定标准。

随着区块链技术的成熟，基于区块链分布式区块的特点，可快速实现点对点之间的信息交互、资源共享，使增材制造厂家实现按需生产、即时生产、就近生产，最大程度地减少各项成本，有效避免因中间环节增加的成本转移到最终产品上，使消费者无法认可最终产物的售价而放弃产品。

增材制造数字线程包括设计信息、材料、工艺、加工以及测试信息。目前的增材制造企业，在面向将增材制造用于产业化生产应用的时候，数字线程是必备条件。分布式制造正在改变公司将增材制造融入其数字战略的方式，不是考虑集中式解决方案，而是使公司能够分散生产，以便能够将最终产品制造得更贴近客户。借助增材制造，制造商可以更好地将物理供应链与数字线程连接起来，从概念到报废，更有效地管理产品。只需发送文件，就可以将制造分配到任何具有数字制造系统的位置，这种分散化可以实现更加协作，透明和高效的供应链协调。融合式创新重塑增材制造新模式，增材制造与传统的减材制造融合，提升增材制造技术的成形效率和精度，助力企业实现柔性制造，赋予现有加工中心或生产线高柔性与高效率；将增材制造装备纳入智能制造生产体系，实现生产过程的实时管理和优化，并通过云制造实现分散的社会智力资源和增材制造资源的快速集成，将重塑增材制造技术及应用模式。

10.3.4　增材制造改变航空产业维修周期和库存

通过增材制造按需生产零件使制造商能够根据需要打印零件，而不是从供应仓库中拉出零件，按需生产将帮助企业实现库存和存储成本的大幅降低。例如，根据麻省理工学院的报告，在汽车行业，增材制造可以减少90%的备件库存。

增材制造在新的零件和备品备件制造方面对于缩短交货期有着显著的优点。航空专家认为比传统方式缩短80%的制造时间，同时还可以显著提高零部件的性能。将来增材制造方式可以显著改变目前航空零部件的库存状态，把设计图纸输入到打印机就可以快速制造出零部件将大大降低航空零部件的库存。商用飞机的使用寿命在30年，而维护和保养飞机的原制造设备是非常昂贵的。根据空客的数据，通过增材制造技术，测试和替换零部件可以在2周内完成。这些零件可以被快速运到需要维修的飞机所在地，省时省力的帮助飞机重新起飞。另外，不再需要保有大量的零部件以防飞机有维修需求，这些大量的零部件的生产也是十分昂贵和浪费资源的。当然，对于旧的机型，尤其是数据丢失的型号，保有原来的零部件还是需要的。

10.3.5　增材制造航空业需要解决的问题

增材制造技术因其与传统去除成形和受迫成形完全不同的理念迅速发展成了制造技术领域新的战略方向。金属零件的高能束流增材制造在航空航天领域的研究和应用也越来越广泛，在先进制造技术发展的同时，也促进了结构设计思想的解放和提升，两者的相互促进必将对未来飞行器制造技术领域造成深刻影响。随着我国综合国力的发展，包括航空在内的国防武器装备的开发逐渐加速，增材制造技术迎来了高速发展的阶段，未来的应用前景十分广阔。但目前实际应用还比较少，尚处于技术成长期，为了推进技术的应用和发展，需要关注以下几个方面：

（1）内部质量和力学性能的均匀性、稳定性和可靠性。由于高能束流增材制造过程集材料制备和零件成形于一体，零件的尺寸、形状、摆放位置、热参数、加工路径等对内部缺陷和组织的形成具有重要影响，每个零件的形成过程都具有一定的特殊性，因此，需要经过多批次、大量的试验考核，确定并固化从材料、成形到后处理的各个技术环节，以实现零件性能的稳定性。

（2）与用户的充分沟通，形成独立的标准。增材制造技术实现过程不同于传统的制造技术，其制备的零件性能也与传统的锻件、铸件有明显差异，不能完全用传统技术的评价方法对增材制造技术进行评定。通过沟通让用户充分了解增材制造技术的优缺点，获得用户对产品性能的具体要求并有针对性地进行满足，形成针对增材制造的零件质量评价标准，对于促进增材制造技术的应用十分重要。

（3）成本、效益的兼顾。并非所有的零件都适于采用增材制造方法，在进行应用技术开发时，需要选择合适的应用对象。综合考虑成本、效益与周期等因素，在航空领域，适宜采用高能束流增材制造技术加工的零件种类主要有复杂形状结构、超规格结构、需要快速研制的结构以及可明显降低成本的结构等。

10.4 增材制造在航空航天领域的应用

10.4.1 金属增材制造技术在具体型号上的应用实例

电子束熔丝沉积技术又称为电子束自由成形制造技术（Electron Beam Freeform Fabrication，EBF3）。美国麻省理工学院的 V. R. Dave 等人最早提出该技术并试制了 Inconel 718 合金涡轮盘。2002 年，美国航空航天局（NASA）兰利研究中心的 K. M. Taminger 等人提出了 EBF3 技术，重点开展了微重力条件下的成形技术研究。同一时期，在海军、空军、国防部等机构支持下，美国 Sciaky 公司联合 Lockheed Martin、Boeing 公司等也在同时期合作开展了研究，主要致力于大型航空金属零件的制造，并进行了钛合金的增材制造，最大成形速度可达 18kg/h，力学性能满足 AMS4999 标准要求。Lockheed Martin 公司选定了 F-35 飞机的襟副翼梁准备用电子束熔丝沉积成形代替锻造，预期零件成本降低 30%~60%，据报道，装有电子束熔丝沉积成形钛合金零件的 F-35 飞机已于 2013 年初试飞。

激光直接沉积技术是 20 世纪 90 年代首先从美国发展起来的。1995 年，美国 Sandia 国家实验室开发出了直接由激光束逐层熔化金属粉末来制造致密金属零件的快速近净成形技术。1995 年美国国防部高级研究计划署和海军研究所联合出资，由约翰霍普金斯大学、宾州州立大学和 MTS 公司共同开发一项名为"钛合金的柔性制造技术"的项目，利用大功率 CO_2 激光器实现大尺寸钛合金零件的制造。基于这一项目的研究成果，1997 年 MTS 公司出资与约翰霍普金斯大学、宾州州立大学合作成立了 AeroMet 公司，获得了美国军方及三大美国军机制造商 Boeing、洛克希德·马丁、格鲁曼公司的资助，开展了飞机机身钛合金结构件的激光直接沉积技术研究，先后完成了激光直接沉积钛合金结构件的性能考核和技术标准制定，并于 2002 年在世界上率先实现激光直接沉积 Ti-6Al-4V 钛合金次承力构件在 F/A-18 等飞机上的装机应用。国内铂力特公司自研的激光立体成形金属 3D 打印技术通过激光融化金属粉末，几乎可以打印任何形状的产品，为国产大飞机 C919 制造了中央翼缘条，是金属 3D 打印技术在航空领域应用的典型，仅用 25 天即完成交付，大大缩短了航空关键零部件的研发周期，实现了航空核心制造技术上一次新的突破。

电子束选区熔化技术在航空航天领域的应用也迅速兴起，美国 Boeing 公司、Synergeering group 公司、CalRAM 公司、意大利 Avio 公司等针对火箭发动机喷管、承力支座、起落架零件、发动机叶片等开展了大量研究，有的已批量应用，材料主要是铜合金、Ti6Al4V、TiAl 合金等。由于材料对电子束能量的吸收率高且稳定，因此，电子束选区熔化技术可以加工一些特殊合金材料，可用于航空发动机或导弹用小型发动机多联叶片、整体叶盘、机匣、增压涡轮、散热器、飞行器筋板结构、支座、吊耳、框梁、起落架结构的制造，其共同特点是结构复杂，用传统方法加工困难，甚至无法加工，其局限在于只能加工小型零件。

选区激光熔化技术是利用金属粉末在激光束的热作用下完全熔化、经冷却凝固而成形的一种技术，最早由德国 Fraunhofer 激光技术研究所提出。2003 年底德国 MCP-HEK 推出了世界上第一台 SLM 设备，近年来，德国 EOS、Concept Laser、SLM Solutions、英国 Renishaw 等技术公司在激光选区熔化成形技术与设备方面取得了长足的进步。美国 GE 公司在各大型企业中率先成立金属材料激光熔化增材制造研发团队，并于 2012 年通过收购了 Morris 和 RQM 两家专业从事 SLM 制造技术的公司，掌握了金属材料 SLM 成形核心技术。GE/Morris 公司采用 SLM 成形技术制造的航空发动机燃烧室、喷嘴以及散热器等复杂薄壁金属零部件。2013 年 8 月，NASA 对 SLM 制造的 J-2X 发动机喷注器样件进行了热试车，SLM 制造的零件可完全满足发动机零件的设计使用要求。

目前，增材制造技术已广泛应用于飞机零部件制造及零件修复。在飞机零部件制造上，已完成 F/A-18E/F 舰载联合歼击/攻击机发动机舱推力拉梁、机翼转动折叠接头、翼梁、带筋壁板等，F/A-18E/F 翼根吊环、F-22 接头、C919 大飞机翼肋 TC4 上下缘条、机角盒、飞机座椅支座及腹鳍接头等试制及部分零件装机应用。在零件修复上，成功用于 F15 战斗机中机翼梁的检修、T700 美国海军飞机发动机零件的磨损修复、单晶涡轮叶片修复、铝合金导向叶片修复等。

10.4.2　增材制造装备性能不断升级

随着增材制造装备工艺技术研究的深入和制造技术的突破，出现了一批超大型、超高速、超精密的工艺装备。近期，GE 公司发布的增材制造装备成形尺寸达到 1.1m×1.1m×0.3m（Z 轴可扩展至 1m，甚至更大），推动铺粉式金属激光增材制造成形进入"m"级时代。装备成形尺寸更大、精度更高、更智能，增材制造装备大型化已成为发展趋势。现有增材制造的成形精度已经达到微米级，未来将向纳米级的成形精度发展，极大促进增材制造技术在微流控芯片制造等领域的应用。传感器、微处理器、数据存储装置等智能部件将融入增材制造装备，实现成形过程的实时记录和反馈，带动装备的智能化。

10.4.3 增材制造在航空航天结构零件中的应用

增材制造技术充分体现了计算机技术与材料科学、数字化制造技术的紧密结合，是先进制造业的重要组成部分，已引起全球重视，并实现了产学研的一体化。麦肯锡咨询公司、美国《国防》杂志等机构均将增材制造技术视为最具颠覆性技术之一。增材制造技术的主要应用在汽车及零部件、电子设备及消费品、工业设备、生物医疗等领域，特别是在航空航天领域，增材制造技术的应用正逐步深化，随着增材制造技术快速发展，政府以及军方等机构纷纷出台相关政策来加快增材制造技术的发展与应用，推动了增材制造技术在航空航天领域应用广度与深度的持续深化。

增材制造技术已成为提高航天器设计和制造能力的一项关键技术，其在航空航天领域的应用范围不断扩展。国外企业和研究机构利用增材制造技术不仅打印出了飞机、导弹、卫星的零部件，还打印出了发动机、无人机整机，这充分显示了增材制造技术在该领域的广阔应用前景。

在零部件级，空客公司采用增材制造技术生产了超过 1000 个飞机零部件，并将其用于 A350 XWB 飞机上，在按需制造复杂零件、确保按时交货的同时，减轻零部件质量、降低生产成本、缩短生产周期、简化供应链。利用增材制造技术制造的遄达宽体飞机 XWB-97（Trent XWB-97）发动机成功完成飞行试验，该发动机前轴承座的 48 个尺寸为 1.5m×0.5m 钛合金翼型可能是在现役飞机中采用的最大的增材制造零部件，如图 10-11 所示，通过增材制造技术，该翼型的生产效率提高 1/3，交货周期缩短了 30% 左右。欧洲航天局（ESA）和瑞士 Swissto12 公司开发出专门为未来空间卫星设计的首个增材制造双反射面天线原型，如图 10-12 所示，可以显著增加天线的精度，降低生产成本，大幅缩短交付时间，增加射频设计的灵活性，在减轻部件质量方面具有巨大优势。美国航空喷气发动机洛克达因公司（Aerojet Rocketdyne）完成首批"猎户座"载人飞船 12 个喷管扩张段的增材制造任务，相比于传统制造工艺，利用增材制造使制造时间缩短了约40%，3 周的时间便可以制造完成。法国泰勒斯·阿莱尼亚航天公司将遥测和指挥天线支撑结构用于 Koreasat 5A 和 Koreasat 7 远程通信卫星，该零件尺寸约45cm×40cm×21cm，是目前欧洲应用的最大的增材制造零件，如图 10-13 所示，利用增材制造实现减重 22%、成本节约 30%、生产周期缩短 1~2 个月。美国雷锡恩公司是全球最大的导弹武器制造商，一直致力于应用增材制造技术制造制导武器部件，已经制造完成了包括火箭发动机、弹翼、制导和控制系统的部分部件。美国海军在 2016 年 3 月进行了三叉戟 Ⅱ D5 潜射弹道导弹第 160 次试射，成功测试了首个使用增材制造的导弹部件——可保护导弹电缆接头的连接器后盖，如图 10-14 所示，通过增材制造该零件的设计和制造时间缩短了一半。

图 10-11　采用 3D 打印零部件的 Trent XWB-97 发动机

图 10-12　卫星双反射面天线

图 10-13　卫星遥测和指挥天线支撑结构

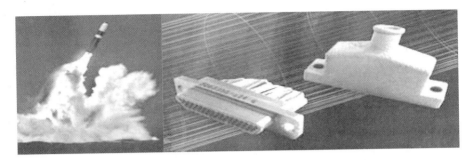

图 10-14　三叉戟 II 导弹连接器后盖

NASA 马歇尔航天飞行中心的研究人员于 2012 年将激光选区熔化成形（Selective Laser Melting，SLM）技术应用于多个型号航天发动机复杂金属零件样件的制造，这种制造工艺可以直接实现计算机辅助设计三维复杂结构件的高性能高精度的整体制造，同时大大降低零件制造时间与加工成本。NASA 在 2017 年第 1 次太空发射系统飞行试验中使用由 SLM 技术制造的零部件，如图 10-15 所示。

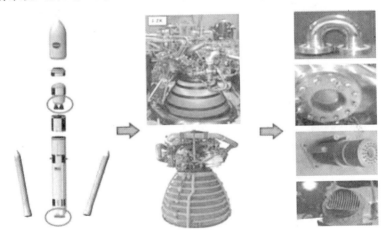

图 10-15　增材制造技术在"太空发射系统"中的应用

J-2X 是太空发射系统的上面级发动机，其燃气发生器导管为 GH625 高温合金材料。为了防止燃烧不稳定，导管呈小弯曲半径结构，传统方法只能通过分部制造+焊接工艺实现制造，这影响了产品整体可靠性的进一步提高。为了解决上述问题，NASA 马歇尔航天飞行中心采用 SLM 技术实现了导管的整体制造，如图 10-16 所示，该导管进行了发动机热试车测试，性能良好。

通过 SLM 技术，实现阀门类和支架类零件的快速制造，可解决传统机械加工工艺过程中复杂结构加工死角的难题，适用于任意复杂形状的结构件。同时，SLM 制造的结构件最小壁厚可到 120μm，可实现阀门、管路接头壁厚、变截面、

图 10-16　J-2X 燃气发生器导管

a—传统分部制造；b—整体制造

内部流通的高精密设计、成形需求。GE 制造出了一体化的燃油喷嘴和复杂流道的管路流道及法兰，如图 10-17 所示，用在 LEAP 航空发动机上，相比传统方法制造的燃油喷嘴，耐用性要强 5 倍。

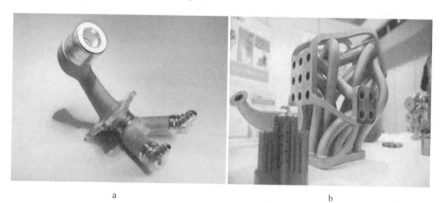

图 10-17　GE 公司增材制造成形结构件

a——体化的燃油喷嘴；b——体化管路流道及法兰

　　对于钛合金结构件，通过 EBM 技术，实现结构件连接结构的设计和制造过程，得到内部无缺陷的产品，性能达到钛合金材料锻件性能水平，满足强度和功能的质量要求。欧洲宇航防务集团采用在 EBM 技术直接成形空客 A320 的驾驶室铰链托架，如图 10-18 所示。在保证这些部件的强度和性能的基础上，使其重量减轻了 35%~55%，成本节约了 60%，生产周期缩短了 80%。

　　目前，美国 Boeing 公司针对增材制造在航空制造方面的应用已走在世界前列。Boeing 公司已在 X-45、X-50 无人机、F-18、F-22 战斗机项目中应用了聚合物增材制造和金属增材制造技术。Boeing 公司目前已制定了一套为增材制造项目量身定做的技术成熟度等级指南。Lockheed Martin 公司也宣称，已在 F-35Ⅱ型战斗机上应用了 900 多个增材制造的零件。不过需要指出的是，目前 Boeing 和

图10-18　A320的驾驶室铰链托架

Lockheed Martin公司在飞机上装机应用的增材制造零件主要还是非结构件。GE公司基于其在航空发动机高端零件直接制造的需求，通过收购美国Morris公司和意大利Avio公司，重点开展了航空发动机零件的SLM和EBM制造研究和相关测试。同时GE公司也非常注重通过金属增材制造技术充分发挥构件的设计效能，通过GRABCAD协会举办了一次基于金属直接增材制造技术钛合金发动机支架的设计大赛，共有56个国家的近700种设计，其中冠军设计将支架的重量从原设计的2.033kg减轻到了327g，减重达84%。GE公司已拥有各类金属直接增材制造装备300多台套，他们预计采用金属直接增材制造的零件，未来可使每台航空发动机减重454kg。

在欧洲，Air Bus公司也于2006年启动了集成机翼计划，并开展了起落架金属增材制造技术研发工作。Air Bus公司对于增材制造技术最感兴趣的地方还在于这项技术对结构设计的引领。Air Bus公司通过对飞机短舱铰链进行拓扑优化设计，使最终制造的零件减重60%，并解决了原有设计所存在的使用过程中应力集中的问题。2014年3月，Air Bus公司基于西北工业大学在大型钛合金构件LSF制造的技术优势，与西北工业大学签订了基于大型钛合金构件激光立体成形合作框架协议，开始系统论证采用LSF技术制造飞机零部件，甚至更大的机体结构件，以及将激光立体成形技术作为飞机备件解决方案的可行性。除了Air Bus公司，英国宇航系统公司（BAE）还与英国Cranfield大学合作，开展飞机大型翼身结构的WAAM制造。

增材制造技术作为一种兼顾精确成形和高性能成形需求的一体化制造技术，可大幅度降低成本，并且突破了传统制造工艺对复杂形状的限制，已经在航空制造领域显示了广阔和重要的应用前景，虽然相比于传统铸锻等热加工技术和机械加工等冷加工技术，增材制造技术发展时间较短，但经过几十年的探索发展，目前正处在蒸蒸日上的时期，一方面期待在技术上有新的突破从而提高增材制造在材料、精度和效率上的要求，另一方面是基于现有技术的新应用拓宽增材制造的应用领域和范围。相信在不久的将来，一定能看到增材制造技术在航空航天领域的更大范围的应用。

参 考 文 献

［1］ Deckard C R. Method and Apparatus for Producing Parts by Selective Sintering ［P］. U.S. Patent 4863538, 1986.

［2］ Meiners W, Wissenbach K, Gasser A. Shaped Body Especially Prototype or Replacement Part Production ［P］. US patent DE19649849C1, 1998.

［3］ Gharri M, Peyre P, Gorny C, et al. Influence of various process conditions on surface finishes induced by the direct metal deposition laser technique on a Ti－6Al－4V alloy ［J］. Journal of Materials Processing Technology, 2013, 213 (5): 791~800.

［4］ Graf B, Gumenyuk A, Rethmeier M. Laser Metal Deposition as Repair Technology for Stainless Steel and Titanium Alloys ［J］. Physics Procedia, 2012, 39: 376~381.

［5］ 林鑫, 薛蕾, 陈静, 等. 激光成形修复 Ti-6Al-4V 钛合金零件的组织与性能 ［J］. 中国表面工程, 2009, 22 (1): 19~24.

［6］ 张强, 陈静, 韩昌旭, 等. 激光修复热影响区深度对 TC17-TC11 双合金拉伸性能的影响 ［J］. 应用激光, 2012, 32 (4): 267~271.

［7］ 何斌, 黄春平, 张海军, 等. 搭接量对 LY12 铝合金搅拌摩擦增材制造成形的影响 ［J］. 南昌航空大学学报（自然科学版）, 2014, 28 (3): 78~82.

［8］ 柯黎明, 魏鹏, 邢丽, 等. 双道焊对搅拌摩擦焊搭接界面及接头性能的影响 ［J］. 焊接学报, 2011, 32 (7): 5~8.

［9］ 张昊, 李京龙, 孙福, 等. 扩散焊固相增材制造技术与工程化应用 ［J］. 航空制造技术, 2018, 61 (8): 68~75.

［10］ 何艳丽, 李京龙, 孙福, 等. 扩散焊吸液芯结构对热管传热性能的影响 ［J］. 化工学报, 2014, 65 (4): 1229~1235.

［11］ 赵科. 分层实体扩散连接制备中的局部屈曲行为 ［D］. 西安: 西北工业大学, 2013.

［12］ 何艳丽. 平板热管扩散焊分层实体制造工艺及性能研究 ［D］. 西安: 西北工业大学, 2014.

［13］ 张九海, 何鹏. 扩散连接接头行为数值模拟的发展现状 ［J］. 焊接学报, 2000, 21 (4): 84~91.

［14］ 王鹏, 张兆栋, 宋刚, 等. 铝合金激光-电弧复合增材制造工艺分析 ［J］. 焊接技术, 2016 (10): 10~13.

［15］ 孙承帅, 张兆栋, 刘黎明. 激光诱导 MIG 电弧增材制造 5356 铝合金薄壁零件组织及力学性能 ［J］. 焊接技术, 2017 (5): 53~56.

［16］ Weiss L E, Merz R, Prinz F B, et al. Shape deposition manufacturing of heterogeneous structures ［J］. Journal of Manufacturing Systems, 1997, 16 (4): 239~248.

［17］ Mognol P, Jégou L, Rivette M, et al. High speed milling, electro discharge machining and direct metal laser sintering: A method to optimize these processes in hybrid rapid tooling ［J］. International Journal of Advanced Manufacturing Technology, 2006, 29 (1~2): 35~40.

［18］ Yassin A, Ueda T, Furumoto T, et al. Experimental investigation on cutting mechanism of laser sintered material using small ball end mill ［J］. Journal of Materials Processing Technology，2009，209（15）：5680~5689.

［19］张海鸥，熊新红，王桂兰，等．等离子熔积成形与铣削光整复合成形制造金属零件技术［J］．中国机械工程，2005，16（20）：1863~1866.

［20］张海鸥，熊新红，王桂兰，等．等离子熔积/铣削复合直接制造高温合金双螺旋整体叶轮［J］．中国机械工程，2007，18（14）：1723~1726.

［21］王超宝．特种工程塑料的生产及应用［J］．化学工程与装备，2012，7：128~130.

［22］曾锡琴，朱小蓉．激光选区烧结成形材料的研究和应用现状［J］．机械研究与应用，2005，11（6）：19~21.

［23］张芳西，金承基，周淑芬，等．含酚废水的处理与利用［M］．北京：化学工业出版社，1983.

［24］伍咏晖，李爱平，张曙．三维打印成形技术的新进展［J］．机械制造，2005（12）：62~64.

［25］赵云龙．先进制造技术［M］．西安：西安电子科技大学出版社，2006.

［26］赵志文，程昌圻，韩秀坤．快速原型制造技术及应用［J］．北京理工大学学报，1994（10）：58~65.

［27］李晓燕，张曙，余灯广．三维打印成形粉末配方的优化设计［J］．机械科学与技术，2006，25（11）：1343~1346.

［28］伍咏晖．彩色三维打印成形技术及应用［J］．机械工程师，2007（2）：57~59.

［29］左孔天．连续体结构拓扑优化理论与应用研究［D］．武汉：华中科技大学，2004.

［30］苏胜伟．基于Optistruct拓扑优化的应用研究［D］．哈尔滨：哈尔滨工业大学，2008.

［31］杜善义．先进复合材料与航空航天［J］．复合材料学报，2007，24（1）：1~12.

［32］李涤尘，田小永，王永信，等．增材制造技术的发展［J］．电加工与模具，2012（A01）：20~22.

［33］刘书田，李取浩，陈文炯，等．拓扑优化与增材制造结合：一种设计与制造一体化方法［J］．航空制造技术，2017（10）：26~31.

［34］徐伟，赵启林．复合材料点阵结构优化设计［J］．玻璃钢/复合材料，2016（3）：23~26.

［35］王健．激光增材制造点阵结构力学性能研究［D］．北京：北京理工大学，2016.

［36］廖中源，王英俊，王书亭．基于拓扑优化的变密度点阵结构体优化设计方法［J］．机械工程学报，2019，55（8）：65~72.

［37］耿达．梯度点阵结构几何多尺度优化研究［D］．大连：大连理工大学，2018.

［38］Stanković T，Mueller J，Egan P，et al. A generalized optimality criteria method for optimization of additively manufactured multimaterial lattice structures［J］. Journal of Mechanical Design，2015，137（11）：111405.

［39］Aage N，Andreassen E，Lazarov B S，et al. Giga-voxel computational morphogenesis for structural design［J］. Nature，550：8486.

［40］Paley Z，Hibbert P D. ComPutation of Temperatuers in Actual Weld Designs［J］. Welding Journal，1975，54（11）：385s~395s.

［41］Goldak J，Chakravarti A，Bibby M. A new finite element model for welding heat sources［J］.

Metallurgical Transactions B, 1984, 15 (2): 299~305.

［42］KöRner C, Attar E, Heinl P. Mesoscopic simulation of selective beam melting processes ［J］. Journal of Materials Processing Tech, 2011, 211 (6): 978~987.

［43］Khairallah S A, Anderson A. Mesoscopic simulation model of selective laser melting of stainless steel powder ［J］. Journal of Materials Processing Tech, 2014, 214 (11): 2627~2636.

［44］Hodge N E, Ferencz R M, Solberg J M. Implementation of a thermomechanical model for the simulation of selective laser melting ［J］. Computational Mechanics, 2014, 54 (1): 33~51.

［45］耿汝伟, 杜军, 魏正英, 等. 金属增材制造中微观组织相场法模拟研究进展 ［J］. 材料导报, 2018, 32 (7): 1145~1150.

［46］Gong X, Chou K. Phase-Field Modeling of Microstructure Evolution in Electron Beam Additive Manufacturing ［J］. JOM – Journal of the Minerals, Metals and Materials Society, 2015, 67 (5): 1176~1182.

［47］Acharya R, Sharon J A, Staroselsky A. Prediction of microstructure in laser powder bed fusion process ［J］. Acta Materialia, 2017, 124: 360~371.

［48］Boivineau M, Cagran C, Doytier D, et al. Thermophysical Properties of Solid and Liquid Ti-6Al-4V (TA6V) Alloy ［J］. International Journal of Thermophysics, 2006, 27 (2): 507~529.

［49］Debroy T, Wei H L, Zuback J S, et al. Additive manufacturing of metallic components – Process, structure and properties ［J］. Progress in Materials Science, 2018, 92: 112~224.

［50］Zaeh M F, Branner G. Investigations on residual stresses and deformations in selective laser melting ［J］. Production Engineering, 2010, 4 (1): 35~45.

［51］Pal D, Patil N, Zeng K, et al. An Integrated Approach to Additive Manufacturing Simulations Using Physics Based, Coupled Multiscale Process Modeling ［J］. Journal of Manufacturing ence & Engineering, 2014, 136 (6): 061022.

［52］Yan W T, Ge W J, Smith J, et al. Multi-scale modeling of electron beam melting of functionally graded materials ［J］. Acta Materialia, 2016, 115: 403~412.

［53］Strantza M, Ganeriwala R K, Clausen B, et al. Coupled experimental and computational study of residual stresses in additively manufactured Ti-6Al-4V components ［J］. Materials Letters, 2018, 231: 221~224.

［54］吴怀宇. 3D打印: 三维智能数字化创造 ［M］. 北京: 电子工业出版社, 2014.

［55］王华明. 高性能大型金属构件激光增材制造: 若干材料基础问题 ［J］. 航空学报, 2014, 35 (10): 2690~2698.

［56］王晓燕, 朱琳. 3D打印与工业制造 ［M］. 北京: 机械工业出版社, 2019.

［57］郝晓宁. 激光增材制造毛坯与传统锻件铸件差异性分析 ［J］. 航空制造技术, 2017 (5): 82~86.

［58］张凤英, 陈静, 谭华, 等. 钛合金激光快速成形过程中缺陷形成机理研究 ［J］. 稀有金属材料与工程, 2007 (2): 211~215.

［59］Zhang B, Li Y, Bai Q. Defect formation mechanisms in selective laser melting: a review ［J］. Chinese Journal of Mechanical Engineering, 2017, 30: 515~527.

[60] Gong H, Rafi K, Gu H, et al. Analysis of defect generation in Ti-6Al-4V parts made using powder bed fusion additive manufacturing processes [J]. Additive Manufacturing, 2014, 1, 87~98.

[61] 唐超兰, 温竟青, 张伟祥, 等. 钛合金 3D 打印成形技术及缺陷 [J]. 航空材料学报, 2019, 39 (1): 38~47.

[62] 刘延辉, 瞿伟成, 朱小刚, 等. 激光 3D 打印 TC4 钛合金工件根部裂纹成因分析 [J]. 理化检验-物理分册, 2016, 52 (10): 682~685.

[63] 高翔宇, 高祥熙, 姜涛, 等. 增材制造大型钛合金横梁缺陷分析 [J]. 失效分析与预防, 2018, 13 (1): 43~48.

[64] 凌松. 增材制造技术及其制品的无损检测进展 [J]. 无损检测, 2016, 38 (6): 60~64.

[65] 杨平华, 高翔熙, 梁菁, 等. 金属增材制造技术发展动向及无损检测研究进展 [J]. 材料工程, 2017, 45 (9): 13~21.

[66] 解瑞东, 鲁中良, 弋英民. 激光金属成形缺陷在线检测与控制技术综述 [J]. 铸造, 2017, 66 (1): 33~37.

[67] 陈建伟, 赵扬, 巨阳, 等. 无损检测在增材制造技术中应用的研究进展 [J]. 应用物理, 2018, 8 (2): 91~99.

[68] 王敬钊, 臧少刚, 王丙阳, 等. Ti-6Al-4V 合金激光选区熔化材料的射线检测 [J]. 无损检测, 2019, 41 (6): 10~15.

[69] Salarian M, Totserkani E. The use of nano-computed tomography (nano-CT) in non-destructive testing of metallic parts made by laser powder-bed fusion additive manufacturing [J]. The International Journal of Advanced Manufacturing Technology, 2018, 98 (9): 3147~3153.

[70] Lucas W, Koester H T, Timothy A, et al. Nondestructive Testing for Metal Parts Fabricated Using Powder-Based Additive Manufacturing [J]. Materials Evaluation, 2018: 514~524.

[71] 张祥春, 张祥林, 刘钊, 等. 工业 CT 技术在激光选区熔化增材制造中的应用 [J]. 无损检测, 2019, 41 (3): 52~57.

[72] 胡婷萍, 高丽敏, 杨海楠. 航空航天用增材制造金属结构件的无损检测研究进展 [J]. 航空制造技术, 2019, 62 (8): 70~75.

[73] Lopez A, Bacelar R, Pires I, et al. Non-destructive testing application of radiography and ultrasound for wire and arc additive manufacturing [J]. Additive Manufacturing, 2018, 21: 298~306.

[74] Hirsch M, Patel R, Li W, et al. Assessing the capability of in-situ nondestructive analysis during layer based additive manufacture [J]. Additive Manufacturing, 2017, 13: 135~142.

[75] Everton S, Hirsch M, Stravroulakis P, et al. Review of in-situ process monitoring and in-situ metrology for metal additive manufacturing [J]. Material & Design, 2016, 95 (5): 431~445.

[76] Knezovic N, Dolsak B, In-process non-destructive ultrasonic testing application during wire plus arc additive manufacturing [J]. Advances in Production Engineering & Management, 2018, 13 (2): 158~168.

[77] Du W, Bai Q, Wang Y, et al. Eddy current detection of subsurface defects for additive/sub-

tractive hybrid manufacturing [J]. The International Journal of Advanced Manufacturing Technology, 2017, 95: 3185~3195.

[78] Leung C, Marussi S, Atwood M, et al. In-situ X-ray imaging of defect and molten pool dynamics in laser additive manufacturing [J]. Nature Communications, 2018, 9, 1355.

[79] 吴正凯, 吴圣川, 张杰, 等. 基于同步辐射 X 射线成像的选区激光熔化 Ti-6Al-4V 合金缺陷致疲劳行为 [J]. 金属学报. 2019, 55 (7): 811~820.

[80] Portolés L, Jordá O, Jordá L, et al. A qualification procedure to manufacture and repair aerospace parts with electron beam melting [J]. Journal of Manufacturing Systems, 2016, 41: 65~75.

[81] 张会清. 大型客机金属材料试验项目质量管理应用研究 [D]. 上海: 上海交通大学, 2012.

[82] Seifi M, Gorelik M, Waller J, et al. Progress Towards Metal Additive Manufacturing Standardization to Support Qualification and Certification [J]. JOM, 2017, 69 (3): 1~17.

[83] Prima M D, Coburn J, Hwang D, et al. Additively manufactured medical products-the FDA perspective [J]. 3d Printing in Medicine, 2015, 2 (1): 1.

[84] Harrison S. Why aircraft fail [J]. Materials Today, 2002, 5 (11): 18~25.

[85] Lewandowski J J, Seifi M. Metal Additive Manufacturing: A Review of Mechanical Properties [J]. Annual Review of Materials Research, 2016, 46 (1).

[86] Greitemeier D, Dalle Donne C, Schoberth A, et al. Uncertainty of Additive Manufactured Ti-6Al-4V: Chemistry, Microstructure and Mechanical Properties [J]. Applied Mechanics & Materials, 2015, 807 (1): 169~180.

[87] Mardaras J, Emile P, Santgerma A. Airbus approach for F & DT stress justification of Additive Manufacturing parts [J]. Procedia Structural Integrity, 2017, 7: 109~115.

[88] 刘业胜, 韩品连, 胡寿丰, 等. 金属材料激光增材制造技术及在航空发动机上的应用 [J]. 航空制造技术, 2014 (10): 62~67.

[89] 王震, 巩维艳, 祁俊峰, 等. 基于增材制造的设计理论和方法研究现状 [J]. 新技术新工艺, 2017 (10): 31~35.

[90] 刘磊, 刘柳, 张海鸥. 3D 打印技术在无人机制造中的应用 [J]. 飞航导弹, 2015 (7): 11~16.

[91] 马晨璐. Titomic 和 TAUV 合作推出 3D 打印钛合金国防无人机 [J]. 中国钛业, 2018, 57 (4): 53.

[92] Greenemeier L. NASA plans for 3-D printing rocket engine parts could boost larger manufacturing trend [J]. Scientific American, 2012: 41~43.

[93] 杨浩亮. 增材制造技术在我国航天领域的发展与应用需求分析 [J]. 航天制造技术, 2016 (5): 1~4.

[94] 林鑫, 黄卫东. 应用于航空领域的金属高性能增材制造技术 [J]. 中国材料进展, 2016, 34 (9): 684~688.